普通高等教育"十三五"规划教材

数控编程技术

（第2版）

胡丽娜　陈　艳　主　编

周　燕　王鑫慧　胡鹏飞　孙晋美　郑　荣　副主编

電子工業出版社

Publishing House of Electronics Industry

北京 · BEIJING

内容简介

本书根据数控技术应用型紧缺人才的培养方案编写。全书共分为 6 章，前 5 章分别为概述、数控车削加工工艺、FANUC 0i 系统数控车削编程、数控铣削加工工艺、FANUC 0i 系统数控铣削编程，第 6 章为思考题答案。本书讲解详细、案例新颖，包括从车削加工工艺、基本指令、单一指令、子程序调用、复合循环指令、宏椭圆到铣削加工工艺、刀具补偿、孔加工循环、镜像缩放、坐标旋转、极坐标、宏椭球等内容，由易到难，层次分明，讲解清晰，图文并茂。本书选用目前比较流行、市场占有率比较高的 FANUC 0i 系统来介绍数控机床的编程。

本书可作为高等学校机械、数控、模具类专业教材，也可供从事数控加工的工程技术人员和科研工作人员参考。

图书在版编目（CIP）数据

数控编程技术 / 胡丽娜，陈艳主编. —2 版. —北京：电子工业出版社，2020.7
普通高等教育“十三五”规划教材
ISBN 978-7-121-39276-4

Ⅰ. ①数…　Ⅱ. ①胡…　②陈…　Ⅲ. ①数控机床－程序设计－高等学校－教材　Ⅳ. ①TG659

中国版本图书馆 CIP 数据核字（2020）第 128014 号

责任编辑：许存权
文字编辑：刘家彤
印　　刷：北京捷迅佳彩印刷有限公司
装　　订：北京捷迅佳彩印刷有限公司
出版发行：电子工业出版社
　　　　　北京市海淀区万寿路 173 信箱　邮编：100036
开　　本：787×1 092　1/16　印张：15.5　字数：397 千字
版　　次：2014 年 8 月第 1 版
　　　　　2020 年 7 月第 2 版
印　　次：2025 年 1 月第 7 次印刷
定　　价：59.00 元

凡所购买电子工业出版社图书有缺损问题，请向购买书店调换。若书店售缺，请与本社发行部联系，联系及邮购电话：（010）88254888，88258888。

质量投诉请发邮件至 zlts@phei.com.cn，盗版侵权举报请发邮件至 dbqq@phei.com.cn。

本书咨询联系方式：（010）88254484，xucq@phei.com.cn。

前　言

随着机电一体化技术的迅猛发展，数控机床已趋普及，我国现已成为世界上数控机床的消费和生产大国，机械制造业急需大批的数控应用型人才。基于我国高等学校近年来教学改革的背景，从人才培养模式和培养目标的变革出发，培养一大批既懂数控加工工艺又懂数控机床编程与操作的应用型人才是现在数控技术教学的培养方向。

本书选用目前比较流行、市场占有率比较高的 FANUC 0i 系统为背景，系统讲述了概述、数控车削加工工艺、FANUC 0i 系统数控车削编程、数控铣削加工工艺、FANUC 0i 系统数控铣削编程，以及思考题答案。本书对其中的新知识和比较复杂的指令，进行了详细的讲解并做到深入浅出。每部分的编程案例都非常典型，针对指令特点对每个指令的介绍专门进行了编排设计。案例的程序都经过了实际操作的验证，教师在授课过程中可以把案例程序导入仿真软件直接进行仿真演示，既能巩固讲授的理论知识，又能让学生感受到加工实例的实际加工环境，在模拟环境里进行程序模拟运行，设置程序运行故障，调动学生学习的积极性，使他们主动参与到程序编写的过程中来，激发他们学习理论知识的兴趣，这样学生对知识点的掌握就非常有效。书中对重点难点内容通过"注意""提示""思考""归纳"等方式做了小结，理顺了各知识点之间的衔接。文中涉及的尺寸单位为 mm。

在本书编写过程中，参考引用了参考文献中的资料，以及华中数控公司的世纪星车床数控系统编程说明书、华中数控公司的世纪星铣床数控系统编程说明书、FANUC 0i Mate TC 系统车床编程详解、FANUC 0i-MD 加工中心系统用户手册、GSK980TD CNC 使用说明书、GSK980MD 铣床 CNC 使用手册、斯沃数控仿真软件说明书，在此对这些作者和厂商表示诚挚的感谢。

本书由胡丽娜（青岛理工大学琴岛学院）、陈艳（青岛工学院）担任主编，周燕、王鑫慧、胡鹏飞、孙晋美、郑荣担任副主编。本书虽然经过了反复推敲和校对，但由于时间仓促，加上编者水平有限，书中难免有不足之处，欢迎广大读者批评指正。

感谢您选择本书，希望我们的努力对您的工作和学习有所帮助，也希望能把您对本书的意见和建议告诉我们。

编者

目　录

第 1 章

概　述

数控机床是采用数字化信息对机床的运动及加工过程进行控制的机床。数控是数字控制（Numerical Control）的简称，简称为NC，是近代发展起来的用数字化信息进行控制的自动控制技术。

早期的数控机床的数字控制装置采用各种逻辑元件、记忆元件组成随机逻辑电路，是固定接线的硬件结构，由硬件来实现数控功能，称作硬件数控，采用这种技术实现的数控机床一般称为NC机床。

计算机数控（Computer Numerical Control，CNC）是采用微处理器或专用微机的数控系统，由事先存放在存储器里的系统程序（软件）来实现逻辑控制，实现部分或全部数控功能，并通过接口与外围设备进行连接，称为CNC系统，这样的机床一般称为CNC机床。

1.1　数控机床的发展趋势

采用数字控制技术进行机械加工的思想，最早来源于20世纪40年代初。数控机床最早产生于美国，1952年，麻省理工学院研制成功了一台三坐标连续控制的铣床样机，用的电子元器件是电子管，这是公认的世界上第一台数控机床。

从1952年世界上第一台数控机床问世至今，随着微电子技术的不断发展，特别是计算机技术的发展，数控系统经历了以下变化。

1952年，出现第一代数控系统，采用的是电子管。

1959年，出现第二代晶体管数控系统。随之出现刀库、机械手、加工中心（带自动换刀装置）。

1965年，出现第三代集成电路（硬逻辑）数控系统。

1970年，出现第四代小型计算机数控系统。

1974年，出现第五代微型计算机数控系统。

1980年后，柔性制造系统（FMS）、柔性制造单元（FMC）、计算机集成制造系统（CIMS）、“开放式”数控（open NC）系统、智能制造系统（IMS）大发展。

我国数控机床的研制始于1958年，由清华大学研制出了最早的样机。1966年诞生了第一台用于直线-圆弧插补的晶体管数控系统。20世纪80年代初期，引入日本FANUC数控技术后，我国的数控机床才真正进入小批量生产的商品化时代。20世纪90年代末，华中数控自主开发出基于PC-NC的HNC数控系统。

高速化、高精度化、高可靠性、复合化、智能化、柔性化、集成化和开放性是当今数控机床行业的主要发展方向。

1. 个性化的发展趋势

1）高速化、高精度化、高可靠性

（1）高速化。提高进给速度与提高主轴转速。加工中心高速化可充分发挥现代刀具材料的性能，不但可大幅度提高加工效率，降低加工成本，还可以提高零件的表面加工质量和精度。超高速加工技术对制造业实现高效、优质、低成本生产有广泛的适应性。依靠快速、准确的数字量传递技术对高性能的机床执行部件进行高精密度、高响应速度的实时处理，由于采用了新型刀具，车削和铣削的切削速度已达到 5000～8000m/min 以上；主轴转速在 30 000r/min 以上；工作台的移动速度（进给速度），在分辨率为 1μm 时，达到 100m/min 以上，在分辨率为 0.1μm 时，达到 24m/min 以上；加工中心换刀时间从 5～10s 减少到小于 1s，工作台交换时间也由 12～20s 减少到 2.5s 以内。

（2）高精度化。其精度从微米级到亚微米级，乃至纳米级（<10nm），其应用范围日趋广泛。近十多年来，普通级数控机床的加工精度已由±10μm 提高到±5μm，精密级加工中心的加工精度则从±（3～5）μm 提高到±（1～1.5）μm。

（3）高可靠性。一般数控系统的可靠性要比数控设备的可靠性高一个数量级以上，但也不是可靠性越高越好，因为商品受性能价格比的约束。

2）复合化

数控机床的功能复合化的发展，其核心是在一台机床上要完成车、铣、钻、攻丝、铰孔和扩孔等多种操作工序，从而提高了机床的效率和加工精度，提高生产的柔性。

3）智能化

智能化的内容体现在数控系统中的各个方面：提高加工效率和加工质量方面的智能化；提高驱动性能及使用连接方便等方面的智能化；简化编程、简化操作方面的智能化；还有如智能化的自动编程、智能化的人机界面等，以及智能诊断、智能监控等方面的内容，方便系统的诊断及维修。

4）柔性化、集成化

当今世界上的数控机床有向柔性自动化系统发展的趋势，从点、线向面、体的方向发展，另一方面向注重应用性和经济性方向发展。柔性自动化技术是制造业适应动态市场需求及产品迅速更新的主要手段，是各国制造业发展的主流趋势，是先进制造领域的基础技术。

2. 个性化是市场适应性的发展趋势

当今的市场，国际合作的格局逐渐形成，产品竞争日趋激烈，高效率、高精度加工手段的需求在不断升级，用户的个性化要求日趋强烈，专业化、专用化、高科技的机床越来越得到用户的青睐。

3. 开放性是体系结构的发展趋势

新一代数控系统的开发核心是开放性。新一代数控系统是具有软件平台和硬件平台的开放式系统，采用模块化、层次化的结构，向外提供统一的应用程序接口。

开放式体系结构可以采用通用微机的先进技术（如多媒体技术），实现声控自动编程、图形扫描自动编程等。开放式数控系统的体系结构规范、通信规范、配置规范、运行平台、数控系统功能库，以及数控系统功能软件开发工具等是当前研究的核心。开放式体系结构使数控系统既可通过升档或剪裁构成各种档次的数控系统，又可通过扩展构成不同类型的数控加工中心，开发和生产周期大大缩短。这种数控系统可随 CPU 升级而升级，结构上不必变动。开放式体系结构使数控系统有更好的通用性、柔性、适应性和扩展性，并向智能化、网络化方向发展。

网络化数控装备是近两年的一个新的焦点。数控装备的网络化将极大地满足生产线、制造系统、制造企业对信息集成的需求，也是实现新的制造模式（如敏捷制造、虚拟企业、全球制造）的基础单元。先进的 CNC 系统为用户提供了强大的联网能力，除串行接口外，还带有远程缓冲功能的 DNC 接口，可以实现几台数控机床、加工中心之间的数据通信和直接对机床进行控制。现代数控机床为适应自动化技术的进一步发展和工厂自动化规模越来越大的要求，满足不同厂家、不同类型数控机床联网的需要，已具有与工业局域网（LAN）通信的功能，并配备 MAP（制造自动化协议）接口，为现代数控机床配备 FMS 及 CIMS 创造了条件，促进了系统集成化和信息综合化，使远程操作、监控、遥控及远程故障诊断成为可能。不仅有利于对其产品的监控，也适于大规模现代化生产的无人化车间实现网络管理，还适于在操作人员不宜到现场的环境（如对环境要求很高的超精密加工和对人体有害的环境）中工作。

1.2　数控机床的工作原理和组成

1.2.1　数控机床的工作原理

1. 数控机床零件加工的步骤

（1）分析零件图，确定加工方案，用规定代码编程。

（2）输入数控装置。

（3）数控装置对程序进行译码、运算，向机床各个坐标的伺服系统和辅助控制装置发信号—驱动机床各运动部件—加工出合格的零件。

2. 数控机床的工作原理

数控机床与普通机床相比，不同之处在于数控机床是按数字形式的指令进行加工的。

数控机床加工工件，首先要将被加工工件图上的几何信息和工艺信息数字化，用规定的代码程序格式编写加工程序，并存储到程序载体内，然后用相应的输入装置将所编的程序指令输入到 CNC 单元，CNC 单元将程序进行译码、运算之后，向机床各个坐标的伺服系统和辅助控制装置发出信号，以驱动机床的各运动部件，并控制所需要的辅助动作，最后加工出合格的零件。

1.2.2　数控机床的组成

采用数控技术的机床，或者说装备了数控系统的机床，称为数控机床。其组成如图 1-1 所示。

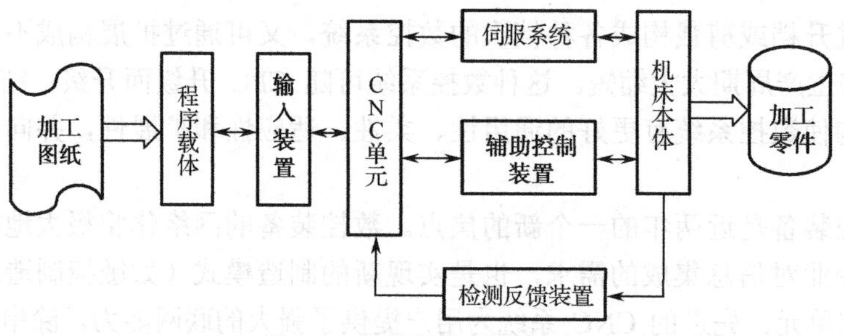

图1-1　数控机床组成框图

1. 程序载体

程序载体是存储工件加工程序的媒介。程序包括机床上刀具和工件的相对运动轨迹、工艺参数（进给量、主轴转速等）和辅助运动等加工所需的全部信息。

2. 输入装置

输入装置的作用是将程序载体内有关加工的信息读入CNC单元。根据程序载体的不同，对应有不同的输入装置。有时为了用户方便，数控机床可以同时具备几种输入装置。

现代数控机床，还可以通过手动输入方式，将工件加工程序，通过数控系统操作面板直接输入CNC单元。

3. CNC单元

CNC单元是数控机床的运算和控制系统，也是数控机床的核心，接收的数字信号经过译码、运算和逻辑处理将指令信息输出给伺服系统，使设备按规定的动作执行。

4. 伺服系统

伺服系统是数控机床执行机构的驱动部件，作用是把来自数控装置的脉冲信号转换成机床执行部件的运动，分为主轴伺服驱动与进给伺服驱动。

5. 辅助控制装置

辅助控制装置指数控机床的一些配套部件，包括刀库、液压、气动装置、冷却系统、排屑装置、夹具、换刀机械手等。

6. 检测反馈装置

检测反馈装置的作用是对机床的实际运动速度、方向、位移量及加工状态加以检测，并将结果反馈给数控装置，计算与指令位移之间的偏差，并发出纠正误差的指令。

7. 机床本体

机床本体是数控机床加工运动的实际机械部件，包括主运动系统（如主轴箱）、进给运动系统（如工作台、拖板、刀架）、支承部件（如床身、立柱）等。

1.3　数控机床的分类

数控机床的种类有很多，为了便于了解和研究，可以从不同的角度对其进行分类。

1.3.1 按工艺用途分类

1. 普通数控机床

数控车床、铣床、钻床、镗床、磨床等。其工艺性能与通用机床相似，但能自动加工形状复杂的零件。

2. 加工中心机床

在普通数控机床上加装一个刀库和自动换刀装置，能连续进行车、铣、镗、钻、铰及攻丝等多工序加工。

3. 多坐标数控机床

有些复杂形状零件需要三个坐标以上的合成运动才能加工。常用的有双刀塔双主轴数控车床、多轴加工中心。

4. 数控特种加工机床

数控线切割机床、数控电火花加工机床、数控激光切割机床。

1.3.2 按控制运动方式分类

1. 点位控制系统

点位控制系统如图 1-2 所示，只控制刀具从一点到另一点的位置，而不控制移动轨迹，在移动过程中刀具不进行切削加工，如数控钻床、数控冲床、数控点焊机。

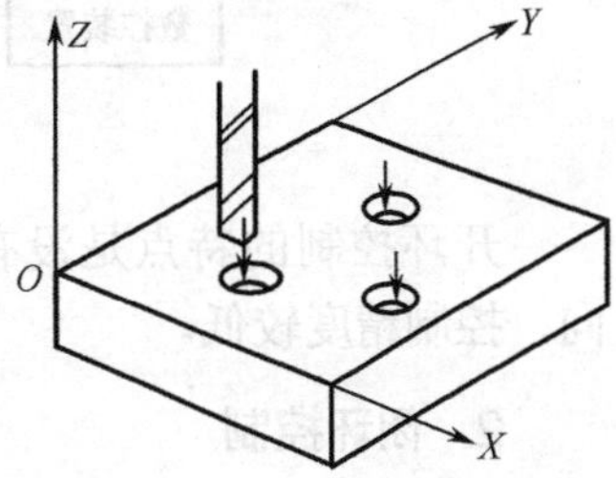

图 1-2 点位控制系统

2. 直线控制系统

直线控制系统如图 1-3 所示，能够控制刀具或机床工作台以给定的速度，沿平行于某一坐标轴方向，由一个位置到另一个位置精确移动，并且在移动过程中进行直线切削加工，如简易数控车床、数控镗铣床。

3. 轮廓控制系统

轮廓控制系统如图 1-4 所示，能够对两个或两个以上的坐标轴同时进行连续控制，并能对机床移动部件的位移和速度进行严格的控制，即能够控制加工的轨迹，加工出要求的轮廓。

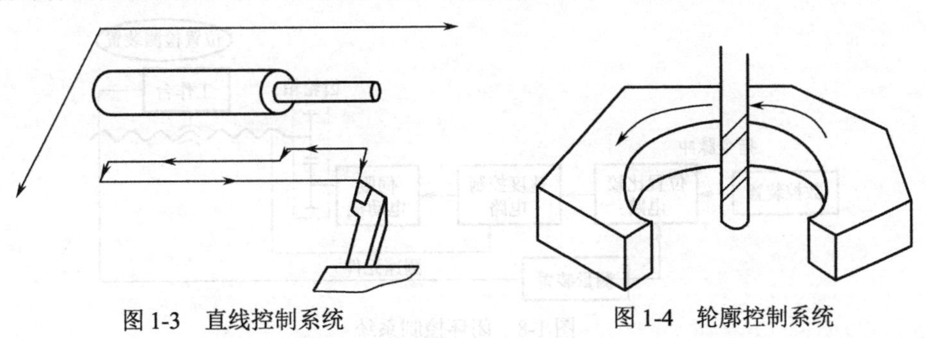

图 1-3 直线控制系统　　图 1-4 轮廓控制系统

轮廓控制数控机床又可分为：①两轴联动；②两轴半联动（二轴半联动主要用于三轴以上机床的控制，其中两根轴可以联动，而另外一根轴可以做周期性进给），如图 1-5 所示为两轴半联动的曲面加工；③三轴联动，如图 1-6 所示为三轴联动的曲面加工；④四轴联动；⑤五轴联动。

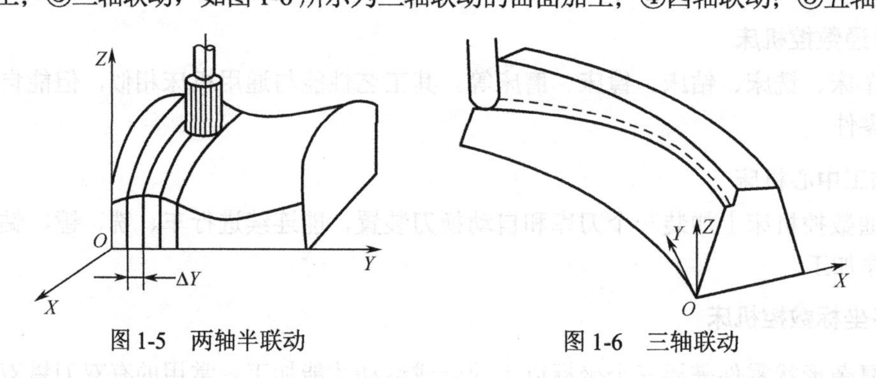

图 1-5　两轴半联动　　　　图 1-6　三轴联动

1.3.3　按伺服系统分类

1. 开环控制

开环控制不带位置检测装置，数控装置根据控制介质上的指令信号，经控制运算发出指令脉冲，使伺服驱动元件转过一定的角度，并通过传动齿轮、滚珠丝杠螺母副，使执行机构（如工作台）移动或转动，开环控制系统如图 1-7 所示。

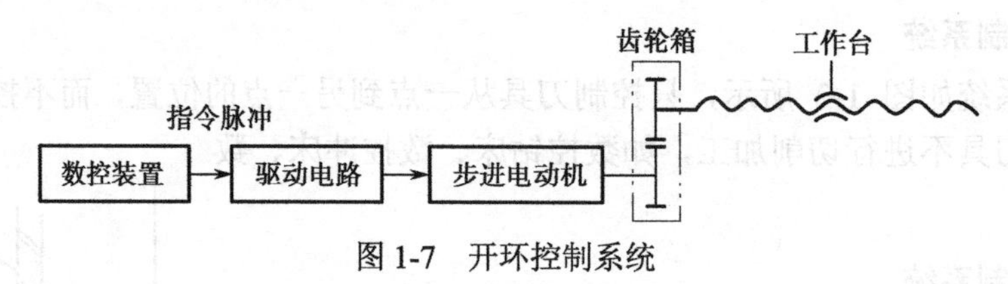

图 1-7　开环控制系统

开环控制的特点是没有反馈信号，对执行机构的动作情况不进行检查，指令流向为单向，控制精度较低。

2. 闭环控制

闭环控制将位置检测装置安装于机床运动部件上，加工过程中反馈测量到的实际位置值。另外，通过与伺服电动机刚性连接的测速元件，随时实测驱动电动机的转速，得到速度反馈信号，并与速度指令信号相比较，根据比较的差值对伺服电动机的转速随时进行校正，直至实现移动部件工作台的最终精确定位，闭环控制系统如图 1-8 所示。

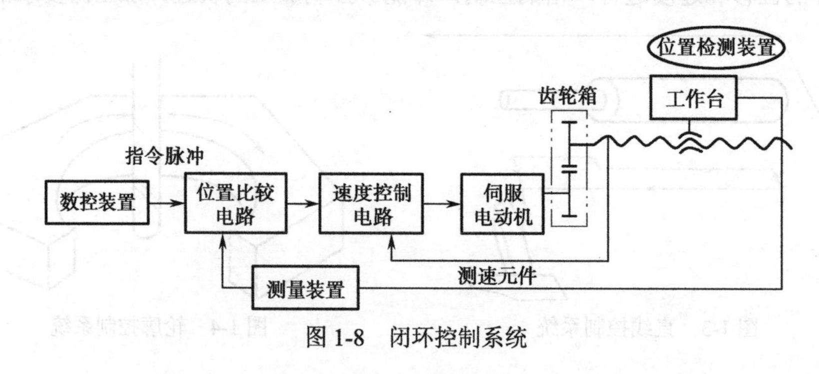

图 1-8　闭环控制系统

3. 半闭环控制

半闭环控制将位置检测装置安装于驱动电动机轴端或安装于传动丝杠端部，间接地测量移动部件（工作台）的实际位置或位移，半闭环控制系统如图 1-9 所示。

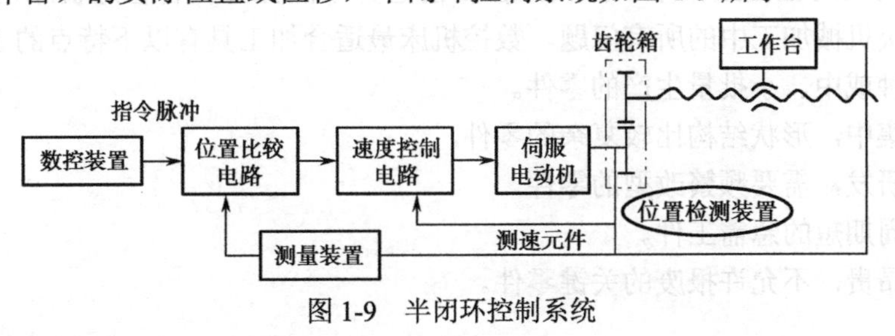

图 1-9 半闭环控制系统

1.4 数控机床的特点和应用范围

1.4.1 数控机床的特点

与其他加工设备相比，数控机床具有如下特点。

1. 对加工对象改型的适应性强，灵活性好

数控机床能完成很多普通机床难以胜任，或者根本不可能加工出来的复杂型面的零件。这是由于数控机床具有多坐标轴联动功能，并可按零件加工的要求变换加工程序。数控机床首先在航空航天等领域得到应用，在复杂曲面的模具加工、螺旋桨及涡轮叶片的加工中，也得到了广泛的应用。

2. 加工精度高，产品质量稳定

由于数控机床按照预定的程序自动加工，不受人为因素的干扰，其加工精度由机床来保证，还可利用软件来校正和补偿误差。因此，能得到较高的加工精度。

3. 加工生产率高

数控机床的生产率较普通机床的生产率高 2～3 倍。尤其是某些复杂零件的加工，生产率可提高十几倍甚至几十倍。数控机床加工可合理选用切削用量，机加工时间短，其定位精度高，停机检测次数少，加工准备时间因采用通用工装夹具而大大缩短。

4. 减轻操作者的劳动强度

数控机床能够实现自动加工，能自动换刀、起停切削液、自动变速等，其大部分操作不需人工完成，减少操作失误，降低了废品率，改善了劳动条件，减轻了工人的劳动强度。

5. 有利于生产管理的现代化

在数控机床上加工，能准确地计算零件加工时间，便于实现生产计划调度，简化和减少了检验、工具装夹准备、半成品调度等管理工作。数控机床具有通信接口，可实现计算机之间的连接，实现生产过程的计算机管理与控制。

数控机床也存在很多缺点，如提高了起始阶段的投资；增加了电子设备的维护；对操作、维修人员的技术水平要求较高等。

1.4.2 数控机床的应用范围

数控机床的应用范围正在不断扩大，但目前它并不能完全代替普通机床，也还不能以最经济的方式解决机械加工中的所有问题。数控机床最适合加工具有以下特点的工件。

（1）多品种或中、小批量生产的零件。

（2）工序集中，形状结构比较复杂的零件。

（3）试制研发，需要频繁改型的零件。

（4）生产周期短的急需工件。

（5）价格昂贵，不允许报废的关键零件。

1.5 数控技术的应用领域

1. 制造行业

机械制造行业是最早应用数控技术的行业，它担负着为国民经济各行业提供先进装备的重任。应该重点研制、开发与生产用于加工现代化军事装备的高性能三轴和五轴高速立式加工中心、五坐标加工中心、大型五坐标龙门铣等；汽车行业发动机、变速箱、曲轴柔性加工生产线上用的数控机床和高速加工中心，以及焊接、装配、喷漆机器人、板件激光焊接机和激光切割机等；航空、船舶、发电行业加工螺旋桨、发动机、发电机和水轮机叶片零件用的高速五坐标加工中心、重型车铣复合加工中心等。

2. 信息行业

在信息行业中，从计算机到网络、移动通信、遥测、遥控等设备，都需要采用基于超精技术、纳米技术的制造装备，如用于芯片制造的引线键合机、光刻机等，这些装备的控制都需要采用数控技术。

3. 医疗设备行业

在医疗设备行业中，许多现代化的医疗诊断、治疗设备都采用了数控技术，如 CT 诊断仪、基于视觉引导的微创手术机器人等。

4. 军事装备

现代的许多军事装备，都大量采用了伺服运动控制技术，如火炮的自动瞄准控制、雷达的跟踪控制和导弹的自动跟踪控制等。

5. 其他行业

在轻工行业，有采用多轴伺服控制的印刷机械、纺织机械、包装机械及木工机械等；在建材行业，有用于石材加工的数控水刀切割机；在玻璃行业，有用于玻璃加工的数控玻璃雕花机；在服装行业，有用于服装加工的数控绣花机等。

1.6 数控机床的机械结构

机床本体是数控机床的主体部分，它将来自数控装置的各种运动和动作指令转换成真实

的、准确的机械运动和动作，实现数控机床的功能，并保证数控机床的性能要求。

数控机床的机械结构一般由以下几部分组成。

（1）主传动系统，包括动力源、传动件及主运动执行件（如主轴）等，其功能是实现主运动。

（2）进给传动系统，包括动力源、传动件及主运动执行件（如工作台、刀架）等，其功能是实现进给运动。

（3）基础支撑件，包括床身、立柱、导轨、工作台等，其功能是支撑机床本体的零部件，并保证这些零部件在切削过程中占有准确的位置。

（4）辅助装置，包括液压、气动、润滑、冷却、防护、排屑等装置。

此外，根据数控机床的功能和需要还可以选用以下几个部件：实现工件回转、分度定位的装置和附件，如回转工作台；刀库、刀架和自动换刀装置（ATC）；自动托盘交换装置（APC）；特殊功能装置，如刀具破损检测、精度检测和监控装置等。

数控机床作为一种高速、高效和高精度的自动化加工设备，因其控制系统功能强大，其机床性能得到了提高。数控机床的机械结构与普通机床相比，有了明显的改进，主要体现在以下几个方面。

（1）结构简单，操作方便，自动化程度高。

（2）采用无间隙传动装置和新技术。

（3）有适应无人化、柔性化加工的特殊部件。

（4）对机械结构刚度、灵敏度、运动精度、零部件功能、静态性能和热稳定性要求高。

1.6.1　数控机床的总体布局

数控机床大都采用机、电、液、气一体化布局，以及全封闭或半封闭防护，机械结构大大简化，易于操作及实现自动化。

1. 数控车床常见布局

数控车床根据床身和导轨与水平面的相对位置不同，有以下四种布局形式。

（1）水平床身式如图 1-10 所示，床身的工艺性好，便于导轨面的加工，但是下部空间小，排屑困难，刀架水平放置加大了机床宽度方向的机构尺寸，一般可用于大型数控车床、经济型数控车床的布局。

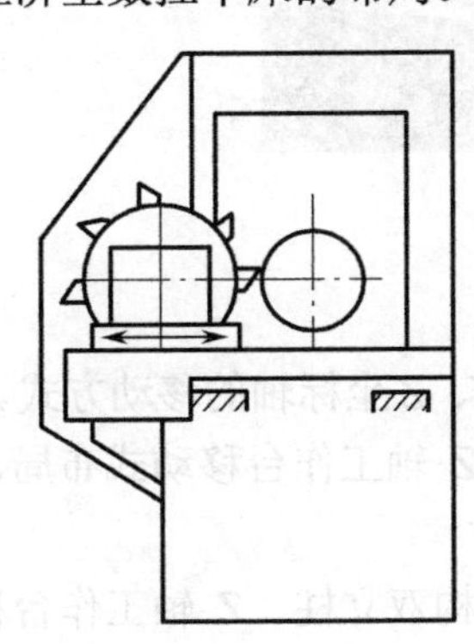
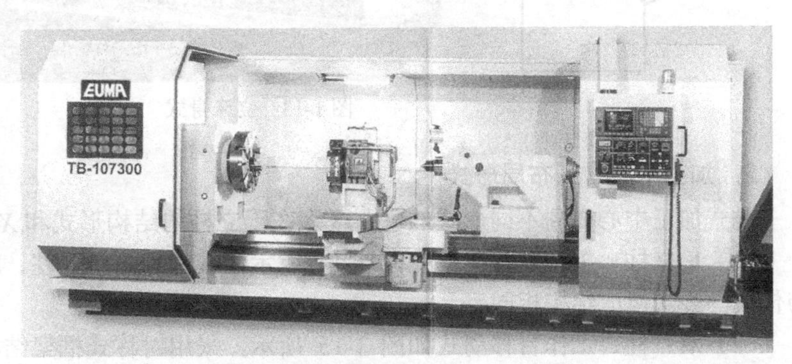

图 1-10　水平床身式

（2）斜床身式如图 1-11 所示，排屑较方便，易于安装机械手，可实现单机自动化，适用于中小型数控车床。

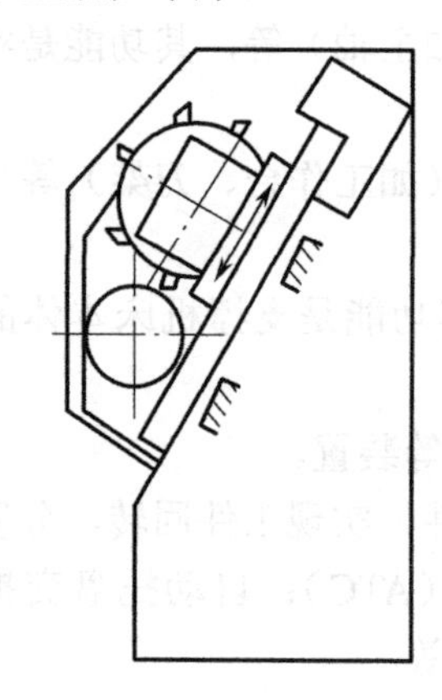

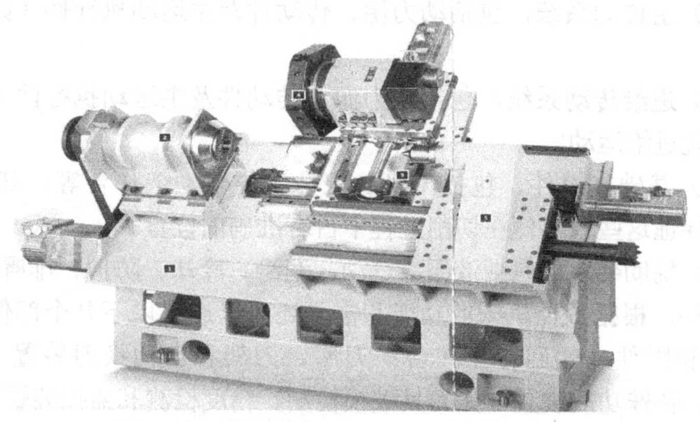

图 1-11　斜床身式

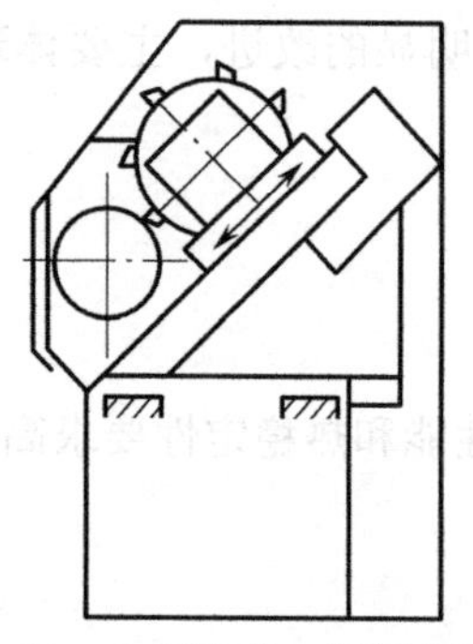

图 1-12　水平床身—倾斜滑板式

（3）水平床身—倾斜滑板式，如图 1-12 所示，具有水平床身式工艺性好、宽度方向尺寸小且排屑方便的特点，是卧式数控车床的最佳布局形式。

（4）立床身式如图 1-13 所示。斜床身式的导轨倾斜角度一般为 30°、45°、60°、75° 和 90°，当导轨倾斜角度为 90° 时称为立床身式。导轨倾斜角度小，排屑不方便；倾斜角度大，导轨的导向性及受力情况差。导轨倾斜角度的大小还直接影响机床外形尺寸中高度与宽度的比例。综合考虑以上因素，中小规格的数控车床，其床身的倾斜角度以 60° 为宜。

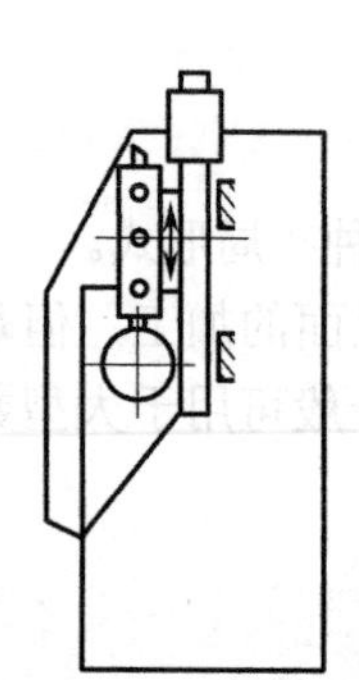

图 1-13　立床身式

2. 加工中心常见布局形式

卧式加工中心布局不同形式的主要区别在于立柱的结构形式和 X、Z 坐标轴的移动方式。

（1）单立柱、工作台移动式如图 1-14 所示，其特点是单立柱、Z 轴工作台移动式布局，与传统的卧式镗床结构相同。

（2）双立柱、工作台移动式如图 1-15 所示，采用对称式框架结构双立柱、Z 轴工作台移动式布局，提高了结构刚度，减小了热变形的影响。

（3）双立柱、立柱移动式如图 1-16 所示，采用 T 形床身、框架结构双立柱、Z 轴立柱移动式布局，机床刚性好，工作台承载能力强，加工精度容易得到保证，是卧式加工中心的典型结构。

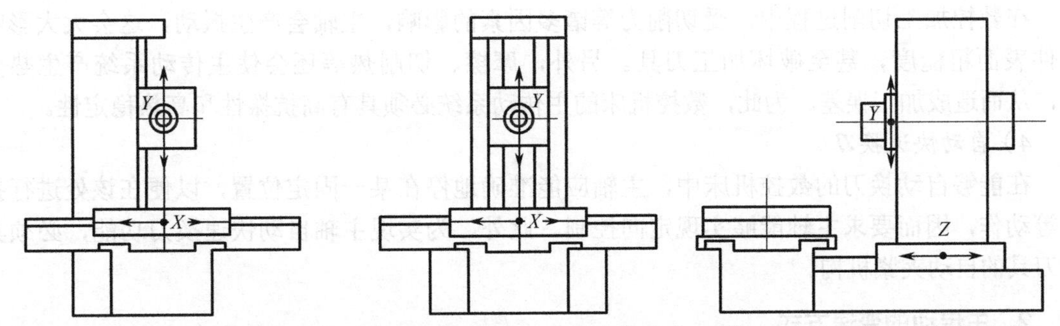

图 1-14 单立柱、工作台移动式 图 1-15 双立柱、工作台移动式 图 1-16 双立柱、立柱移动式

立式加工中心的布局形式与卧式加工中心类似，常见布局有以下三种形式。

（1）工作台移动式如图 1-17（a）所示，是中小规格机床的常用结构形式。

（2）立柱移动式如图 1-17（b）所示，采用了 T 形床身，分离了工作台原有的 *X*、*Y* 向运动，保留了 *X* 向运动，使得工作台的承载变大，满足重载切削要求；立柱自重较大，在强力切削的作用下，*Y* 向的振动相对变小，加工出的工件质量更好。

（3）动立柱式如图 1-17（c）所示，采用了 T 形床身，*X*、*Y*、*Z* 三轴都是立柱移动式的布局，多用于长床身或采用交换工作台的立式加工中心。

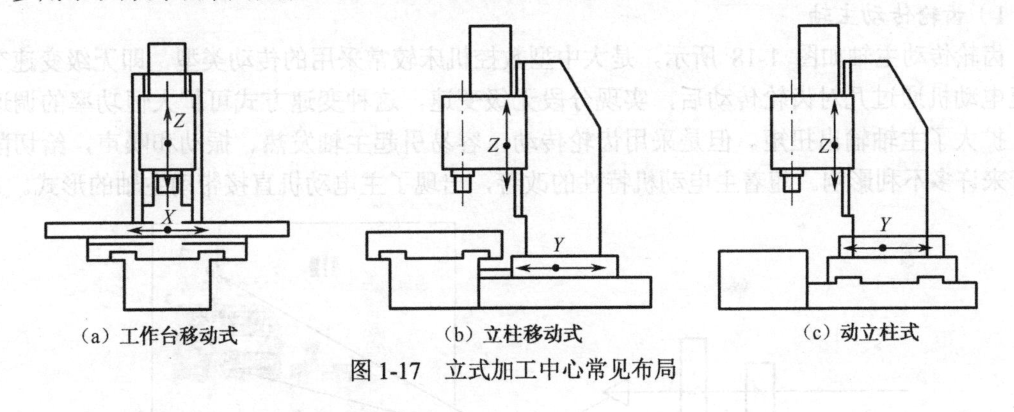

（a）工作台移动式 （b）立柱移动式 （c）动立柱式

图 1-17 立式加工中心常见布局

1.6.2 数控机床的主传动系统

数控机床的主传动系统是由主轴电动机、一系列传动元件和主轴构成的具有运动、传动联系的系统。一般包括主轴电动机、传动装置、主轴、主轴轴承、主轴定向装置等。主传动系统的作用是实现主运动。

1. 数控机床对主传动系统的基本要求

1）宽调速、无级调速

为了在数控加工时，合理选用切削用量，提高生产率及零件表面质量，必须具有更大的调速范围。如数控车床上为了实现恒线速切削，主传动系统应实现无级变速。

2）高刚性、低噪声

主传动系统的精度与刚性直接影响着加工零件的精度。对数控机床来说，主传动链要求短、传动件精度与刚性要求高，主轴的支承跨距要求合理，要求噪声降到最低限度。

3）高抗振性、高热稳定性

在数控加工切削过程中，受切削力等诸多因素的影响，主轴会产生振动，这会大大影响零件表面粗糙度，甚至破坏加工刀具。另外，摩擦、切削热等还会使主传动系统产生热变形，从而造成加工误差。为此，数控机床的主传动系统必须具有高抗振性和高热稳定性。

4）自动快速换刀

在能够自动换刀的数控机床中，主轴应能准确地停在某一固定位置，以便在该处进行换刀等动作，因而要求主轴能够实现定向控制。此外，为实现主轴自动快速换刀功能，必须具备刀具的自动夹紧机构。

2. 主传动的变速方式

根据上述要求，数控机床主传动主要有无级变速和分段无级变速两种变速传动方式。

主传动主要采用无级变速方式，不仅能在一定的变速范围内选择合理的切削速度，而且能在运动中自动变速，此变速传动方式采用了直流或交流主轴伺服电动机驱动。

由于数控机床主运动的调速范围较大（最高转速与最低转速比 $R>100$～200，甚至 $R>1000$），单靠无级变速电动机无法满足如此大的调速范围，因此常在无级变速电动机之后串联有级变速传动，以满足数控机床的调速范围和转矩特性，即分段无级变速传动方式。

3. 主轴的传动类型

1）齿轮传动主轴

齿轮传动主轴如图 1-18 所示，是大中型数控机床较常采用的传动类型，即无级变速交、直流电动机通过几对齿轮传动后，实现分段无级变速，这种变速方式可扩大恒功率的调速范围，扩大了主轴输出扭矩。但是采用齿轮传动，容易引起主轴发热、振动和噪声，给切削加工带来许多不利影响。随着主电动机特性的改善，出现了主电动机直接带动主轴的形式。

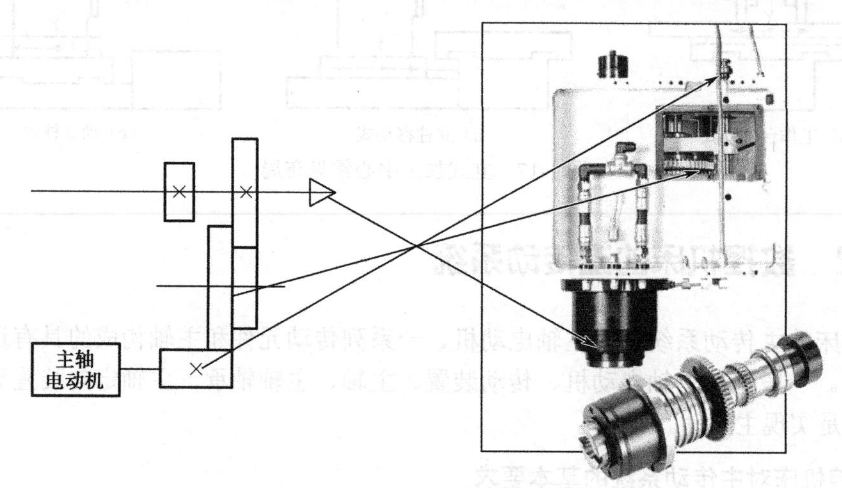

图 1-18　齿轮传动主轴

2）带传动主轴

带传动主轴如图 1-19 所示，是由无级变速主电动机经皮带传动直接带动主轴运转的主运动形式。这种变速方式一般适用中小型数控机床，用于调速范围不需太大、扭矩也不需太高的场合。它可以避免齿轮传动时引起的振动与噪声，从而大大提高主轴的运转精度。

另外，随着现代主轴伺服电动机的发展，出现了能实现宽范围无级调速的宽域主电动机，使主轴的输出特性得到了很好的改善，扩大了恒功率的调速范围，并提高了输出扭矩。在避免齿轮传动不足的情况下，保持齿轮传动带来的优点，使数控机床在机械结构上朝着优化的方向前进了一大步。为保证皮带传动的平稳，一般用多楔带。

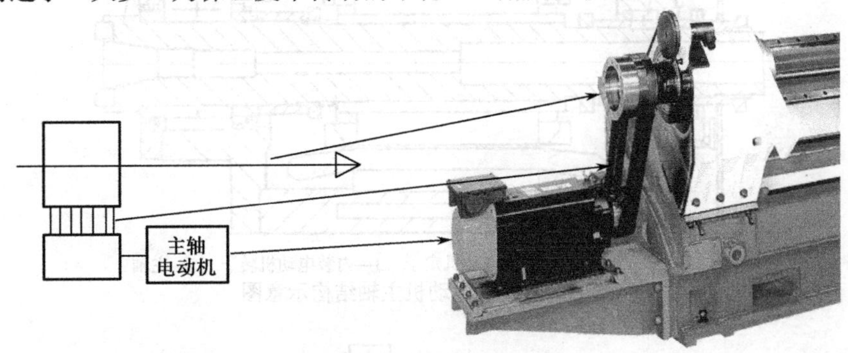

图 1-19 带传动主轴

3）两个电动机分别驱动主轴

两个电动机分别驱动主轴是混合传动类型，兼有上述两种方式的性能，如图 1-20 所示。高速时，由一个电动机通过带进行传动；低速时，由另一个电动机通过齿轮进行传动。避免了低速时转矩不够，且电动机功率不能充分利用的问题，但是两个电动机不能同时工作。

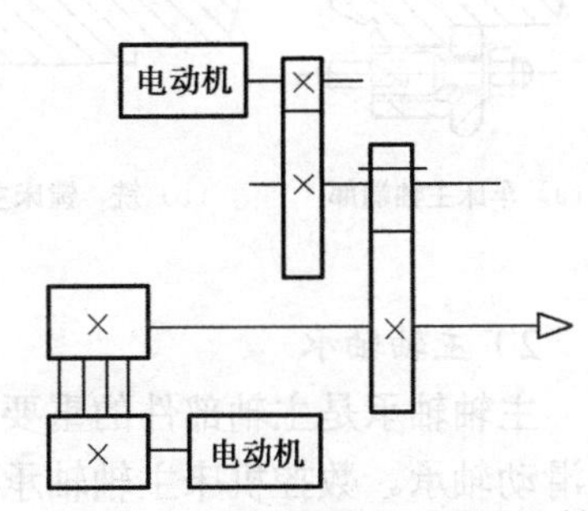

图 1-20 两个电动机分别驱动主轴

4）调速电动机直接驱动主轴

将主轴电动机直接与主轴连接，带动主轴转动。这样大大简化了主轴箱体与主轴结构，有效地提高了传动效率。但是主轴转速的变化及转矩的输出完全与电动机的输出特性一致，因而在使用上受到一定限制。

近年来，出现了一种内装电动机主轴，即主轴与电动机的转子合为一体，而电动机的定子则与主轴箱体固定，如图 1-21 所示。这种形式使主轴部件的结构紧凑、质量轻、惯量小，可提高主轴的启动、停止响应特性，有利于控制振动和降低噪声，主轴的最高转速可达 20 000r/min 以上。但是，这种传动方式最大的缺点是主电动机运转时产生的热量易使主轴产生热变形。因此，采用此种方式时，温度的控制与冷却是关键的问题。通常，这种数控机床自带特定的冷却系统，如风冷、水冷、空调降温等装置。

4. 数控机床的主轴部件

主轴部件是机床的关键部件，主轴对零件加工质量有着直接的影响。而数控机床的主轴部件应有更高的精度、刚度和热稳定性，还应满足数控机床所特有的结构要求。如数控车床加工螺纹需配有主轴编码器；加工中心自动换刀需配有刀具自动夹紧、放松、主轴准停、排屑装置等。

1）主轴端部结构

主轴端部用于安装刀具或夹持工件的夹具。在设计要求上，应能保证定位准确、安装可靠、连接牢固、装卸方便，并能传递足够的扭矩。主轴端部的结构与形状目前都已标准化，机床通用的主轴端部结构如图 1-22 所示。

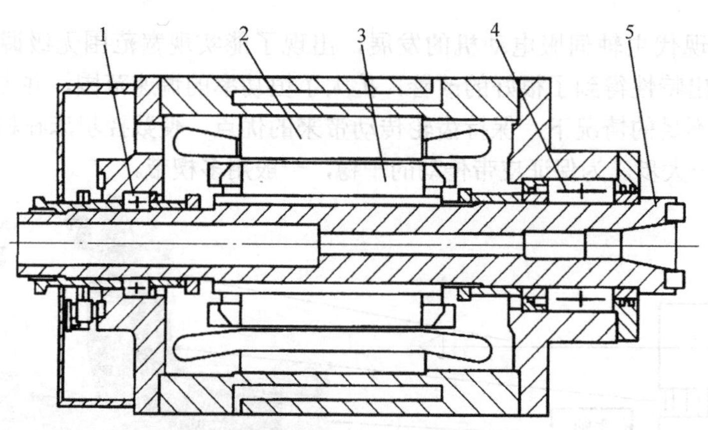

1、4—主轴支承 2—内装电动机定子 3—内装电动机转子 5—主轴

图1-21 内装电动机主轴结构示意图

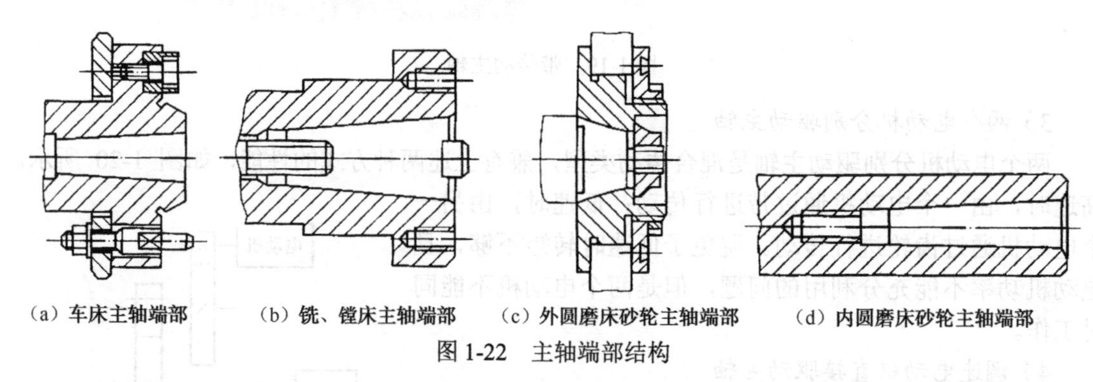

（a）车床主轴端部 （b）铣、镗床主轴端部 （c）外圆磨床砂轮主轴端部 （d）内圆磨床砂轮主轴端部

图1-22 主轴端部结构

2）主轴轴承

主轴轴承是主轴部件的重要组成部分。在数控机床上，主轴轴承常用的有滚动轴承和静压滑动轴承。数控机床主轴轴承的配置形式影响主轴的刚性、回转精度及转速。常见的配置形式有以下三种。

（1）前支承采用60°角接触双列向心推力球轴承如图1-23所示，能使主轴获得较大的径向和轴向刚度，可以满足机床强力切削的要求，普遍应用于数控车床、数控铣床、加工中心等数控机床的主轴。

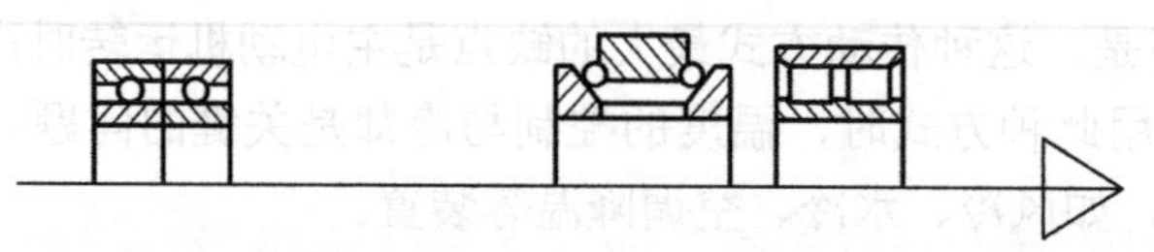

图1-23 前支承采用60°角接触双列向心推力球轴承

（2）前支承采用高精度双列向心推力球轴承如图1-24所示，前支承采用背靠背的组配方式，具有良好的高速性能，但它的承载能力较小，适用于高速轻载和精密的数控机床。

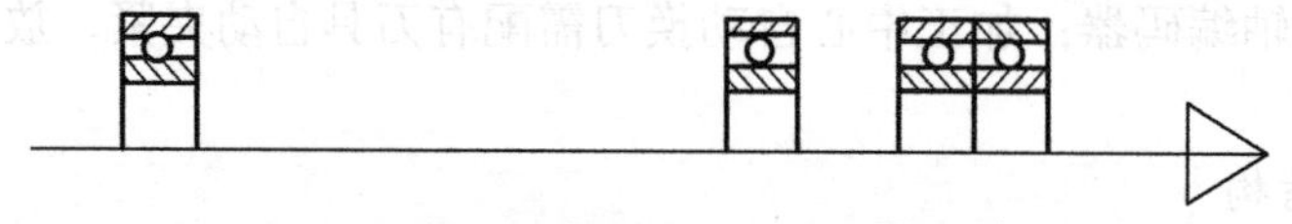

图1-24 前支承采用高精度双列向心推力球轴承

（3）前支承采用双列圆锥滚子轴承如图1-25所示，能使主轴承受较重的载荷，径向和轴

向刚度高，安装和调整性好。但这种配置相对限制了主轴最高转速和回转精度，适用于中等精度、低速与重载的数控机床主轴。

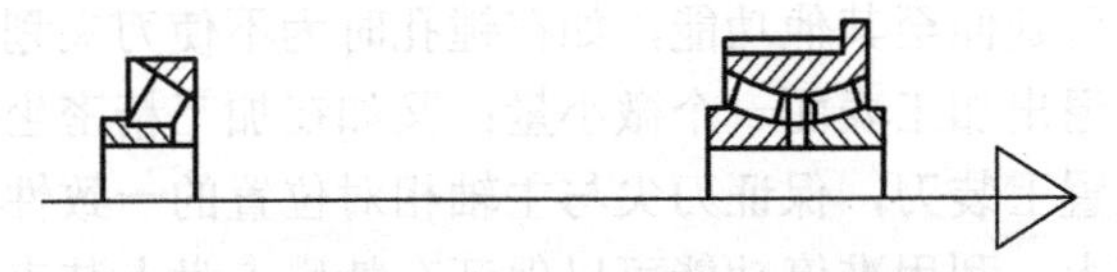

图1-25　前支承采用双列圆锥滚子轴承

3）主轴的准停装置

加工中心或带有自动换刀装置的数控镗铣床，由于需要进行自动换刀，要求主轴有准确的周向定位精度，这种周向定位功能称为主轴准停。由于刀具装在主轴锥孔内，切削时，切削转矩不能完全靠锥孔的摩擦力来传递，通常在主轴前端设置一个凸键，称作端面键。当刀具装入主轴时，刀柄上的键槽必须与端面键对准、相配，为保证自动换刀，主轴必须停止在某一固定角度的位置上，准停装置就是为保证主轴在换刀时能够准确停止在换刀位置而设置的。

目前，主轴的准停装置根据其基本原理可分为三种形式，其中机械方式一种、电气方式两种，如图1-26所示。

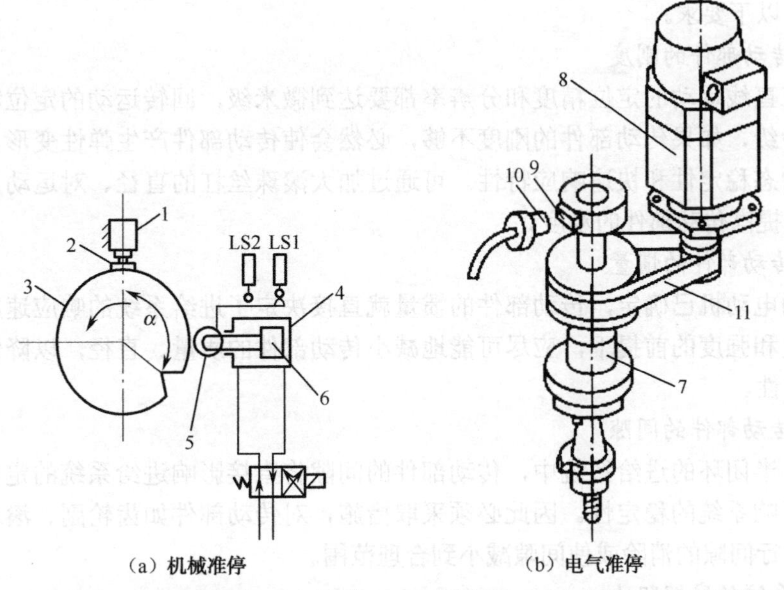

（a）机械准停　　（b）电气准停

1—无触点开关　2—感应块　3—定位盘　4—定位液压缸　5—定向滚轮　6—定向活塞

7—主轴　8—主轴电动机　9—永久磁铁　10—磁性传感器　11—同步带

图1-26　主轴的准停装置

（1）机械方式。在主轴尾部连接一定位盘，在此定位盘上开有一个 V 形槽。利用无触点开关在某个特定位置发出准停信号，定位销插入 V 形槽的方式来实现主轴准停，这种准停方式的优点是比较可靠，但结构复杂。

（2）电气方式。一种是利用磁性传感器作为位置反馈部件，由它输出信号，使主轴准确停在规定位置上，可靠性好，能满足一般换刀要求。另一种是利用主轴光电脉冲编码器的同步信号作为准停信号来控制主轴准停。近年来，在数控镗铣床上已将这一编码器与主轴电动机合二为一，使结构大大简化。这种准停方式可靠，动作迅速平稳，在一定程度上有取代以上两种准停方式的趋势。

另外，准停功能还可延伸至其他功能，如在镗孔时为不使刀尖划伤已加工表面，在退刀时要让刀尖在固定位置退出加工表面一个微小量；又如在加工精密坐标孔时，准停能使每次都在主轴固定的圆周位置上装刀，保证刀尖与主轴相对位置的一致性，从而减少被加工孔的误差；还有在数控车床上，利用准停功能可以保证在特殊卡盘上装夹不规则零件时，为实现自动上下料，主轴必须停在特定位置上。由此可见，准停的功能可应用于许多主轴需要周向定位的场合。

1.6.3 数控机床的进给传动系统

进给传动系统的作用是实现进给运动。进给运动以保证刀具与工件相对位置关系为目的，是数字控制系统的直接控制对象，其动作由机械传动装置执行，故工件的加工精度将受到进给运动的传动精度、灵敏度和稳定性等因素的影响。

1. 对进给传动系统的要求

为确保数控机床进给系统的传动精度和工作平稳性等，在设计机械传动装置时，对进给传动系统提出以下要求。

1）提高传动部件的刚度

数控机床直线运动的定位精度和分辨率都要达到微米级，回转运动的定位精度和分辨率都要达到角秒级，如果传动部件的刚度不够，必然会使传动部件产生弹性变形，影响系统的定位精度、动态稳定性和快速响应特性。可通过加大滚珠丝杠的直径、对运动及支承部件进行预紧等方式提高传动部件的刚度。

2）减小传动部件的惯量

如果驱动电动机已确定，传动部件的惯量就直接决定了进给系统的响应速度。因此，在满足系统刚度和强度的前提下，应尽可能地减小传动部件的质量、直径，以降低其惯性，提高响应的快速性。

3）减小传动部件的间隙

在开环、半闭环的进给系统中，传动部件的间隙将直接影响进给系统的定位精度；在闭环系统中将影响系统的稳定性。因此必须采取措施，对传动部件如齿轮副、滚珠丝杠副、蜗轮蜗杆副等进行间隙的消除或使间隙减小到合理范围。

4）减小系统的摩擦阻力

摩擦阻力的存在一方面会降低传动效率，产生发热；另一方面还直接影响到系统的快速性。可通过采用滚珠丝杠副、静压丝杠副、直线滚动导轨、塑料导轨等高效执行元件，减少系统的摩擦阻力，提高运动精度，避免低速爬行现象。

2. 数控机床的进给传动的分类

数控机床的进给传动可分为直线进给传动和圆周进给传动两大类。直线进给传动包括机床的基本坐标轴（*X*、*Y*、*Z*）及与基本坐标轴平行的坐标轴（*U*、*V*、*W*）的运动；圆周进给运动是指绕基本坐标轴（*X*、*Y*、*Z*）回转的坐标轴（*A*、*B*、*C*）的运动，进给传动系统结构如图1-27所示。实现直线进给传动主要有以下三种形式。

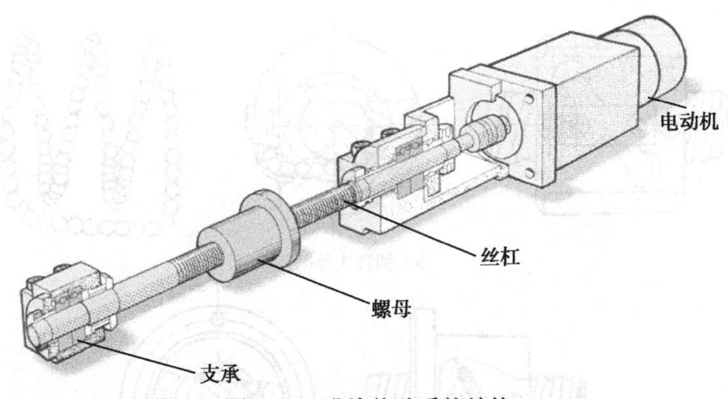

图 1-27 进给传动系统结构

1）滚珠丝杠或静压丝杠

滚珠丝杠或静压丝杠，将伺服电动机的旋转运动转换为直线运动。

滚珠丝杠副是能够进行回转运动与直线运动相互转换的新型传动装置，是在丝杠和螺母之间以滚珠为滚动体的螺旋传动元件，主要由滚珠丝杠、螺母、滚珠、返回装置四部分组成。滚珠是丝杠与螺母之间的滚动体传动元件，在其内部弧形螺旋槽形成的螺旋滚道内滚动，当丝杠相对于螺母旋转时，滚珠在自转的同时又在滚道内循环，使丝杠和螺母相对产生轴向运动。

由以上滚珠丝杠副传动的工作过程，可以明显看出滚动丝杠副的丝杠与螺母之间是通过滚珠来传递运动的，使之成为滚动摩擦，这是滚珠丝杠区别于普通滑动丝杠的关键所在。其特点主要有以下几点。

（1）传动效率高。滚珠丝杠副的传动效率高达 92%～98%，是普通滑动丝杠的 3～4 倍，功率消耗减少 2/3～3/4。

（2）灵敏度高、传动平稳。由于是滚动摩擦，动、静摩擦系数相差极小。因此，低速不易产生爬行，高速传动平稳。

（3）定位精度高、传动刚度高。用多种方法可以消除丝杠和螺母的轴向间隙，使反向无空行程，定位精度高，适当预紧后，还可以提高轴向刚度。

（4）不能自锁、有可逆性。既能将旋转运动转换成直线运动，也能将直线运动转换成旋转运动。因此丝杠在垂直状态使用时，应增加制动装置。

（5）制造成本高。滚珠丝杠和螺母等元件的加工精度及表面粗糙度等要求高，制造工艺较复杂，成本高。

滚珠丝杠副常用的循环方式有两种。在整个循环过程中，滚珠始终与丝杠各表面保持接触的称为内循环；滚珠在循环过程中，与丝杠滚道脱离接触的称为外循环。

（1）如图 1-28 所示为外循环滚珠丝杠副，图 1-28（a）所示结构是在螺母体上钻有两个与螺旋槽相切的孔，作为滚珠的进口与出口，并紧贴螺母外表面，在两孔内插入弯管的两端，这样就可引导滚珠构成封闭循环回路，这叫插管式外循环。也可在螺母的外表面开一螺旋凹槽代替插管，称为螺旋槽式外循环，如图 1-28（b）所示。外循环的结构制造工艺相对简单些，但滚道接缝处很难做到平滑，影响滚道滚动的平稳性，甚至发生卡珠现象，噪声也较大。

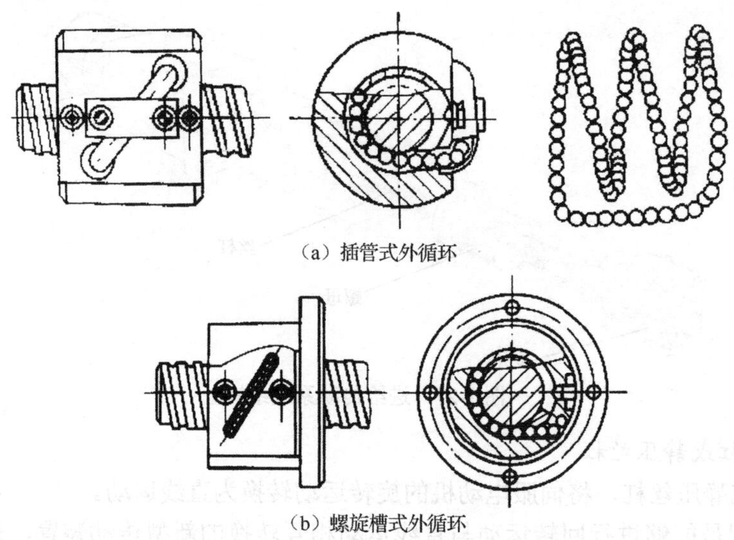

（a）插管式外循环

（b）螺旋槽式外循环

图 1-28　外循环滚珠丝杠副

（2）如图 1-29 所示为内循环滚珠丝杠，在螺母滚道的外侧孔内装有一个接通相邻滚道的反向器，借助反向器迫使滚珠翻越丝杠的牙顶而进入相邻滚道。因此，内循环反向器的数量与滚珠的列数相同。内循环滚珠丝杠的反向器中承担反向任务的只有一圈滚珠。与外循环相比，具有回路短、不易发生滚珠堵塞、流畅性好、摩擦损失小、传动效率高、结构紧凑、定位可靠、刚性好等特点。但结构复杂，制造成本高，且不能用于多头螺纹传动。

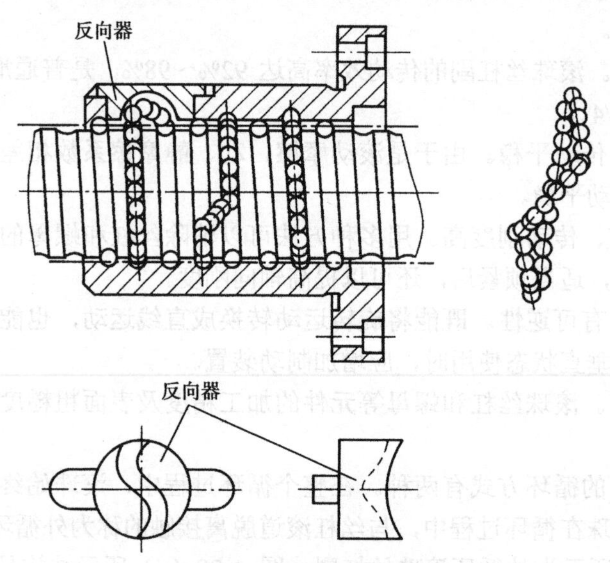

图 1-29　内循环滚珠丝杠

滚珠丝杠副的轴向间隙调整和预紧方法。滚珠丝杠副的轴向间隙，是指丝杠和螺母无相对转动时，丝杠和螺母之间的最大轴向窜动量，它直接影响其传动刚度和精度。为了保证滚珠丝杠副的反向传动精度和轴向刚度，必须消除轴向间隙，可采用双螺母预紧方法，其基本原理是使两个螺母产生轴向位移，以消除它们之间的间隙和施加预紧力。

常用的消除间隙的方法有垫片调整式、螺纹调整式、齿差调整式。

（1）垫片调整式。如图 1-30 所示，垫片调整式通过调整垫片的厚度，使螺母产生轴向位

移。这种结构简单可靠，刚性好，但调整费时，且不能在工作中随时调整。

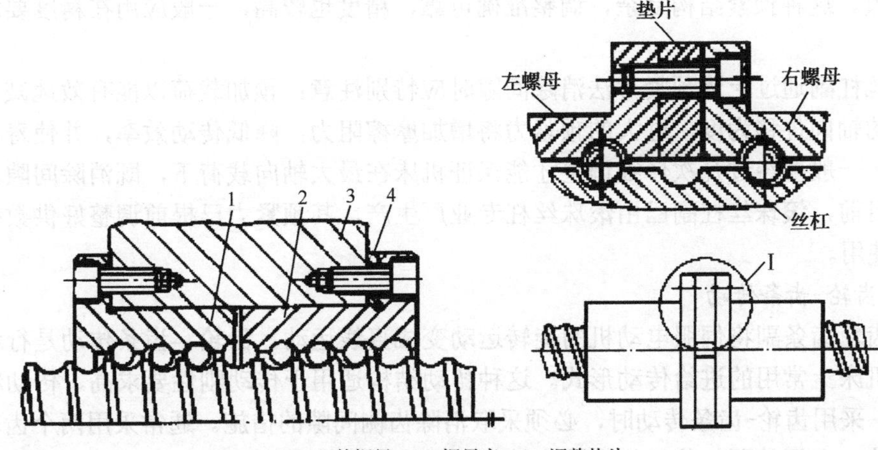

1、2—单螺母　3—螺母座　4—调整垫片

图 1-30　垫片调整式

（2）螺纹调整式。如图 1-31 所示，螺纹调整式通过两个锁紧圆螺母的旋转来调整丝杠与螺母之间的轴向间隙，这种结构紧凑，调整方便，应用广泛，但轴向位移量不易精确控制。

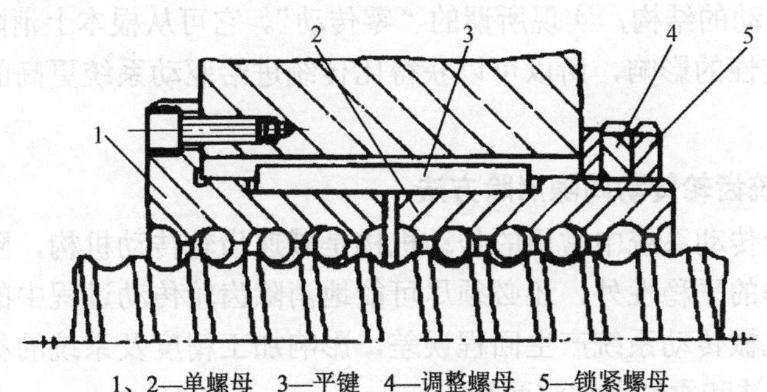

1、2—单螺母　3—平键　4—调整螺母　5—锁紧螺母

图 1-31　螺纹调整式

（3）齿差调整式。如图 1-32 所示的齿差调整式将两部分螺母外缘做成外齿轮和内齿轮，左右两个齿轮 Z_1 和 Z_2 仅差一个齿，如 Z_1=99 齿，Z_2=100 齿。调整间隙时，将内外齿脱离啮合，并使左右两个部分同时向同一方向转过一个齿，即 Z_1 转过 1/99 转，Z_2 转过 1/100 转，致使左右螺母相向或相离一个距离Δ。当滚珠丝杠的螺距 L=6mm 时，则

$$\Delta=\left(\frac{1}{Z_1}-\frac{1}{Z_2}\right)\times L=\left(\frac{1}{99}-\frac{1}{100}\right)\times 6=0.0006\text{mm}=0.6\mu\text{m}$$

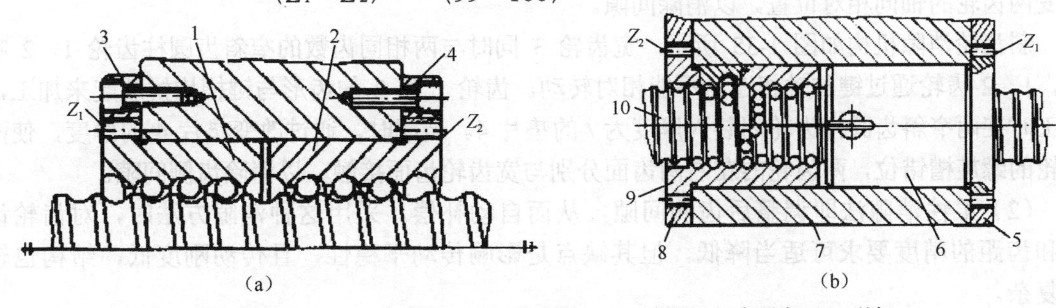

1、2—单螺母　3、4—内齿轮　5、8—内齿圈　6、9—螺母　7—螺母座　10—丝杠

图 1-32　齿差调整式

当转过齿数的数量为 n 时，位移量为Δ的 n 倍，这样即可很精确（微量）地消除丝杠螺母的轴向间隙。这种预紧结构复杂，调整准确可靠，精度也较高，一般应用在精度要求较高的场合。

滚珠丝杠副通过上述预紧方法消除间隙时应特别注意：预加载荷以能有效地减小弹性变形所带来的轴向位移为度，过大的预紧力将增加摩擦阻力，降低传动效率，并使寿命大为缩短，所以，一般要经过几次仔细调整才能保证机床在最大轴向载荷下，既消除间隙，又能灵活运转。目前，滚珠丝杠副已由滚珠丝杠专业厂生产，其预紧力已提前调整好供数控机床制造厂安装使用。

2）双齿轮-齿条传动

通过齿轮齿条副将伺服电动机的旋转运动变成直线运动。齿轮—齿条传动是行程较长的大型数控机床上常用的进给传动形式。这种传动结构适用于传动刚性要求高、传动精度不太高的场合。采用齿轮-齿条传动时，必须采取消除齿侧间隙的措施。通常采用两个齿轮与齿条啮合的方法，专用的预加载机构使两齿轮以相反方向预转过微小的角度，使两齿轮分别与齿条的两侧齿面贴紧，从而消除间隙。

3）直线电动机

直接运用直线电动机进行驱动，可以完全取消传动系统中将旋转运动变为直线运动的环节，大大简化机械传动的结构，实现所谓的“零传动”。它可从根本上消除传动环节对精度、刚度、快速性和稳定性的影响，所以可以获得比传统进给驱动系统更高的定位精度、快进速度和加速度。

3. 进给传动系统齿轮传动间隙消除方法

数控机床的进给传动系统中常用的传动机构是减速齿轮传动机构，除要求其本身具有较高的运动精度和工作的平稳性外，还必须尽可能地消除齿轮传动过程中的齿侧间隙，因为齿侧间隙的存在将使机械传动系统产生回程误差，影响加工精度及系统的稳定性。常用的消隙方法主要有刚性消隙法和柔性消隙法两种。

（1）刚性消隙法是在严格控制齿轮齿厚和齿距误差的条件下进行的，调整后的齿侧间隙不能自动补偿，但能提高传动刚度。

偏心轴套消隙机构如图1-33所示，电动机1通过偏心轴套2装在箱体上。转动偏心轴套可调整两齿轮中心距，消除齿侧间隙。

锥度齿轮消隙机构如图1-34所示，在加工相互啮合的两个齿轮1、2时，将分度圆柱面加工成带有小锥度的圆锥面，使齿轮齿厚在轴向稍有变化。装配时通过改变垫片3的厚度来改变两齿轮的轴向相对位置，以消除间隙。

斜齿轮消隙机构如图1-35所示，宽齿轮3同时与两相同齿数的窄斜齿圆柱齿轮1、2啮合，1、2齿轮通过键与轴相连，不能相对转动。齿轮1和2的齿形与键槽均拼装起来加工，加工时在两窄斜齿圆柱齿轮间装入厚度为 t 的垫片4。装配时，通过改变垫片4的厚度，使两齿轮的螺旋槽错位，两齿轮的左右两齿面分别与宽齿轮齿面接触，以消除齿侧间隙。

（2）柔性消隙法即调整后齿侧间隙，从而自动补偿。采用这种消隙方法时，对齿轮齿厚和齿距的精度要求可适当降低，但其缺点是影响传动平稳性，且传动刚度低，结构也较为复杂。

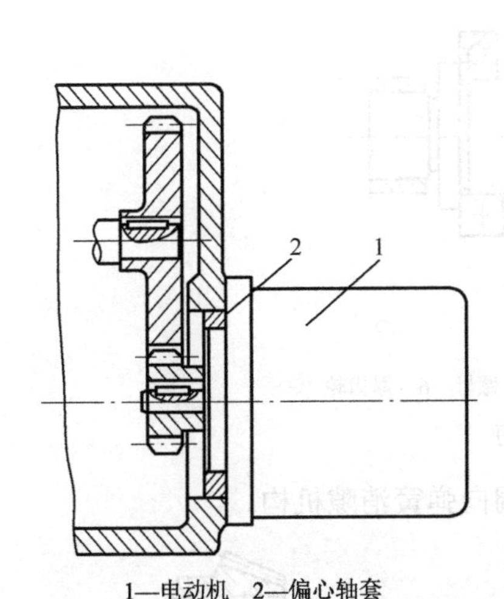

1—电动机 2—偏心轴套

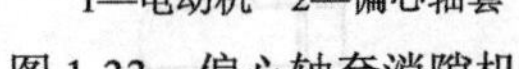

图 1-33 偏心轴套消隙机构

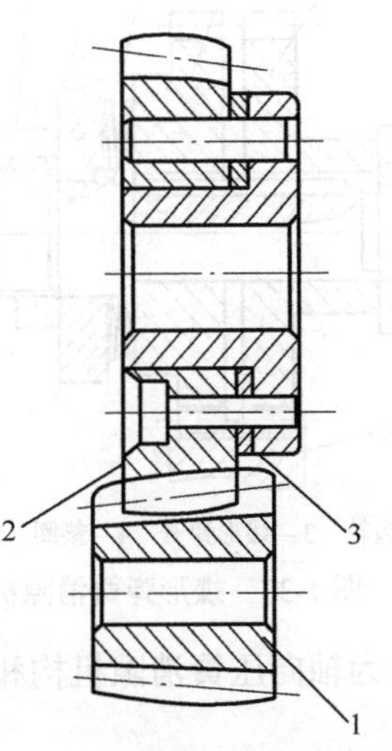

1、2—齿轮 3—垫片

图 1-34 锥度齿轮消隙机构

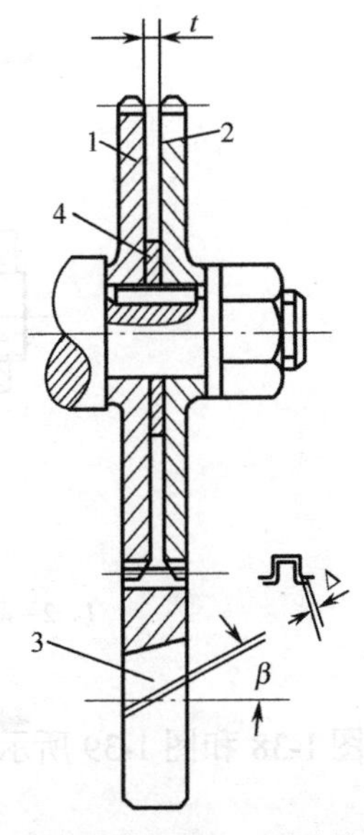

1、2—窄斜齿圆柱齿轮 3—宽齿轮 4—垫片

图 1-35 斜齿轮消隙机构

如图 1-36 所示为双齿轮错齿式消隙机构。相同齿数的两薄片齿轮 1 和 2 同时与另一宽齿轮啮合，两薄片齿轮套装在一起，并可做相对转动。每个齿轮端面均布四个螺纹孔，分别安装凸耳 3 和 8。弹簧 4 两端分别勾在凸耳 8 和调节螺钉 7 上，由螺母 5 调节弹簧 4 的拉力，再由螺母 6 锁紧。在弹簧的拉力作用下，两薄片齿轮的左右齿面分别与宽齿轮的左右齿面相接触，从而消除间隙。由于正向和反向旋转时只有一片齿轮承受扭矩，因此承载能力受到限制。在设计时，所选弹簧的拉力必须保证能承受最大扭矩。

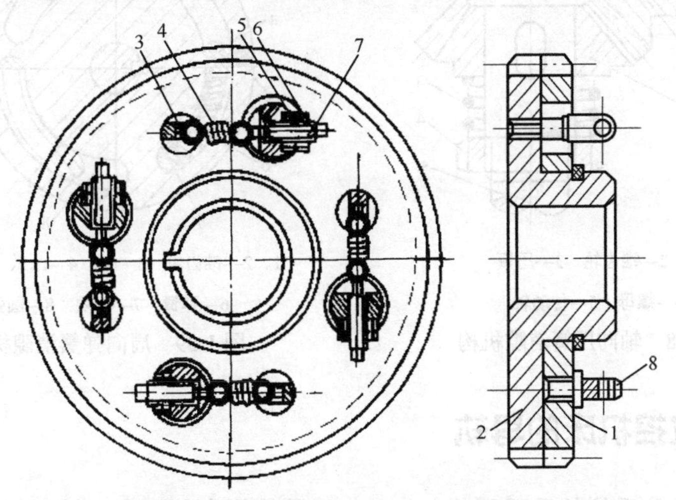

1、2—薄片齿轮 4—弹簧 3、8—凸耳 5、6—螺母 7—调节螺钉

图 1-36 双齿轮错齿式消隙机构

蝶形弹簧消隙机构如图 1-37 所示。薄片斜齿轮 1 和 2 同时与厚齿轮 6 啮合，螺母 5 通过垫片 4 调节蝶形弹簧 3 的压力，以达到消除齿侧间隙的目的。弹簧作用力的调整必须适当，压力过小，达不到消隙的目的；压力过大，将会使齿轮磨损加快。为了使齿轮在轴向能左右移动，而又不允许产生偏斜，这就要求齿轮的内孔具有较长的导向长度，因此增大了轴向尺寸。

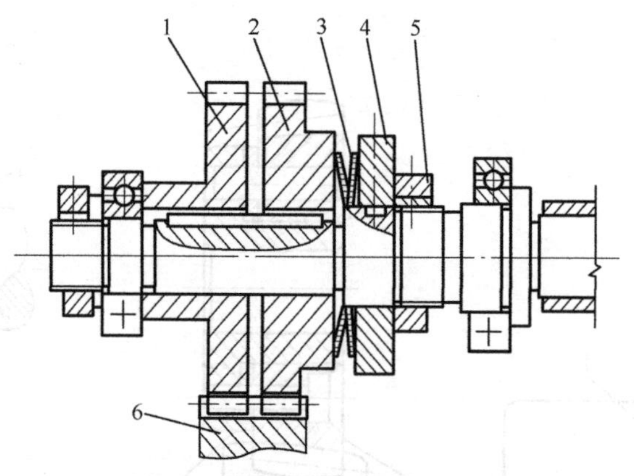

1、2—薄片斜齿轮　3—蝶形弹簧　4—垫圈　5—螺母　6—厚齿轮

图1-37　蝶形弹簧消隙机构

如图1-38和图1-39所示分别为轴向压簧消隙机构和周向弹簧消隙机构。

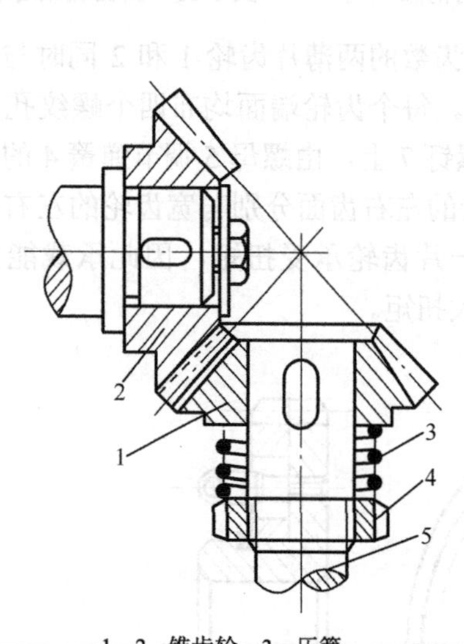

1、2—锥齿轮　3—压簧

4—螺母　5—传动轴

图1-38　轴向压簧消隙机构

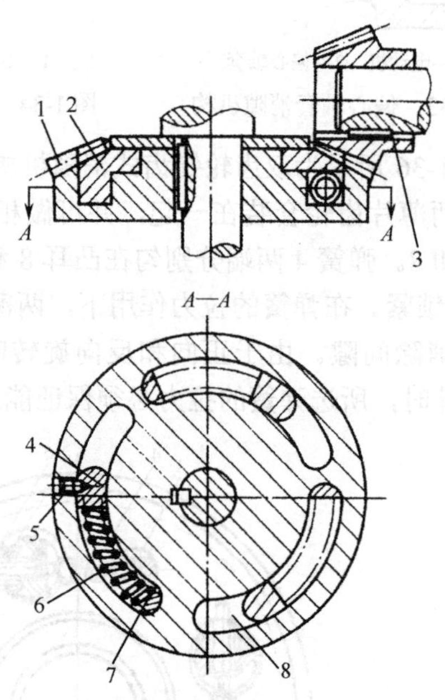

1、2—锥齿轮　3—键　4—凸爪　5—螺钉

6—弹簧　7—镶块　8—圆弧槽

图1-39　周向弹簧消隙机构

1.6.4　数控机床的导轨

导轨是进给传动系统的重要环节之一，它对数控机床的刚度、精度与精度保持性等有着重要的影响，现代数控机床的导轨，对导向精度、精度保持性、摩擦特性、运动平稳性和灵敏度都有更高的要求，在材料和结构上发生了“质”的变化，已不同于普通机床的导轨。数控机床常用导轨有以下几种。

1. 塑料滑动导轨

为了进一步降低普通滑动导轨的摩擦系数，防止低速爬行，提高定位精度，在数控机床上普遍采用塑料作为滑动导轨的材料，使原来“铸铁-铸铁”的滑动变为“铸铁-塑料”或“钢-塑料”的滑动。

1）塑料软带

塑料软带也称聚四氟乙烯导轨软带，导轨材料以聚四氟乙烯为基体，加入青铜粉、二硫化钼和石墨等填充剂混合烧结，并做成软带状，厚度约1.2mm。

塑料软带用特殊的黏结剂粘贴在导轨上，它不受导轨形状的限制，各种组合形状的滑动导轨均可粘贴；导轨各个面，包括下压板面和镶条也均可以粘贴，如图1-40所示。由于这类导轨软带采用粘贴的方法，习惯上也称为贴塑导轨。

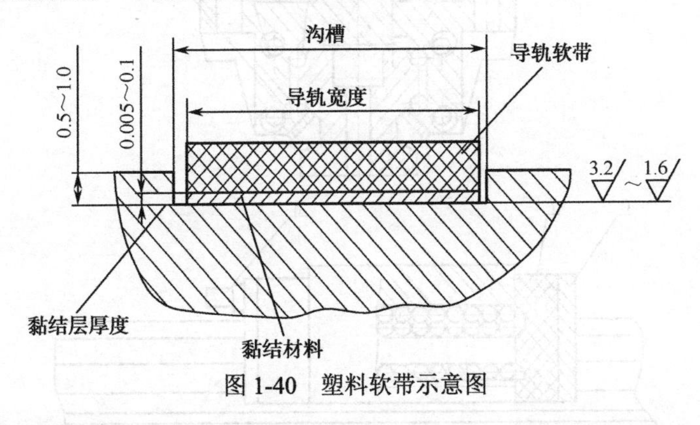

图1-40 塑料软带示意图

2）塑料导轨的特点

（1）摩擦特性好。实验表明，“铸铁-淬火钢”或“铸铁-铸铁”导轨副的动、静摩擦系数相差近一倍，而“金属-聚四氟乙烯”导轨软带（Turcite-B、TSF）的动、静摩擦系数基本不变，且摩擦系数很低。这种良好的摩擦特性能防止低速爬行，使机床运行平稳，获得高的定位精度。

（2）耐磨性好。除摩擦系数低外，塑料材料中含有青铜、二硫化钼和石墨，因此其本身具有自润滑作用，对润滑油的供油量要求不高，采用间歇式供油即可。另外，塑料质地较软，即使嵌入细小的金属碎屑、灰尘等，也不至于损伤金属导轨面和软带本身，可延长导轨的使用寿命。

（3）减振性好。塑料的阻尼性能好，其减振消声的性能对提高摩擦副的相对运动速度有很大的意义。

（4）工艺性好。可降低对塑料结合金属基体的硬度和表面质量，而且塑料易于加工（铣、刨、磨、刮），使导轨副接触面获得良好的表面质量。

除此之外，塑料导轨还具有良好的经济性，结构简单，成本低，目前在数控机床上得到了广泛的使用。

2. 滚动导轨

滚动导轨是在导轨工作面之间安装滚动体（滚珠、滚柱和滚针），与滚珠丝杠的工作原理类似，使两导轨面之间形成的摩擦为滚动摩擦。动、静摩擦系数相差极小，几乎不受运动速度变化的影响。

直线滚动导轨是目前最流行的一种形式。其结构如图1-41所示，直线滚动导轨主要由导轨、滑块、滚珠、端盖等组成。生产厂把滚动导轨的预紧力调整适当，可成组安装，所以这种导轨又称为单元式直线滚动导轨。使用时，导轨固定在不运动部件上，滑块固定在运动部件上。当滑块沿导轨移动时，滚珠在导轨和滑块之间的圆弧直槽内滚动，并通过端盖内的滚道，从工作负荷区滚动到非工作负荷区，然后再滚动到工作负荷区，不断循环，从而把导轨体和滑块之间的移动变成了滚珠的滚动。为防止灰尘和脏物进入导轨滚道，滑块两端及下部均装有塑料密封垫、滑块、注油杯。滚动导轨的最大优点是摩擦系数小，比塑料导轨还小；运动轻便灵活，灵敏度高；低速运动平稳性好，不会产生爬行现象，定位精度高；耐磨性好，磨损小，精度保持性好；润滑系统简单，因此滚动导轨在数控机床上得到普遍的应用。但是，滚动导轨的抗振性较差，结构复杂，对脏物较敏感，必须有良好的防护措施。

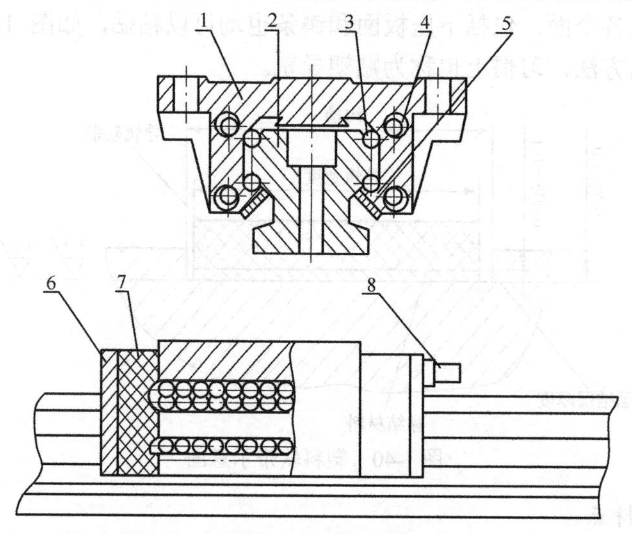

1—滑块　2—导轨　3—滚珠　4—回珠孔　5—塑料密封垫　6—端盖　7—挡板　8—注油杯

图1-41　直线滚动导轨结构

3. 静压导轨

静压导轨是在两个相对运动的导轨面间通入压力油，使运动件浮起。工作过程中，导轨面上油腔中的油压能随着外加负载的变化自动调节，以平衡外负荷，保证导轨面始终处于纯液体摩擦状态，静压导轨的工作原理如图1-42所示。

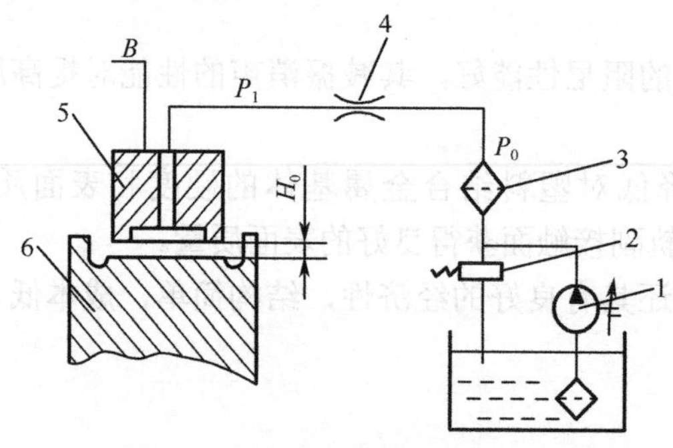

1—液压泵　2—溢流阀　3—过滤器　4—节流器　5—运动导轨　6—床身导轨

图1-42　静压导轨的工作原理

静压导轨的摩擦系数极小（约为0.0005），功率消耗少，由于液体摩擦，故导轨不会磨损，导轨的精度保持性好，寿命长。油膜厚度几乎不受速度的影响，油膜承载能力大、刚性好、吸振性良好，导轨运行平稳，既无爬行，也不产生振动。但静压导轨结构复杂，并需要有一个具有良好过滤效果的液压装置，制造成本较高。目前，静压导轨较多地应用在大型、重型数控机床上。

1.6.5 数控机床的自动换刀装置

在零件的加工制造过程中，大量的时间被用于更换刀具、装卸、测量和搬运零件等非切削工艺上，切削加工时间占整个工时的比例较小。为了进一步压缩非切削时间，数控机床正朝着一台机床在一次装夹中完成多工序加工的方向发展。这就是近年来带有自动换刀装置的多工序数控机床得以迅速发展的原因。为此，应进一步发展和完善各类刀具自动更换装置，扩大换刀数量，以便有可能实现更为复杂的换刀操作。这不仅可以提高机床的生产效率，扩大数控机床的功能和使用范围，而且，由于零件在一次安装中完成多工序加工，大大减少了零件安装定位次数，进一步提高了零件的加工精度。

自动换刀装置应当满足换刀时间短、刀具重复定位精度高、足够的刀具储存量、结构紧凑及安全可靠等要求。

1. 回转刀架换刀装置

回转刀架是一种最简单的自动换刀装置，常用于数控车床。可以设计成四方刀架、六角刀架或圆盘式轴向装刀刀架等多种形式。回转刀架上分别安装着四把、六把或更多的刀具，并按数控装置的指令换刀。

回转刀架在结构上必须具有良好的强度和刚度，以承受粗加工时的切削抗力。由于车削加工精度在很大程度上取决于刀尖位置，对于数控车床来说，加工过程中刀具位置不进行人工调整，因此更有必要选择可靠的定位方案和合理的定位结构，以保证回转刀架在每次转位之后，具有尽可能高的重复定位精度（一般为0.001～0.005mm）。

2. 多主轴转塔头换刀装置

在带有旋转刀具的数控钻镗铣床上，通过多主轴转塔头来换刀是一种比较简单的换刀方式。这种机床的主轴转塔头就是一个转塔刀库，转塔头有卧式和立式两种。

如图1-43所示为数控转塔式镗铣床的外观图，八方形转塔头上装有八根主轴，每根主轴上装有一把刀具。根据工序的要求，按顺序自动地将装有所需要的刀具主轴转到工作位置，实现自动换刀，同时接通主传动。不处在工作位置的主轴便与主传动脱开。转塔头的转位（即换刀）由槽轮机构来实现，每次换刀包括转塔头脱开主轴传动、转塔头抬起、转塔头转位和转塔头定位压紧。最后主轴传动重新接通，这样完成了转塔头转位、定位动作的全过程。

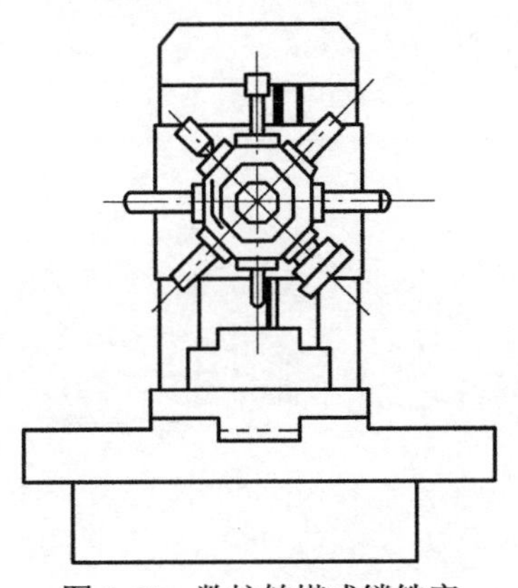

图1-43 数控转塔式镗铣床

这种自动换刀装置储存刀具的数量较少，适用于加工较简单的工件。其优点是结构简单，省去了自动松夹、卸刀、装刀、夹紧及刀具搬运等一系列复杂的操作，从而提高了换刀的可靠性，并显著地缩短了换刀时间。但由于空间位置的限制，主轴部件的结构不可能设计得十分坚实，因而影响了主轴系统的刚度。它适用于工序较少、精度要求不太高的数控钻镗铣床等。

3. 带刀库自动换刀系统

在带刀库自动换刀系统中，能够传递刀库与主轴之间的刀具并实现刀具装卸的装置称为刀具的交换装置。刀具的交换方式通常分为两种：一种是由机械手交换刀具；另一种是通过刀库与主轴之间的相对运动实现刀具交换，即无机械手交换刀具。后者换刀时，首先将用过的刀具送回刀库，然后再从刀库中取出新刀具，这两个动作不可能同时进行，因此换刀时间较长；而前者由机械手换刀时有很大的灵活性，这种刀库可储存较多的刀具，自动换刀时，机械手把机床主轴已用过的刀具送回刀库，同时从刀库中取出下一工步所需刀具并送往主轴，换刀时间重叠，因而换刀时间短，加工效率高，适于加工各种较复杂工件，多应用在所需刀具数量较多的自动换刀数控镗铣床上。

思考题

1. 数控机床由哪几部分组成？各有什么作用？
2. 什么是点位控制、点位/直线控制和轮廓控制？
3. 什么是开环、半闭环、闭环控制系统？
4. 数控机床的应用范围是什么？
5. 数控机床对导轨的要求是什么？

第1章拓展

第 2 章

数控车削加工工艺

2.1　数控车削加工的主要对象

数控车削是数控加工中用得最多的加工方法之一。针对数控车床的特点，下列几种零件最适合数控车削加工。

（1）轮廓形状特别复杂或难以控制尺寸的回转体零件。例如，如图 2-1 所示的“口小肚大”的内表面零件。

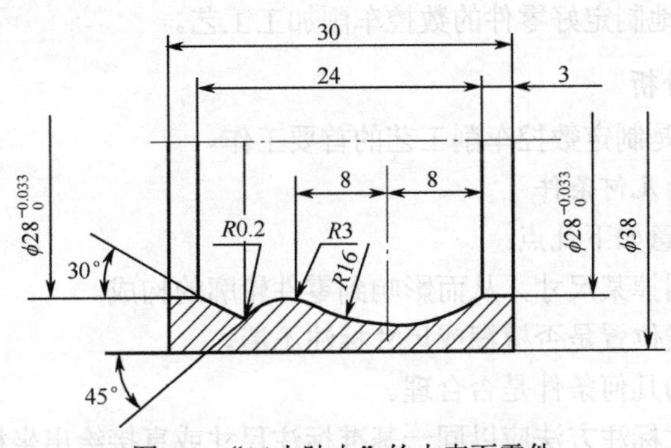

图 2-1　“口小肚大”的内表面零件

（2）精度要求高的回转体零件。数控车床可方便和精确地实现人工补偿和自动补偿，同时，刀具运动是通过高精度的插补运算和伺服驱动装置来控制的，可实现精度要求较高的回转体零件加工，如图 2-2、图 2-3 所示的凸轮轴、曲轴。

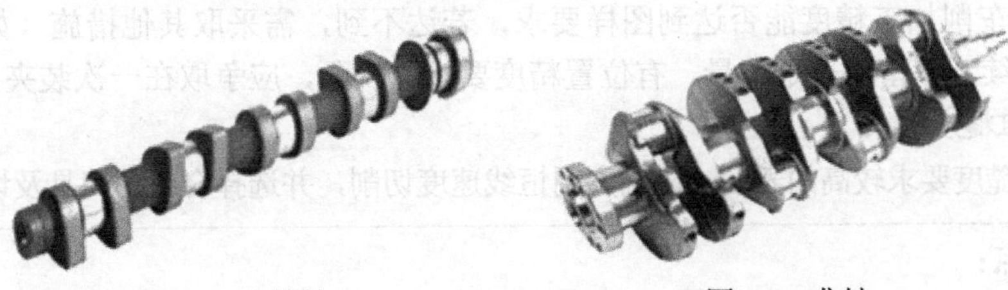

图 2-2　凸轮轴　　　　图 2-3　曲轴

（3）带特殊螺纹的回转体零件。数控车床能车削增导程、减导程及要求等导程和变导程之间平滑过渡的螺纹。由于数控车床一般采用硬质合金成形车刀，可以使用较高的转速，因而车削出来的螺纹精度高，表面粗糙度小。

2.1.1 数控车削加工工艺的主要内容

数控车削加工工艺主要包括如下内容：

（1）选择适合数控车床上加工的零件。

（2）对零件图进行数控加工的工艺性分析，明确加工内容及技术要求。

（3）确定零件的加工方案，制定数控加工工艺路线，如划分工序、安排加工顺序等。

（4）加工工序的设计。

（5）零件图形的数学处理及编程尺寸设定值的确定。

（6）加工程序的编写、校验和修改。

（7）首件试加工与现场问题处理。

（8）数控加工工艺技术文件的定型与归档。

2.1.2 加工零件的工艺性分析

工艺性分析是数控车削加工的前期工艺准备工作。工艺制定得合理与否，对程序编制、机床的加工效率和零件的加工精度都有重要影响。因此，应遵循一般的工艺原则并结合数控车床的特点，认真详细地制定好零件的数控车削加工工艺。

1. 零件图工艺性分析

零件图工艺性分析是制定数控车削工艺的首要工作。

1）构成零件轮廓的几何条件

分析零件图时应注意如下几点：

① 零件图上是否漏掉某尺寸，从而影响到零件轮廓的构成。

② 零件图上的图线位置是否模糊或尺寸标注不清。

③ 零件图上给定的几何条件是否合理。

④ 零件图上的尺寸标注方法应以同一基准标注尺寸或直接给出坐标尺寸。

2）尺寸精度要求

在利用数控车床车削零件时，分析精度要求与各项技术要求是否齐全、合理，常常对零件要求的尺寸取最大和最小极限尺寸的平均值作为编程的尺寸依据。

3）形状和位置精度的要求

分析数控车削加工精度能否达到图样要求，若达不到，需采取其他措施（如磨削）弥补时，则应给后续工序留有一定余量。有位置精度要求的表面，应争取在一次装夹下完成。

4）表面粗糙度要求

对表面粗糙度要求较高的表面，应确定用恒线速度切削，并选择合适的刀具及切削用量等。

小知识点：

恒线速度指令 G96，保证刀具与工件表面的切削速度恒定，常用于工件的精加工和半精加工。

恒转数指令 G97，常用于工件的粗加工或工件直径变化不大的工件加工。

2. 结构工艺性分析

零件的结构工艺性是指零件对加工方法的适应性，即所设计的零件结构应便于加工成形。在数控车床上加工零件时，应根据数控车削的特点，认真审视零件结构的合理性。如图 2-4 所示为割槽结构工艺性实例。

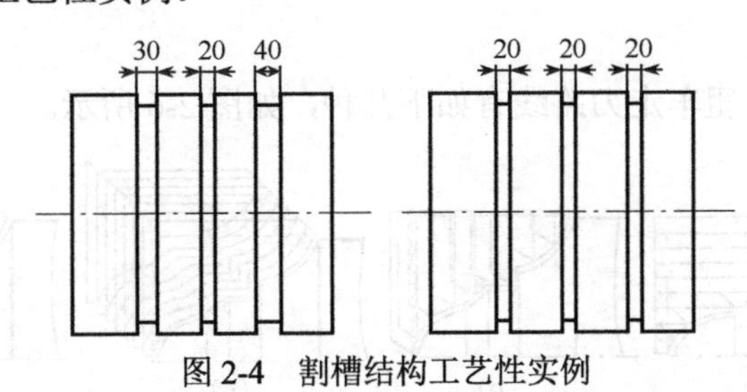

图 2-4　割槽结构工艺性实例

3. 零件安装方式的选择

数控机床上零件的安装方式与普通车床一样，要合理选择定位基准和夹紧方案，主要注意以下两点。

（1）力求设计、工艺与编程计算的基准统一，有利于提高编程时数值计算的简便性和精确性。

（2）尽量减少装夹次数，尽可能在一次装夹后，加工出全部待加工面。

2.1.3　数控车削加工工艺路线的拟定

1. 加工方法的选择

数控车床能够完成内外回转体表面的车削、钻孔、镗孔、铰孔和攻螺纹等加工操作，具体选择时应根据零件自身要求，选用相应的加工方法和加工方案。

2. 加工工序划分

数控车床加工工序划分有自己的特点，常用的工序划分原则有以下两种：

（1）保持精度原则。数控加工要求工序尽可能集中，通常，粗、精加工在一次装夹下完成；为减少热变形和切削力变形对工件的形状、位置精度、尺寸精度和表面粗糙度的影响，应将粗、精加工分开进行；对轴上有孔加工、螺纹加工的工件，应先加工表面而后加工孔、螺纹。

（2）提高生产效率的原则。在数控加工中，为减少换刀次数，节省换刀时间，应将需用同一把刀加工的部位全部完成后，再换另一把刀来加工其他部位。同时，应尽量减少空行程，用同一把刀加工工件的多个部位时，应以最短的路线到达各加工部位。在图 2-5 中，(a) 与 (b) 哪种路线效率更高呢？

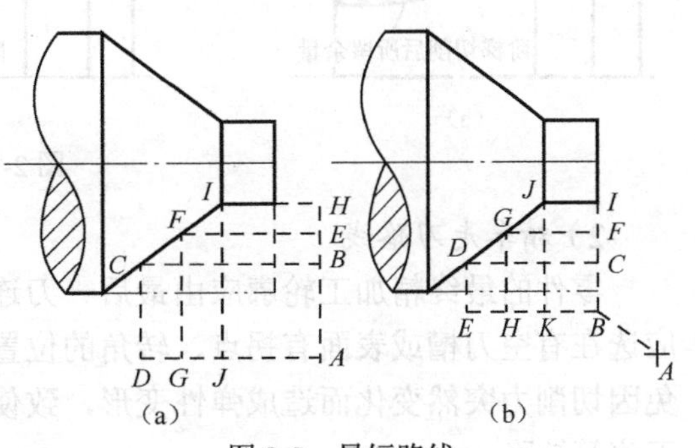

图 2-5　最短路线

3. 加工进给路线的确定

加工进给路线是刀具在整个加工工序中相

对于工件的运动轨迹，它不但包括了工步的内容，也反映出工步的顺序。

走刀路线的确定原则：在保证加工质量的前提下，使加工程序具有最短走刀路线。这样不仅可以节省整个加工过程的执行时间，还能减少一些不必要的刀具消耗及机床进给滑动部件的磨损等。

1）粗车走刀路线

在数控车削加工中，粗车走刀路线有如下几种，如图2-6所示。

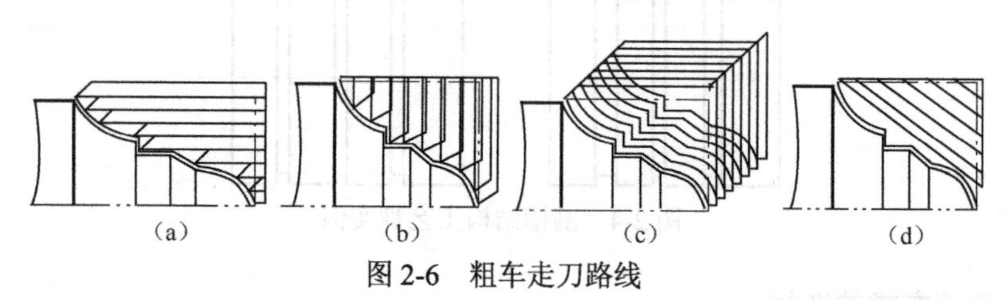

图2-6　粗车走刀路线

如图2-6（a）所示为外圆粗车G71指令粗车走刀路线，适于切削区轴向余量较大的细长轴套类零件的粗车，使用该方式加工可减少径向分层次数，使走刀路线变短。

如图2-6（b）所示为端面粗车G72指令粗车走刀路线，用于切削区径向余量较大的轮盘类零件的粗车加工，并使得轴向分层次数少。

如图2-6（c）所示为环状粗车G73指令粗车走刀路线，适合周边余量较均匀的铸锻坯料的粗车加工，对从棒料开始粗车加工，则会有很多空程的切削进给路线。

如图2-6（d）所示为自定义粗车走刀路线，批量加工时若走刀路线能比前几种的更短，即使编程计算等需要准备时间也非常合算。

数控车削加工零件时，加工路线若按图2-7（a）所示，从右往左由小到大逐次车削，由于受背吃刀量不能过大的限制，所剩的余量就必然过多；若按图2-7（b）所示，从大到小依次车削，则在保证同样背吃刀量的条件下，每次切削所留余量就比较均匀，是正确的阶梯切削路线。基于数控机床的控制特点，可不受矩形路线的限制，采用图2-7（c）所示加工路线，但同样要考虑避免背吃刀量过大的情形，为此需采用双向进给切削的走刀路线。

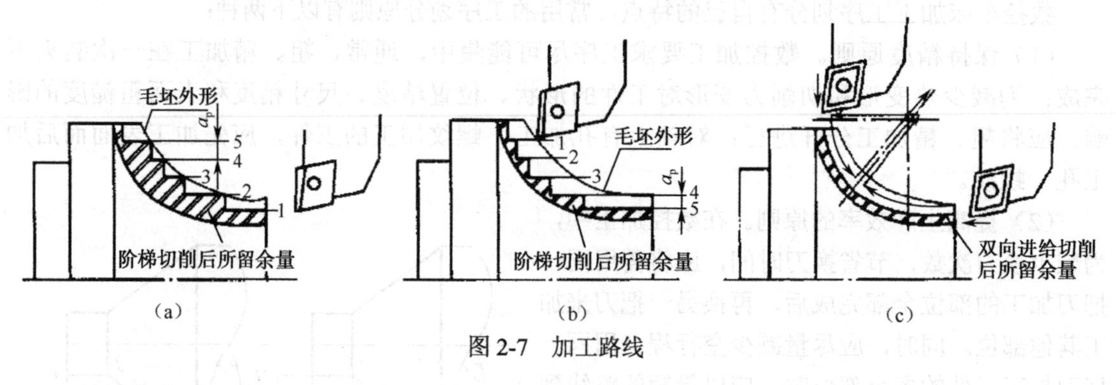

图2-7　加工路线

2）精车走刀路线

零件的最终精加工轮廓应由最后一刀连续加工，并且加工刀具切入、切出及接刀点位置应选在有空刀槽或表面有拐点、转角的位置，不能选在曲线要求相切或光滑连接的部位，以免因切削力突然变化而造成弹性变形，致使光滑连接轮廓上产生表面划伤、形状突变或滞留刀痕等缺陷。

对各部位精度要求不一致的精车走刀路线，当各部位精度相差不是很大时，应以最严的精度为准，连续走刀加工所有部位；若各部位精度相差很大，则精度接近的表面安排在同一把刀走刀路线内加工，并先加工精度较低的部位，最后再单独安排精度高部位的走刀路线。

3）空行程走刀路线

首先，起刀点的设置。粗加工或半精加工时，多采用系统提供的简单或复合车削循环指令加工。使用固定循环时，循环起点通常应设在毛坯外面。如图 2-8（a）所示为适合 G72 的起刀点，如图 2-8（b）所示为适合 G71 的起刀点，如图 2-8（c）所示的ΔX、ΔZ取 2～3mm。

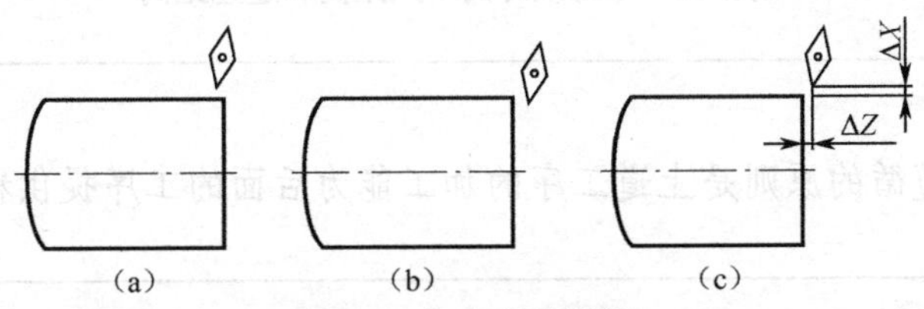

图 2-8　起刀点的设置

其次，换刀点的设置。换刀点是指刀架转动换刀时的位置，应设在工件及夹具的外部，以换刀时不碰工件及其他部件为准，并力求换刀移动路线最短。

再次，退刀路线的设置。

如图 2-9（a）所示为斜线退刀方式，斜线退刀方式路线最短，适用于加工外圆表面的偏刀退刀。

如图 2-9（b）所示为径—轴向退刀方式，刀具先径向垂直退刀，到达指定位置时再轴向退刀。适于切槽加工的退刀。

如图 2-9（c）所示为径—轴—径向退刀方式，刀具先径向微退刀，再轴向垂直退刀，到达指定位置时再径向退刀，适于镗孔加工的退刀。

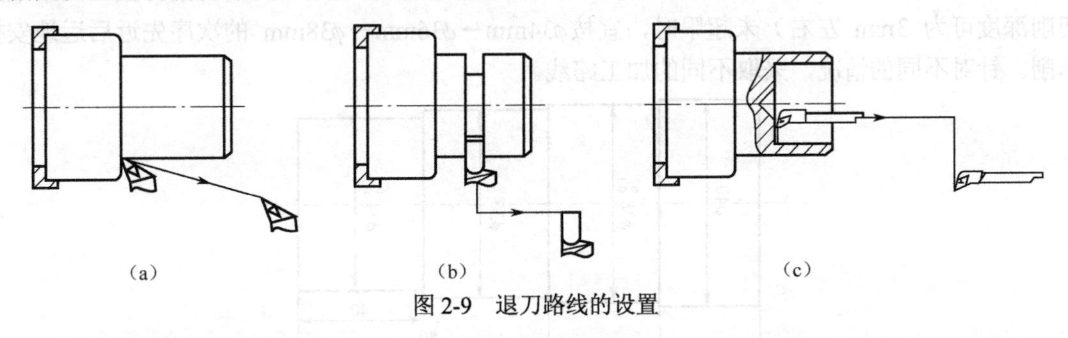

图 2-9　退刀路线的设置

最后，刀具的切入、切出。尽量安排刀具沿轮廓的切线方向切入、切出。尤其是车螺纹时，必须设置升速段δ_1和降速段δ_2。如图 2-10 所示为车螺纹时的引入距离和超越距离，这样可避免因车刀升降而影响螺距的稳定。δ_1一般为 2～5mm，δ_2一般为 1～2mm。

4. 车削加工顺序的安排

（1）基面先行原则。用作基准的表面应优先加工出来，因为定位基准的表面越精确，装夹误差就越小。所以，第一道工序一般是进行定位面的粗加工和半精加工（有时包括精加工），然后再以精基准加工其他表面。

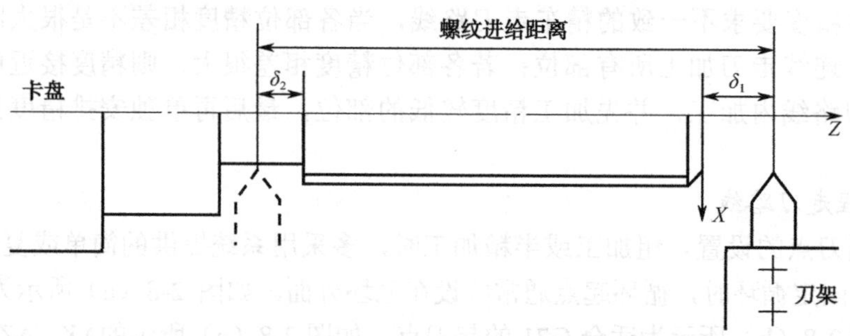

图 2-10　车螺纹时的引入距离和超越距离

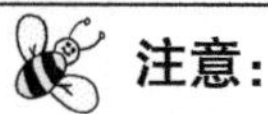

注意：

加工顺序安排遵循的原则是上道工序的加工能为后面的工序提供精基准和合适的夹紧表面。

（2）先粗后精。切削加工时，先安排粗加工工序，将精加工前大量的加工余量去掉。当粗加工后所留余量的均匀性满足不了精加工要求时，则可安排半精加工作为过渡性工序，使精加工余量小而均匀。零件的最终轮廓应由最后一刀连续加工而成。

注意：

考虑粗车加工时残存在工件内的应力，在粗、精加工工序之间可适当安排一些精度要求不高部位的加工，如切槽、倒角、钻孔等。

（3）先近后远。一次装夹的加工顺序安排是先近后远，特别是在粗加工时，通常安排离起刀点近的部位先加工，离起刀点远的部位后加工，以便缩短刀具移动距离，减少空行程时间。

台阶轴如图 2-11 所示，对这类直径相差不大的台阶轴，当第一刀的切削深度（图中最大切削深度可为 3mm 左右）未超限时，宜按ϕ34mm→ϕ36mm→ϕ38mm 的次序先近后远地安排车削。针对不同的情况，采取不同的加工路线。

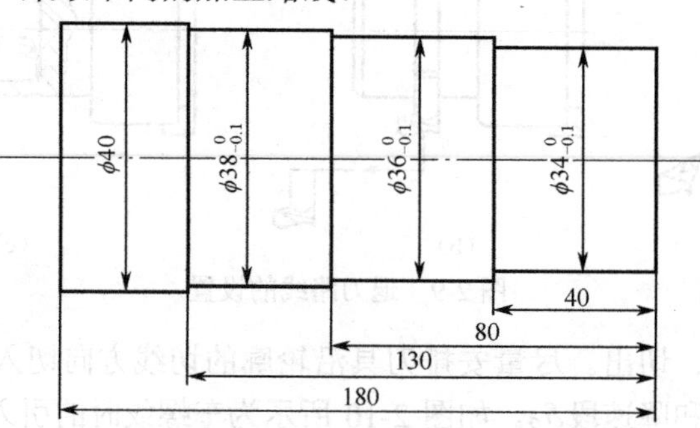

图 2-11　台阶轴

（4）先内后外，内外交叉。对既有内表面（内腔），又有外表面需加工的零件，安排加工顺序时，应先进行内、外表面的粗加工，后进行内、外表面的精加工。

注意：

切不可将零件上一部分表面（外表面或内表面）加工完毕后，再加工其他表面（内表面或外表面）。

2.2 数控车床常用的工装夹具

数控车床主要用于加工工件的内外圆柱面、圆锥面、回转成形面、螺纹及端面等。根据这一加工特点及夹具在数控车床上的安装位置，数控车床多采用三爪自定心卡盘、四爪单动卡盘夹持工件，当加工轴类工件比较长时，还可采用尾座顶尖支持工件，数控车床常用的工装夹具如图 2-12 所示。数控车床除采用这些通用夹具或其他机床附件外，往往还应根据加工需要设计出各种心轴或其他专用夹具。

图 2-12 数控车床常用的工装夹具

2.2.1 数控车削刀具的类型和选用

1. 数控车削常用车刀的类型

数控车削常用的车刀一般分为三类，即尖形车刀、圆弧形车刀和成形车刀。

（1）尖形车刀。以直线形切削刃为特征的车刀一般称为尖形车刀。这类车刀的刀尖（同时也为其刀位点）由直线形的主、副切削刃构成。

（2）圆弧形车刀如图 2-13 所示。其特征是：构成主切削刃的刀刃形状为一圆度误差很小的圆弧，该圆弧刃上的每一点都是圆弧形车刀的刀尖。所以，刀位点不在圆弧上，而在该圆弧的圆心上。圆弧形车刀可以用于车削内、外表面，特别适宜于车削各种光滑连接的成形面。

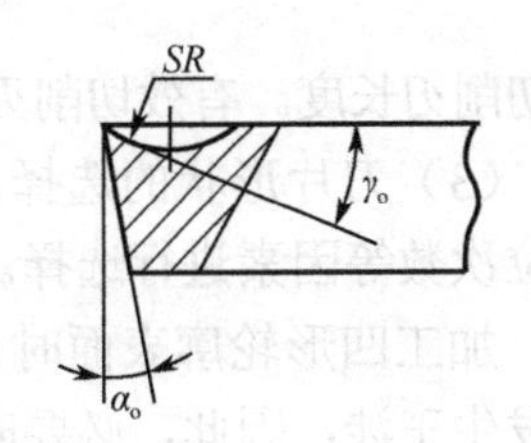

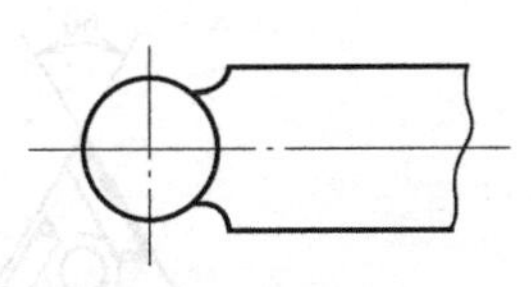

图 2-13 圆弧形车刀

（3）成形车刀。成形车刀也叫样板车刀，其加工零件的轮廓形状完全由车刀刀刃的形状和尺寸决定。在数控加工中，应尽量少用或不用成形车刀，若必须选用，应在工艺准备文件或加工程序单上进行详细说明。

常用车刀的种类、形状和用途如图 2-14 所示。部分车刀的基本用途如下：90° 外圆车刀（偏刀）用来车削工件的外圆、台阶和端面，分为左偏刀和右偏刀两种；弯头车刀用来车削工件的外圆、端面和倒角；切断刀用来切断工件或在工件表面切出沟槽；车孔刀用来车削工件的内孔，有通孔车刀和盲孔车刀；成形车刀用来车削台阶处的圆角、圆槽，或车削特殊形面

工件；螺纹车刀用来车削螺纹，有内螺纹车刀和外螺纹车刀。

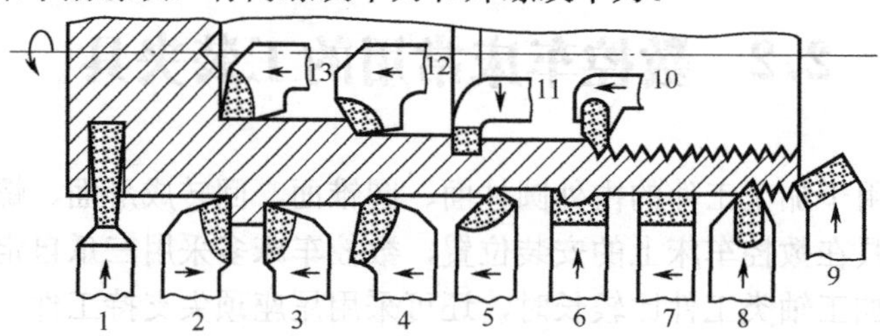

1—切断刀 2—90° 左偏刀 3—90° 右偏刀 4—弯头车刀 5—直头车刀 6—成形车刀 7—宽刃精车刀 8—外螺纹车刀 9—端面车刀 10—内螺纹车刀 11—内槽车刀 12—通孔车刀 13—盲孔车刀

图 2-14 常用车刀的种类、形状和用途

2. 数控车削常用车刀的选用

按车刀结构分类，车刀有整体车刀、焊接车刀、机夹可转位车刀和成形车刀等。数控车床上大多使用系列化、标准化的刀具，机夹可转位外圆车刀、端面车刀等的刀柄和刀头都有国家标准及系列化型号。为了减少换刀时间和方便对刀，便于实现机械加工的标准化，数控车削加工时，应尽量采用机夹刀和机夹刀片。数控车床常用的机夹可转位式车刀结构形式如图 2-15 所示。

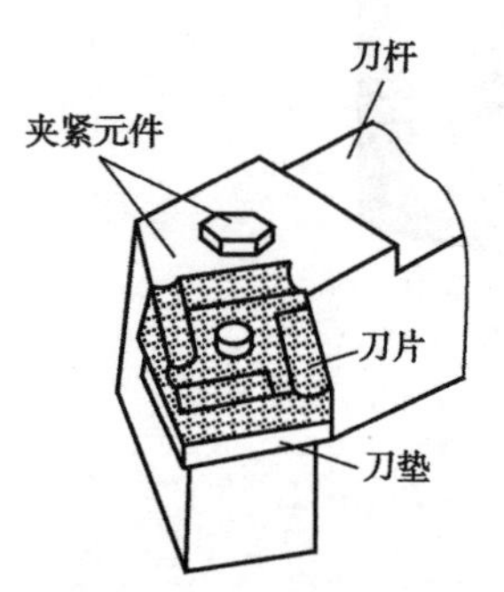

图 2-15 机夹可转位式车刀结构形式

（1）刀片材料的选择。常用刀片材料有高速钢、硬质合金、涂层硬质合金、陶瓷、立方氮化硼和金刚石等，其中应用最多的是高速钢、硬质合金和涂层硬质合金刀片（在以上两种基体上涂覆一层耐磨性较高的难熔金属化合物）。

（2）刀片尺寸的选择。刀片尺寸的大小取决于必要的有效切削刃长度。有效切削刃长度与背吃刀量和车刀的主偏角有关，可查阅相关刀具手册选取。

（3）刀片形状的选择。刀片形状主要依据工件表面形状、切削方法、刀具寿命和刀片的转位次数等因素进行选择。常用可转位车刀刀片形状及角度如图 2-16 所示。特别需要注意的是，加工凹形轮廓表面时，若主、副偏角选得太小，会导致加工时刀具主后面、副后面与工件发生干涉，因此，必要时应对此进行检验。

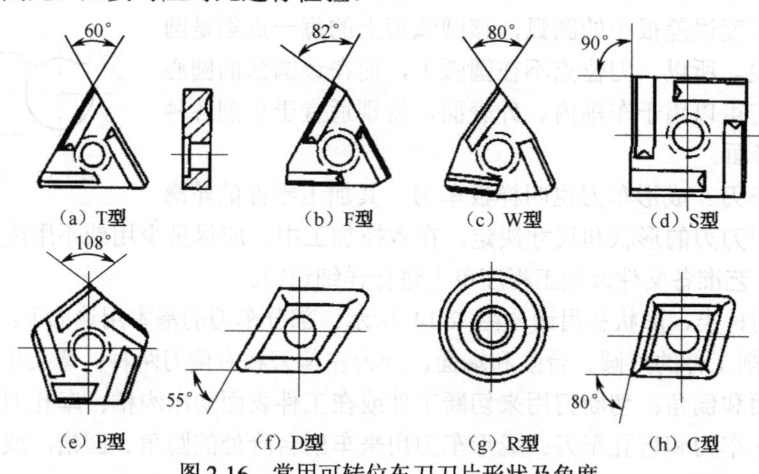

图 2-16 常用可转位车刀刀片形状及角度

2.2.2　选择切削用量

数控编程时，编程人员必须确定每道工序的切削用量，并以指令的形式写入程序中。切削用量包括主轴转速、背吃刀量及进给速度等。对于不同的加工方法，需要选用不同的切削用量。

1. 主轴转速的确定

车削加工主轴转速应根据切削速度 v 的计算公式来选择。在进行切削加工时，刀具切削刃上的某一点相对于待加工表面在主运动方向上的瞬时速度，称为切削速度 v。按公式 $v=(\pi dn)/1000$ 计算。车削加工主轴转速 $n=1000v/\pi d$，式中，v 的单位为 m/min；d 的单位为 mm；n 的单位为 r/min。

数控车床加工螺纹时，会受到以下几方面的影响。

（1）螺纹加工程序段中指令的螺距值，相当于以进给量 f（mm/r）表示的进给速度 v_f，如果机床主轴转速选择过高，其换算后的进给速度（mm/min）必定大大超过正常值。

（2）刀具在其位移过程中一直受到伺服驱动系统升降频率和数控装置插补运算速度的约束，而升降频率特性满足不了加工的需求，则可能因主轴进给运动产生出的“超前”和“滞后”导致部分螺纹的螺距不符合要求。

（3）车削螺纹必须通过主轴的同步运行功能实现，即车削螺纹需要有主轴脉冲发生器（编码器）。当主轴转速选择过高时，通过编码器发出的定位脉冲（即主轴每转一周时所发出的一个基准脉冲信号）将可能因“过冲”（特别是当编码器的质量不稳定时）而导致工件螺纹产生乱纹（又称“烂牙”）。

鉴于上述原因，不同的数控系统车螺纹时推荐使用不同的主轴转速范围。经济型数控车床车螺纹时推荐的主轴转速 n（r/min）为：

$$n \leqslant (1200/P)-k$$

式中，P 为被加工螺纹螺距，单位为 mm；k 为保险系数，一般取值为 80。

中高档型数控车床推荐车螺纹时的主轴转速与螺纹导程的积小于机床主轴最高转速。

2. 进给速度 v_f（$v_f=nf$）

进给速度 v_f 是指切削刃上指定点在进给方向相对于工件的瞬时速度，单位为 mm/min。在主运动的一个循环内，刀具在进给方向上相对于工件的位移量称为进给量，其单位为 mm/r。进给速度与进给量之间的关系为 $v_f=nf$。

3. 背吃刀量 a_p 的确定

外圆车削时，背吃刀量 a_p 是指已加工表面和待加工表面之间的垂直距离，计算公式为：

$$a_p=\frac{d_w-d_m}{2}$$

式中，d_w 为工件待加工表面直径；d_m 为工件已加工表面直径，单位为 mm。

在工艺系统刚度和机床功率允许的情况下，尽可能选取较大的背吃刀量，以减少进给次数。当零件精度要求较高时，则应考虑留出精车余量，其所留的精车余量常取 0.2～0.5mm。

4. 切削用量的选择原则

粗、精加工时切削用量的选择应遵循以下原则。

（1）粗加工时的选择原则。首先，优先选取尽可能大的背吃刀量，以尽量保证较高的金属切除率；其次，要根据机床动力和刚性的限制条件等，选取尽可能大的进给量；最后根据刀具耐用度确定最佳的切削速度。

（2）精加工时的选择原则。由于要保证工件的加工质量，首先，应根据粗加工后的余量选用较小的背吃刀量；其次，根据已加工表面的粗糙度要求，选取较小的进给量；最后，在保证刀具耐用度的前提下尽可能选用较高的切削速度。

2.3 加工工艺分析实例

以图 2-17 所示的轴类零件为例，零件材料为 45#钢，生产批量为中小批量，试对该零件进行数控车削工艺分析。

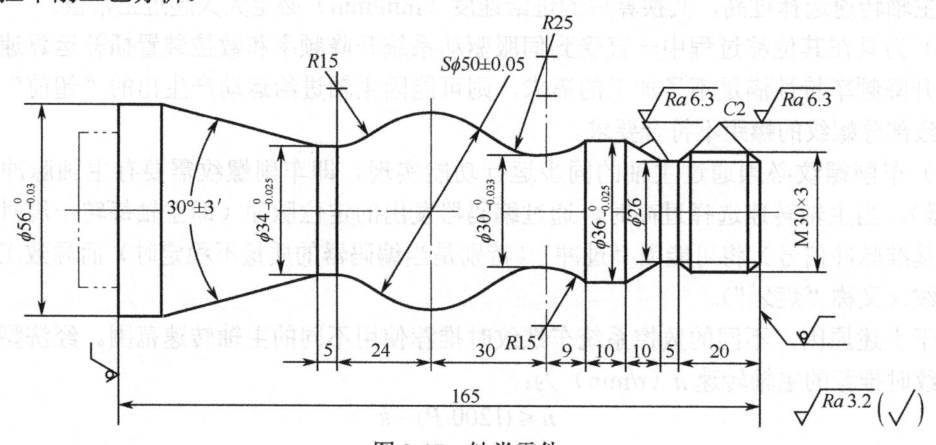

图 2-17 轴类零件

1. 零件图工艺分析

该零件表面由圆柱、圆锥、顺圆弧、逆圆弧及螺纹等组成。其中多个直径尺寸有较严的尺寸精度和表面粗糙度等要求，球面 $S\phi50$mm 的尺寸公差还兼有控制该球面形状误差的作用。零件图尺寸标注完整，轮廓描述清楚。零件材料为 45#钢，无热处理和硬度要求。

通过上述分析，可采取以下几点工艺措施。

（1）对图中给定的几个精度要求较高的尺寸，因其公差数值较小，故编程时不必取平均值，全部取其基本尺寸即可。

（2）轮廓曲线，其加工时刀具的主、副切削刃都参与了切削加工，因此，在加工时应进行刀具的半径补偿，以保证轮廓曲线的准确性。

（3）为便于装夹，坯件左端应预先车出夹持部分（双点画线部分），右端面也应先粗车出，并钻好中心孔。毛坯选 ϕ60mm 的棒料。

2. 确定零件的定位基准和装夹方式

（1）定位基准。确定坯料轴线和左端大端面（设计基准）为定位基准。

（2）装夹方法。左端采用三爪自定心卡盘定心夹紧，右端采用活动顶尖支承的装夹方式。

3. 确定加工顺序及进给路线

加工顺序按由粗到精、由近到远（由右到左）的原则确定，即先从右到左进行粗车（留0.25mm 精车余量），然后从右到左进行精车，最后车削螺纹。

4. 刀具的选择

（1）选用ϕ5mm 中心钻钻削中心孔。

（2）车端面选用 45° 硬质合金车刀。

（3）粗车轮廓选用 93° 硬质合金车刀，副偏角不宜太大，选 $\kappa_r'<10°$，刀尖圆弧半径r_ε=0.4mm。

（4）精车轮廓选用 93° 硬质合金右偏刀，副偏角应稍大，选 $\kappa_r'>25°$，刀尖圆弧半径应小于轮廓最小圆角半径 r_ε，取 r_ε=0.15mm。

（5）车螺纹选用 60° 硬质合金外螺纹车刀。

表 2-1 所示为轴的数控加工刀具参数，将所选定的刀具参数填入数控加工刀具卡片中，以便于编程和操作管理。

表 2-1　轴的数控加工刀具参数

序号	刀 具 号	刀具规格名称	加 工 表 面	刀尖圆弧半径/mm
1	T01	ϕ5mm 中心钻	钻ϕ5mm 中心孔	
2	T02	45° 硬质合金车刀	车端面	
3	T03	93° 硬质合金车刀	粗车轮廓	0.4
4	T04	93° 硬质合金右偏刀	精车轮廓	0.15
5	T05	60° 硬质合金外螺纹车刀	车螺纹	

5. 切削用量的选择

1）背吃刀量的选择

轮廓粗车循环时选 a_p=3mm，精车时选 a_p=0.25mm，粗车、精车螺纹时的背车刀量根据已知螺距查表选取。

2）主轴转速的选择

查切削用量手册选粗车切削速度 v=90m/min、精车切削速度 v=120m/min，然后利用公式 $v=\pi dn/1000$ 计算主轴转速 n（粗车直径 d=60mm，精车工件直径取平均值），粗车时的主轴转速为 500r/min、精车时为 1200r/min。车螺纹时，参照公式 $n\leqslant(1200/P)-k$，计算主轴转速 n=320r/min。

3）进给速度的选择

查切削用量手册选择粗车每转进给量为 0.4mm/r，精车每转进给量为 0.15mm/r。根据公式 $v_f=nf$ 计算粗车、精车轮廓时的进给速度分别为 200mm/min 和 180mm/min。

综合前面分析的各项内容，得出如表 2-2 所示的轴类零件数控加工工艺信息，将其填入数控加工工艺卡片。

表 2-2　轴类零件数控加工工艺信息

工步号	工 步 内 容	刀具号	主轴转速/r·min^{-1}	进给速度/mm·min^{-1}	背吃刀量/mm
1	钻ϕ5mm 的中心孔	T01	950		

续表

工步号	工 步 内 容	刀具号	主轴转速/r·min^{-1}	进给速度/mm·min^{-1}	背吃刀量/mm
2	车端面	T02	500		
3	粗车轮廓	T03	500	200	3
4	精车轮廓	T04	1200	180	0.25
5	粗车螺纹	T05	320	960	0.4
6	精车螺纹	T05	320	960	0.1

思考题：

6. 数控车削加工工艺主要包括哪些内容？
7. 数控机床车刀有哪些常用类型？
8. 切削用量包括哪三个要素？

第2章拓展

第 3 章

FANUC 0i 系统数控车削编程

3.1 基本功能指令

3.1.1 MSTF 功能指令

1. M 功能指令

M 功能指令（M 指令）即辅助功能指令，由代码地址 M 和其后的代码值（00～99）组成，主要用以指令数控机床中的辅助装置的开关动作或状态，如主轴的正、反转和冷却液开、关等。具体的 M 功能指令及其功能如表 3-1 所示。

表 3-1 M 功能指令及其功能

指 令	功 能	指 令	功 能
M00	程序停止	M03	主轴正转启动
M01	选择性程序停止	M04	主轴反转启动
M30	程序结束并返回程序起点	M05	主轴停止转动
		M06	换刀
M98	调用子程序	M08	冷却液开
M99	子程序结束	M09	冷却液关

一个程序段中只能有一个 M 功能指令，当程序段中出现两个或两个以上的 M 功能指令时，CNC 出现报警。

1）程序停止 M00

程序执行到 M00 指令时，数值控制单元将停止一切的加工指令动作，而全部现存的模态信息保持不变，欲继续执行后续程序，须重按操作面板上的“循环启动”键。

2）选择性程序停止 M01

此指令的功能与 M00 指令相同。但可由操作面板上的“选择性停止按钮”的开关控制此指令是否执行。

3）主轴控制指令 M03、M04、M05

执行 M03 指令主轴正转启动；执行 M04 指令主轴反转启动；执行 M05 指令主轴停止转动。

4）冷却液开、关指令 M08、M09

执行 M08 指令将打开冷却液管道；执行 M09 指令将关闭冷却液管道。

5）程序结束并返回程序起点指令 M30

M30 指令有控制返回到程序起点的作用。M30 指令执行结束后，若要重新执行该程序，须再次按操作面板上的“循环启动”键。

6）调用子程序指令 M98 及子程序结束指令 M99

M98 指令用于调用子程序。M99 指令用于结束子程序，执行 M99 可使控制返回到主程序。

子程序的格式：

```
O××××;
…
M99;
```

在子程序开头，必须规定子程序号，以作为调用入口地址。在子程序的结尾用 M99 指令，以控制执行完该子程序后返回主程序。

调用子程序的格式：

```
M98  P○○○  ××××
```

其中，P 后面的○为重复调用次数；×为被调用的子程序号。

2. 进给功能指令

进给功能指令 F 主要用于指令切削的进给速度，即工件被加工时，刀具相对于工件的合成进给速度。

对于车床，进给方式分为每分钟进给和每转进给两种。进给速度的单位取决于 G98 指令（每分钟进给量）或 G99 指令（主轴每转一转刀具的进给量）。若按 G99 指令方式进行加工，机床必须安装主轴编码器。使用下式可以实现每转进给量与每分钟进给量的转化。

$$f_m=f_r\times S$$

式中，f_m为每分钟进给量（mm/min）；f_r为每转进给量（mm/r）；S为主轴转数（r/min）。

在 G01、G02 或 G03 指令方式下，F 指令一直有效，直到被新的 F 指令所取代。而工作在 G00 指令方式下，快速定位的速度是各轴的最高速度，与 F 值无关。

G98、G99 指令为同组的模态 G 功能指令，只能一个有效。

3. 主轴功能指令

主轴功能指令 S 能够控制主轴转速，其后的数值表示主轴转速。

主轴转速分为恒线速度和恒转数两种转速。系统执行 G96 指令后，S 指令后面的数值表示切削线速度，单位为米每分钟（m/min）；系统执行 G97 指令后，S 指令后面的数值表示主轴每分钟的转数，单位为转每分钟（r/min）。

G96 S150 表示切削线速度控制在 150m/min。转速随直径大小改变，可用于车削直径范围变化较大的工件。

G97 S3000 表示恒线速控制取消后主轴转速为 3000r/min。转速不随直径大小改变，可用于车削直径范围变化较小的工件，以及车螺纹。

G96、G97 指令为同组的模态 G 功能指令，同一时刻只能一个有效。

4. 刀具功能指令

刀具功能指令 T 主要用来指令数控系统进行选刀或换刀。

格式：

T0×0×

T 后面通常用两位数表示所选择的刀具号。但有的 T 后面有四位数字，前两位是刀具号，后两位是刀具补偿号。

例如 T0303，表示选用 3 号刀及 3 号补偿值寄存器；T0300 表示取消刀具补偿；T0103 表示选用 1 号刀及 3 号补偿值寄存器。

刀具补偿功能将在后面章节中详述。

3.1.2 准备功能指令

准备功能指令主要用来指令机床或数控系统的工作方式。FANUC 0i 数控系统的准备功能指令由代码地址 G 和其后的代码值（00～99）组成，用来规定刀具和工件的相对运动轨迹、工件坐标系、坐标平面、刀具半径补偿、坐标偏置等多种加工操作。具体的 G 功能指令及其功能如表 3-2 所示。

表 3-2 G 功能指令及其功能

指令	组别	功能	指令	组别	功能
*G00	01	快速点定位（快速移动）	G56		选择工件坐标系 3
G01		直线插补	G57		选择工件坐标系 4
G02		圆弧插补（CW，顺时针）	G58		选择工件坐标系 5
G03		圆弧插补（CCW，逆时针）	G59		选择工件坐标系 6
G04	00	暂停	G70	00	精加工循环
G18	16	*ZX* 平面选择	G71		轴向粗车复合循环
G20	06	英制输入制式	G72		径向粗车复合循环
G21		公制输入制式	G73		仿形粗车复合循环
G27	00	参考点返回检查	G74		轴向切槽多重循环
G28		参考点返回	G75		径向切槽多重循环
G32	01	螺纹单步切削	G76		多重螺纹切削循环
*G40	07	取消刀尖半径补偿	G90	01	轴向切削单一循环
G41		刀尖半径左补偿	G92		螺纹切削单一循环
G42		刀尖半径右补偿	G94		径向切削单一循环
G50	00	坐标系设定/恒线速最高转速设定	G96	02	恒线速度控制
G52		局部坐标系设定	*G97		取消恒线速度控制
*G54	14	选择工件坐标系 1	*G98	05	每分钟进给
G55		选择工件坐标系 2	G99		每转进给

注意：

*表示开机时会初始化的准备功能指令。

准备功能指令根据功能的不同分成若干组，其中 00 组的准备功能指令为非模态 G 功能指令，其余组的为模态 G 功能指令。实际加工中，使用 G 功能指令时，可查阅机床的技术文件说明和操作编程手册。

（1）非模态G功能指令：只在所规定的程序段中有效，程序段结束时即被注销。

（2）模态G功能指令：一组可相互注销的G功能指令，这些指令一旦被执行，则一直有效，直到被同一组的G功能指令注销为止。

模态G功能指令中，开机就有的功能指令即为初态指令。

除01与00组G功能指令不能共段外，同一个程序段中可以存在几个不同组的G功能指令。如果在同一个程序段中输入了两个或两个以上的同组G功能指令，则最后一个G功能指令有效。没有共同参数（代码字）的不同组G功能指令可以放在同一程序段中，而且与顺序无关。例如，G90、G17可与G01放在同一程序段。

3.2 单位尺寸指令

1. 分进给与转进给

G98：每分钟进给。对于线性轴，F的单位依G20/G21的设定，为mm/min或in/min。

G99：每转进给，即主轴转一周时刀具的进给量。F的单位依G20/G21指令设定，为mm/r或in/r。

G98、G99为模态功能指令。

2. 恒线速度与恒转数

G96：恒线速度控制。G96后面的S值为切削的恒定线速度，单位为m/min。

G97：恒转数指令，取消恒线速度控制。G97后面的S值为取消恒线速度控制后，指定的主轴转速，单位为r/min。

注意：

（1）使用恒线速度功能时，主轴必须能自动变速，如伺服主轴、变频主轴。

（2）恒线速度功能必须与限制主轴最高转速同时使用，如：G50 S3000即主轴最高转速为每分钟3000转。

3. 英制与公制转换

G20：英制输入制式。

G21：公制输入制式。

G20、G21为模态功能指令，可相互注销，G21为初态。

3.3 数控车削编程基础知识

数控车床加工的是回转体类的零件。车床主轴上装夹的是待加工的工件，高速旋转的是工件，刀具安装在刀架上，只能在二维平面内移动，所以数控车床一般是两坐标轴机床。

3.3.1 坐标系

数控车床相关的坐标系分为机床坐标系（或机械坐标系）和工件坐标系（或编程坐标

系），一般数控车床只有两个坐标轴：*X* 轴和 *Z* 轴。

坐标轴的方向设定：大拖板左右（纵向）移动为 *Z* 轴方向移动，纵拖板前后（横向）移动为 *X* 轴方向移动。刀具离开工件的方向为正方向，靠近工件的方向为负方向。

按刀座与机床主轴的相对位置划分，数控车床有前刀座坐标系和后刀座坐标系。如图 3-1（a）所示为前刀座的坐标系，如图 3-1（b）所示为后刀座的坐标系。从图中可以看出，前、后刀座坐标系的 *X* 轴方向正好相反，而 *Z* 轴方向是相同的。

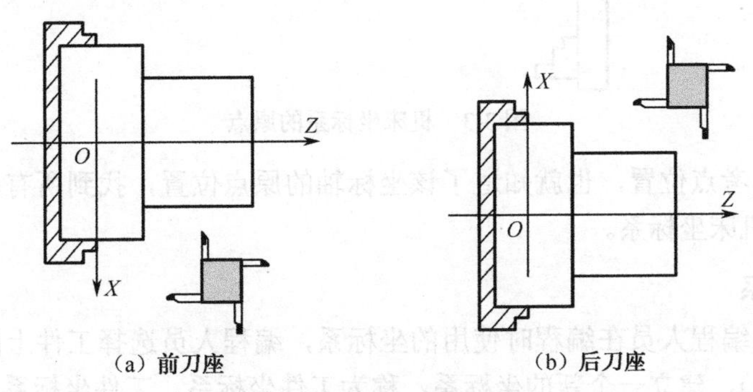

图 3-1　前、后刀座的坐标系

标准坐标系各坐标轴之间的关系，用右手直角笛卡儿原则确定，机床坐标轴如图 3-2 所示。图中大拇指的指向为 *X* 轴的正方向，食指指向为 *Y* 轴的正方向，中指指向为 *Z* 轴的正方向。

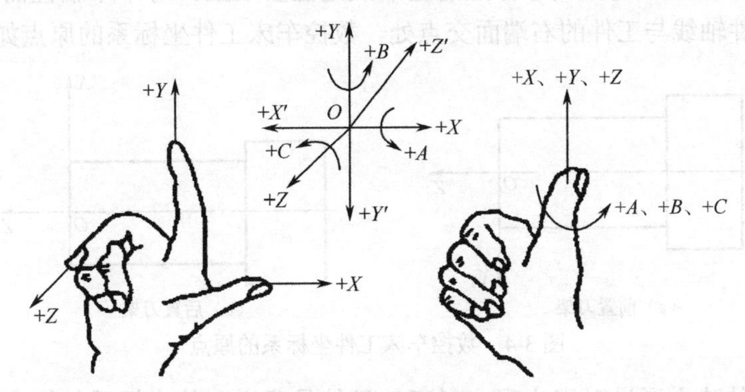

图 3-2　机床坐标轴

围绕 *X*、*Y*、*Z* 轴旋转的圆周进给坐标轴分别用 *A*、*B*、*C* 表示，根据右手螺旋定则，如图 3-2 所示，以大拇指指向+*X*、+*Y*、+*Z* 方向，则食指、中指等指向的是圆周进给运动的+*A*、+*B*、+*C* 方向。

1. 机床坐标系

机床坐标系的原点为主轴旋转中心与工件卡盘后端面的交点，如图 3-3 所示。

机床坐标系是机床固有的坐标系，机床坐标系的原点称为机床原点或机床零点。在机床经过设计、制造和调整后，这个原点便被确定下来，它是固定的点。

数控装置上电时并不知道机床零点，为了正确地在机床工作时建立机床坐标系，通常在每个坐标轴的移动范围内设置一个机床参考点（测量起点），机床启动时，通常要机动或手动回到参考点，以建立机床坐标系。

机床参考点可以与机床原点重合，也可以不重合，通过参数指定机床参考点到机床原点的距离。

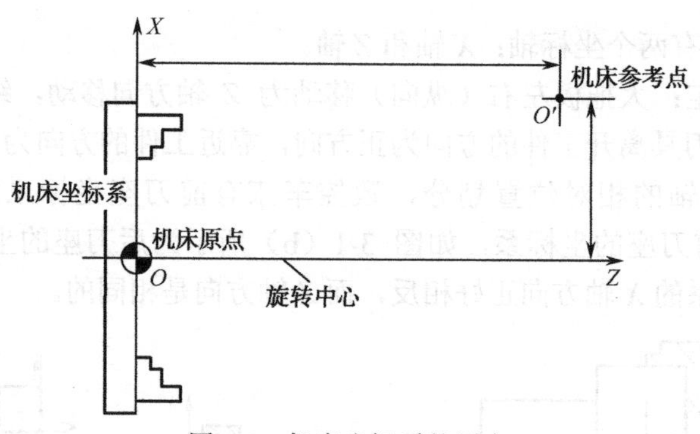

图 3-3　机床坐标系的原点

机床回到了参考点位置，也就知道了该坐标轴的原点位置，找到所有坐标轴的参考点，CNC 就建立起了机床坐标系。

2. 工件坐标系

工件坐标系是编程人员在编程时使用的坐标系，编程人员选择工件上的某一已知点为原点（也称程序原点），建立一个新的坐标系，称为工件坐标系。工件坐标系一旦建立便一直有效，直到被新的工件坐标系所取代。

工件坐标系的原点选择要尽量满足编程简单、尺寸换算少、引起的加工误差小等条件。一般情况下，程序原点应选在尺寸标注的基准或定位基准上。对车床编程而言，工件坐标系原点一般选在工件轴线与工件的右端面交点处，数控车床工件坐标系的原点如图 3-4 所示。

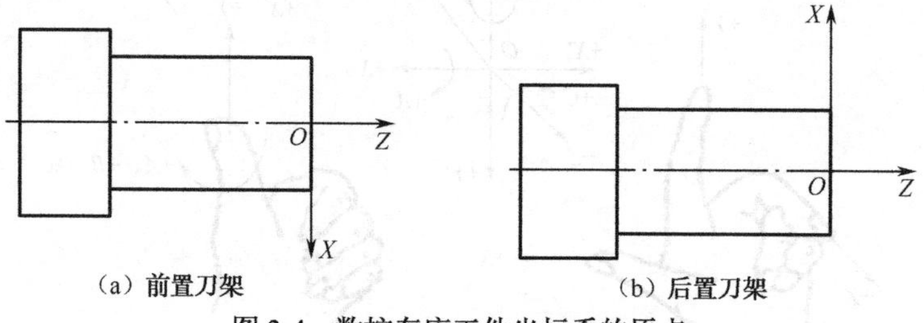

图 3-4　数控车床工件坐标系的原点

工件坐标系的建立通过对刀实现，对刀的目的是确定工件坐标系与机床坐标系之间的位置关系。

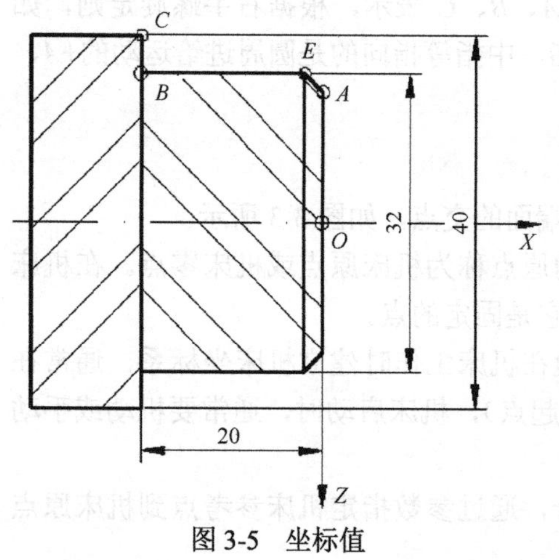

图 3-5　坐标值

3. 坐标值

编写程序时，按编程坐标值类型可分为绝对坐标编程、增量（相对）坐标编程和混合坐标编程三种编程方式。

使用 X、Z 轴的绝对坐标编程（用 X、Z 表示）称为绝对坐标编程；使用 X、Z 轴的相对位移量（以 U、W 表示）编程称为增量坐标编程；允许在同一程序段分别使用 X、Z 轴的绝对坐标编程和增量坐标编程的，称为混合坐标编程。

坐标值如图 3-5 所示，写出各点的绝对坐标、相对坐标，要求刀具由原点按顺序移动到 A、E、B、C

点，绝对坐标/相对坐标/混合坐标如表 3-3 所示。

表 3-3 绝对坐标/相对坐标/混合坐标

绝对坐标	相对坐标	混合坐标
O(*X*0.,*Z*0.) *A*(*X*28.,*Z*0.) *E*(*X*32.,*Z*−2.) *B*(*X*32.,*Z*−20.) *C*(*X*40.,*Z*−20.)	*O*(*X*0.,*Z*0.) *A*(*U*28.,*W*0.) *E*(*U*4.,*W*−2.) *B*(*U*0.,*W*−18.) *C*(*U*8.,*W*0.)	*O*(*X*0.,*Z*0.) *A*(*X*28.,*W*0.) *E*(*X*32.,*W*−2.) *B*(*U*0.,*Z*−20.) *C*(*X*40.,*W*0.)

3.3.2 零件程序的结构

一个零件程序是一组被传送到数控装置中的指令和数据。零件程序是由遵循一定结构、句法和格式规则的若干个程序段组成的，而每个程序段是由若干个代码字组成的，程序的结构如图 3-6 所示。程序是由以“O××××”（程序名）开头、以“%”结束的若干行程序段构成的。程序段由以程序段号开始（可省略），以“;”或“*”结束的若干个代码字构成。

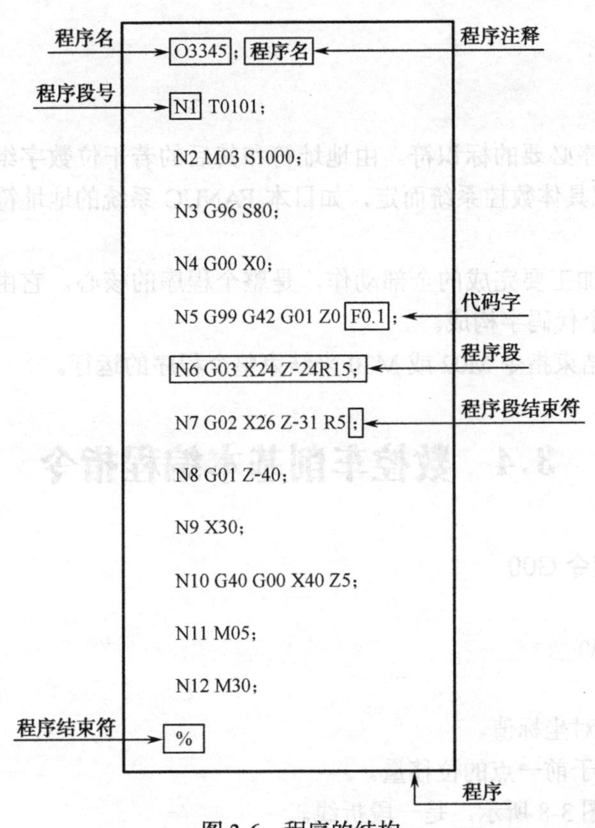

图 3-6 程序的结构

一个程序段定义一个将由数控装置执行的指令行。程序段的格式定义了每个程序段中功能字的句法，程序段格式如图 3-7 所示。

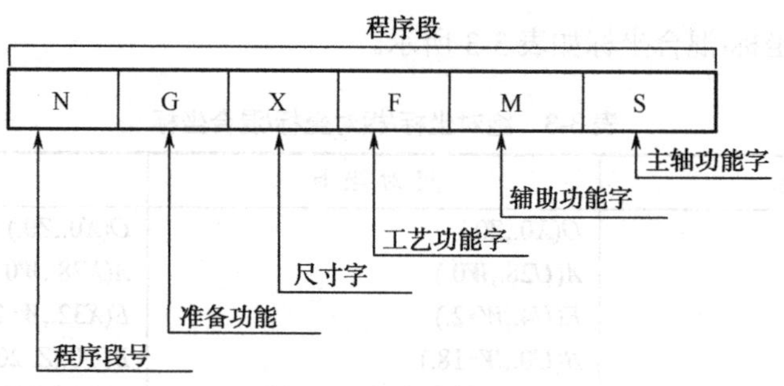

图 3-7　程序段格式

一个完整的数控程序由程序名、程序体和程序结束三部分组成。例如：

```
O0001;
G99 M03 S600;
T0101;
G00 X16. Z2.;
G01 U10. W-5. F0.3;
Z-48.;
U34. W-10.;
U20. Z-73.;
X90.;
G00 X100. Z100.;
M05;
M30;
```

程序名是一个程序必要的标识符。由地址符和其后的若干位数字组成。地址符常见的有“%”“O”“P”等，视具体数控系统而定，如日本 FANUC 系统的地址符为“O”。后面所带的数字一般为 4～8 位。

程序体表示数控加工要完成的全部动作，是整个程序的核心。它由许多程序段组成，每个程序段由一个或多个代码字构成。

程序结束以程序结束指令 M02 或 M30 来结束整个程序的运行。

3.4　数控车削基本编程指令

1. 快速点定位指令 G00

格式：

```
G00 X(U)__ Z(W)__;
```

说明：

X、*Z*：终点的绝对坐标值。

U、*W*：终点相对于前一点的位移量。

刀具运动轨迹如图 3-8 所示，是一段折线。

G00 指令刀具相对于工件以各轴预先设定的速度，从当前位置快速移动到程序段指令的定位目标点。

G00 指令一般用于加工前快速定位或加工后快速退刀。

G00 指令中的快移速度可由面板上的快速修调按钮修正，并可分别设定各轴的“快移进

给速度”。

G00 为模态 G 功能指令。

在执行 G00 指令时，由于各轴以各自速度移动，不能保证各轴同时到达终点，因而联动各轴的合成轨迹不是直线。操作者必须格外小心，以免刀具与工件发生碰撞。

注意：

本书以下内容的阐述中，未做特殊说明时，G 功能指令后面跟的地址值都为终点坐标值。

2. 直线插补指令 G01

格式：

```
G01 X(U)__ Z(W)__ F__ ;
```

说明：

X、*Z*：绝对编程时，终点在工件坐标系中的坐标。

U、*W*：增量编程时，终点相对于起点的位移量。

F：进给速度。

G01 指令刀具以联动的方式，按参数规定的合成进给速度，从当前位置按线性路线（联动直线轴的合成轨迹为直线）移动到程序段指令的终点。

G01 是模态 G 功能指令。

例如，分别执行如下程序段时，刀具运动轨迹如图 3-8 所示。

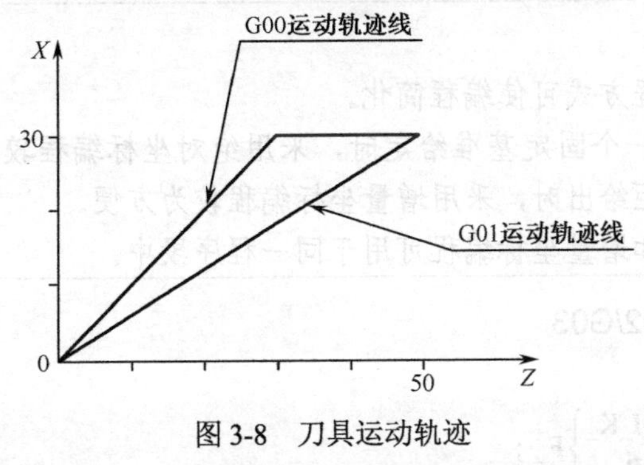

图 3-8　刀具运动轨迹

程序：

```
G00 X30. Z50.;
G01 X30. Z50. F0.3;
```

【例 3-1】 如图 3-9 所示，用直线插补指令编写如图所示的零件的精加工程序。

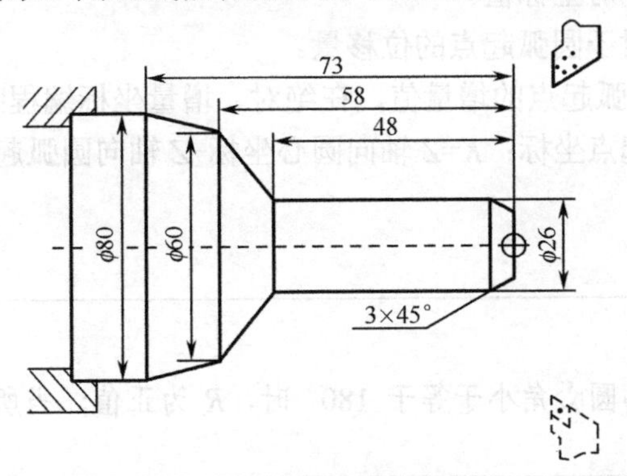

图 3-9　G01 编程实例

分析：如图 3-9 所示，倒角可以用相对坐标编程，由于尺寸数值都是以工件坐标原点为基准，也适合用绝对坐标编程，因此运用混合坐标编程。

加工程序：

```
O0004;                  程序名
G99 M03 S600;           转进给，主轴正转，转速 600r/min
T0101;                  调用 1 号刀具
G00 X85. Z5.;           快速定位
G01 X16. Z2. F0.3;      移到倒角延长线、Z 轴 2mm 处
U10. W-5. F0.1;         倒角
Z-48.;                  车削直径为 26mm 的外圆
X60. Z-58.;             车削第一段圆锥
X80. Z-73.;             车削第二段圆锥
G00 X100.;              退刀
Z100.;                  快速退刀至安全位置
M05;                    主轴停转
M30;                    程序结束，光标复位
```

提示：

把本例题程序导入数控仿真软件，通过观察零件的模拟仿真加工轨迹，了解运用 G00、G01 指令编程的加工过程。

归纳：

（1）选择合适的编程方式可使编程简化。

（2）当图纸尺寸由一个固定基准给定时，采用绝对坐标编程较为方便；而当图纸尺寸是以轮廓顶点之间的间距给出时，采用增量坐标编程较为方便。

（3）绝对坐标编程和增量坐标编程可用于同一程序段中。

3. 圆弧插补指令 G02/G03

格式：

$$\begin{Bmatrix} G02 \\ G03 \end{Bmatrix} X(U)\_Z(W)\_ \begin{Bmatrix} I\_K\_ \\ R\_ \end{Bmatrix} F\_ ;$$

说明：

G02 为顺时针圆弧插补指令；G03 为逆时针圆弧插补指令。

X、*Z*：圆弧终点的绝对坐标值。

U、*W*：圆弧终点相对于圆弧起点的位移量。

I、*K*：圆心相对于圆弧起点的增量值，在绝对、增量坐标编程时都以增量方式指定（*I*=*X* 轴向圆心坐标−*X* 轴圆弧起点坐标；*K*=*Z* 轴向圆心坐标−*Z* 轴向圆弧起点坐标）。

R：圆弧半径。

F：进给速度。

注意：

（1）当圆弧所对应的圆心角小于等于 180° 时，*R* 为正值；当所对应的圆心角大于 180° 时，*R* 为负值。

（2）整圆编程时不可以使用 *R*，只能用 *I*、*K*。

（3）同时编入 *R*、*I*、*K* 时，*R* 有效。

（4）方向辨别：从垂直于圆弧所在平面的坐标轴的正方向往负方向，并沿着刀具的进给方向看，G02 为顺时针方向，G03 为逆时针方向。该方法同样适用于数控铣床。

【例 3-2】 如图 3-10 所示，用圆弧插补指令编写零件的精加工程序。

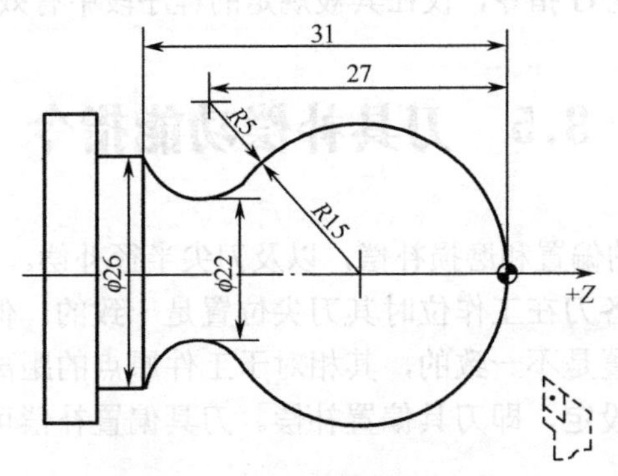

图 3-10　G02/G03 编程实例

分析：对如图 3-10 所示的零件进行精加工，因为要加工两段直径相差较大的圆弧，所以运用恒线速度功能与限制主轴最高转速功能，选用主偏角为 95°、夹角为 30° 的外圆车刀进行精加工。

加工程序：

O0005;	程序名
N1 G50 S2000;	限制主轴最高转速
N2 G96 S80;	恒线速度有效，线速度为 80m/min
N3 M03 T0101;	主轴正转，调用 1 号刀具
N4 G00 X45. Z5.;	刀到工件中心转速升高
N5 G01 X0. Z0. F0.1;	工进接触工件
N6 G03 X24. Z-24. R15.;	加工 *R*15mm 的圆弧段
N7 G02 X26. Z-31. R5.;	加工 *R*5mm 的圆弧段
N8 G01 Z-40.;	加工ϕ26mm 的外圆
N9 X45.;	退出已加工表面
N10 G00 X50. Z50.;	快速退刀至安全位置
N11 M05;	主轴停
N12 M30;	程序结束并复位

提示：

把本例题程序导入数控仿真软件，通过观察零件的模拟仿真加工轨迹，了解运用 G02、G03 指令编程的加工过程。

4. 暂停指令 G04

格式：

```
G04 X__;
G04 U__;
G04 P__;
```

说明：

X、P为暂停时间，其中X、U值的单位为秒，P值的单位为毫秒。

例如，G04 X1.0 表示暂停 1s。G04 U1.0 表示暂停 1s。G04 P1000 表示暂停 1s。

G04 指令可使刀具做短暂停留，以获得圆整而光滑的表面。该指令除用于切槽和钻、镗孔外，还可用于拐角轨迹控制。

G04 指令为非模态功能 G 指令，仅在其被规定的程序段中有效。

3.5　刀具补偿功能指令

刀具的补偿包括刀具的偏置和磨损补偿，以及刀尖半径补偿。

编程时，设定刀架上各刀在工作位时其刀尖位置是一致的。但由于刀具的几何形状及安装方式的不同，其刀尖位置是不一致的，其相对于工件原点的距离也是不同的。因此需要将各刀具的位置进行比较或设定，即刀具偏置补偿。刀具偏置补偿可使加工程序不随刀尖位置的不同而改变。

刀具使用一段时间后会被磨损，也会使产品尺寸产生误差，因此需要对其进行补偿。该补偿与刀具偏置补偿存放在同一个寄存器的地址号中。各刀具的磨损补偿只对该刀具有效（包括非标刀）。

刀具的偏置和磨损补偿功能由 T 指令指定，其后的 4 位数字分别表示选择的刀具号和刀具补偿号。T 指令的说明如下。

```
T  ××        ××
  刀具号    刀具偏置补偿号
```

T 加刀具补偿号表示开启刀具补偿功能。刀具补偿号 00 表示补偿量为 0，即取消刀具补偿。

刀具补偿号可以和刀具号相同，也可以不同，即一把刀具可以对应多个刀具补偿号（值），如 T0101、T0116 等。

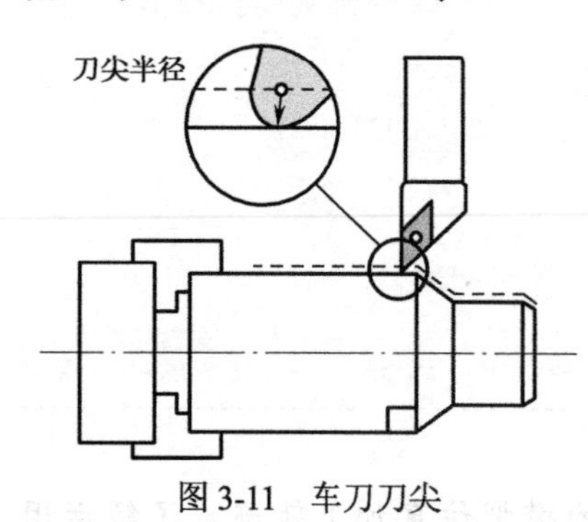

图 3-11　车刀刀尖

数控程序一般是针对刀具上的某一点（刀位点），按工件轮廓尺寸编制的。车刀的刀位点一般为理想状态下的假想刀尖或刀尖圆弧圆心。但实际加工中的车刀，由于工艺或其他要求，刀尖往往不是一理想点，而是一段圆弧，车刀刀尖如图 3-11 所示。当切削加工时，刀具切削点在刀尖圆弧上变动，实际切削点与刀位点之间的位置有偏差，故造成过切或少切。这种由于刀尖不是一理想点而是一段圆弧造成的加工误差，可用刀尖半径补偿功能来消除。

下面介绍刀尖半径补偿功能指令 G40、G41、G42。刀尖半径补偿通过 G41、G42、G40 指令及 T 指令指定刀尖半径补偿号，指令加入或取消刀尖半径补偿。

格式：

$$\begin{Bmatrix} G41 \\ G42 \\ G40 \end{Bmatrix} \begin{Bmatrix} G00 \\ G01 \end{Bmatrix} X\_Z\_;$$

说明：

G41：刀尖半径左补偿。

G42：刀尖半径右补偿。

G40：取消刀尖半径补偿。

X、*Z*：建立刀尖半径补偿或取消刀尖半径补偿的终点坐标值。

注意：

（1）方向判别：沿第三坐标轴的正向向负向并沿刀具的进给方向看，当刀具处在加工轮廓左侧时，称为刀尖半径左补偿，用 G41 表示；当刀具处在加工轮廓右侧时，用 G42 表示，刀尖半径补偿如图 3-12 所示。

从刀尖半径补偿方向的判定方法中可以得出一个结论：数控车床不管是后置刀架结构还是前置刀架结构，其外圆表面自右向左进行切削时，刀尖半径补偿应使用刀尖半径右补偿指令 G42；其内圆表面自右向左进行切削时，刀尖半径补偿应使用刀尖半径左补偿指令 G41。

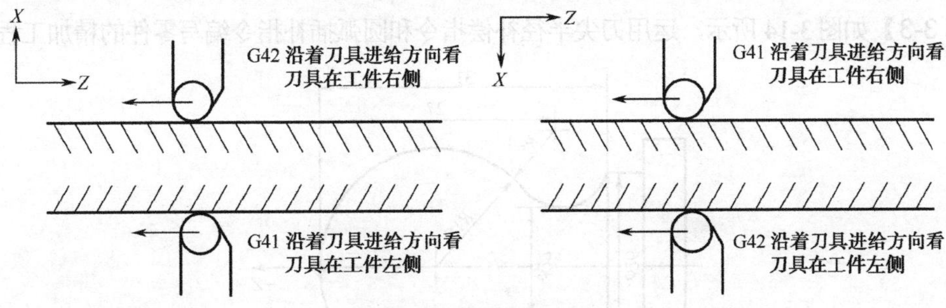

图 3-12　刀尖半径补偿

（2）数控加工过程中，刀尖的半径问题由刀尖半径补偿功能来解决，程序按工件轮廓尺寸编制。

（3）可通过 G41、G42、G40 代码及 T 代码指定刀尖半径补偿号，指令加入或取消半径补偿。下列程序中 N1、N5、N11 三个程序段实现了刀尖半径补偿功能的建立及取消。

```
N1 T0101;
…
N5 G42 G01 Z5. F0.1;
N6 G03 U24. W-24. R15.;
N7 G02 X26. Z-31. R5.;
…
N10 G00 X40.;
N11 G40 X50.Z100.;
N12 M05;
N13 M30;
```

（4）刀具补偿建立过程包括刀具补偿建立、刀具补偿执行、刀具补偿取消三部分。

（5）G40、G41、G42 都是模态功能 G 指令，可相互注销。

（6）刀尖半径补偿的建立与取消只能用 G00 或 G01 指令，不得用 G02 或 G03 指令。

（7）刀尖半径补偿寄存器中，定义了车刀半径及刀尖的方向号。车刀刀尖的方向号定义了刀具刀位点与刀尖圆弧中心的位置关系，其从 0～9 有十个方向。车刀刀尖位置码定义如图 3-13 所示，•代表刀具刀位点，+代表刀尖圆弧圆心。

（8）在运行 G41、G42 或 G40 指令之前，要预先将刀尖半径值和刀尖方位号通过控制面板输入到补偿单元中。

（9）刀具的偏置和磨损补偿由 T 代码指定，而不是由 G 代码指定的。

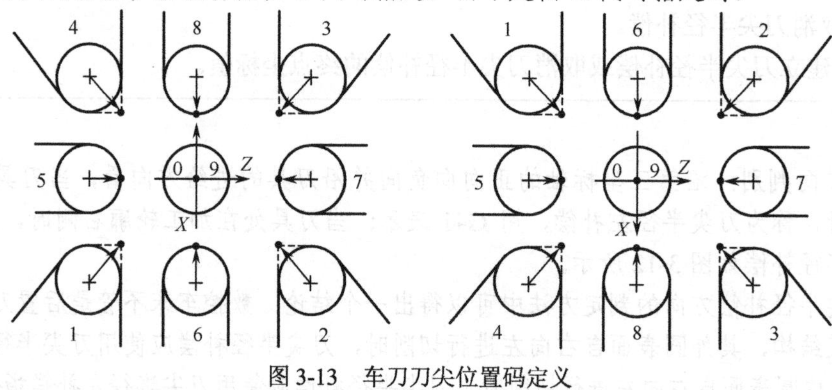

图 3-13　车刀刀尖位置码定义

【例 3-3】如图 3-14 所示，运用刀尖半径补偿指令和圆弧插补指令编写零件的精加工程序。

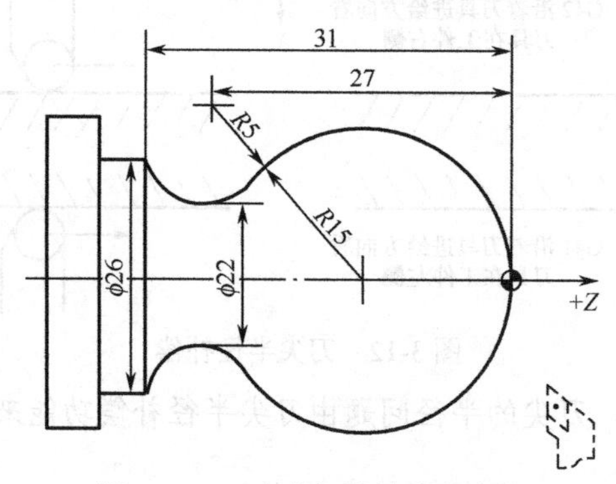

图 3-14　刀尖半径补偿编程实例

分析：如图 3-14 所示，因为要加工两段直径相差较大的圆弧，所以选用刀具半径为 0.2mm、主偏角为 93°、副偏角为 55° 的外圆车刀，运用恒线速度功能、限制主轴最高转速功能及刀尖半径右补偿功能进行精加工。

加工程序：

```
O0006;                          程序名
N1 G50 S2000;                   主轴最大限速
N2 G96 S80;                     恒线速度有效，线速度为 80m/min
N3 M03 T0101;                   主轴正转，调用 1 号刀具
N4 G00 X45. Z5.;                刀具到工件中心转速升高
N5 G42 G01 X0. Z0. F0.3;        工进接触工件，每转进给
N6 G03 X24. Z-24. R15. F0.1;    加工 R15mm 的圆弧段
N7 G02 X26. Z-31. R5.;          加工 R5mm 的圆弧段
N8 G01 Z-40.;                   加工φ26mm 的外圆
N9 X45.;                        退出已加工表面
N10 G40 G00 X100. Z100.;        快速退刀至安全位置
N11 M05;                        主轴停
N12 M30;                        主程序结束并复位
```

提示：

G41/G42 指令不带参数，其补偿号（代表所用刀具对应的刀尖半径补偿值）由 T 指令指定。其刀尖半径补偿号与刀具偏置或磨损补偿号对应，刀具补偿如图 3-15 所示。

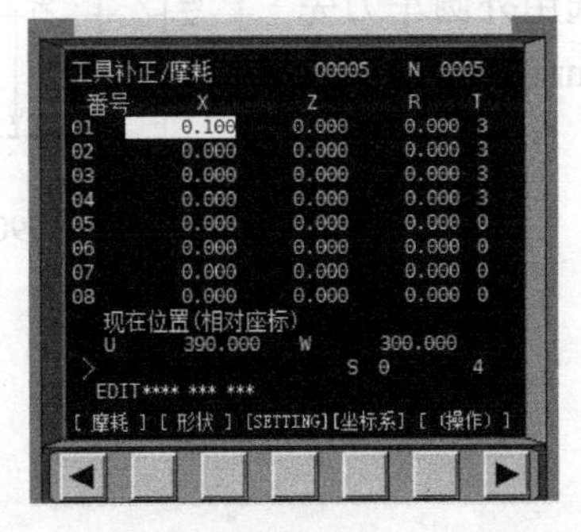

（a）刀具磨耗补偿

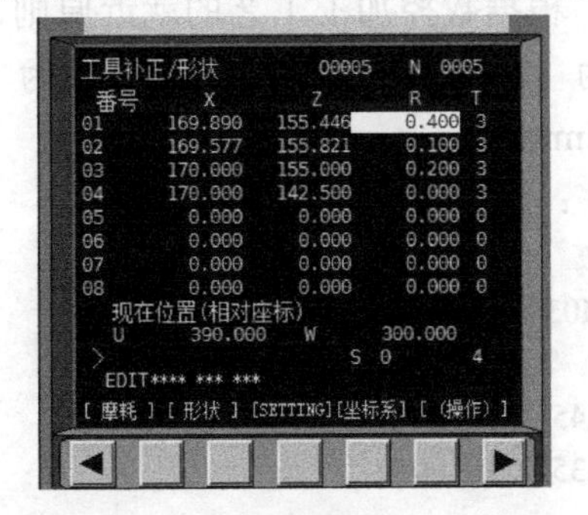

（b）刀尖半径补偿

图 3-15　刀具补偿

本例题在模拟加工中，首先设置刀尖半径补偿值和刀尖方位号，验证编写程序加工轨迹及加工过程的可行性，最终确保加工零件的准确性。

3.6　单一循环指令

3.6.1　轴向切削单一循环指令

1. 圆柱面单一切削循环

格式：

```
G90 X(U)__Z(W)__F__;
    X(U);
```

说明：

X(*U*)、*Z*(*W*)：圆柱面切削终点 *C* 在工件坐标系下的坐标值。

F：进给速度。

G90 圆柱面切削循环如图 3-16 所示。该指令执行路径为 *A*→*B*→*C*→*D*→*A*，执行 G00—G01—G01—G00 的轨迹动作，G90 指令每给一个 *X* 值，就运行一次循环。

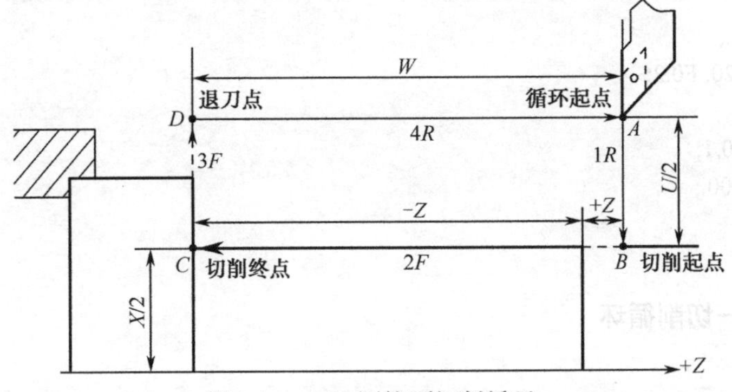

图 3-16　G90 圆柱面切削循环

【例 3-4】 G90 编程实例 1 如图 3-17 所示，用 G90 指令编写零件的加工程序。

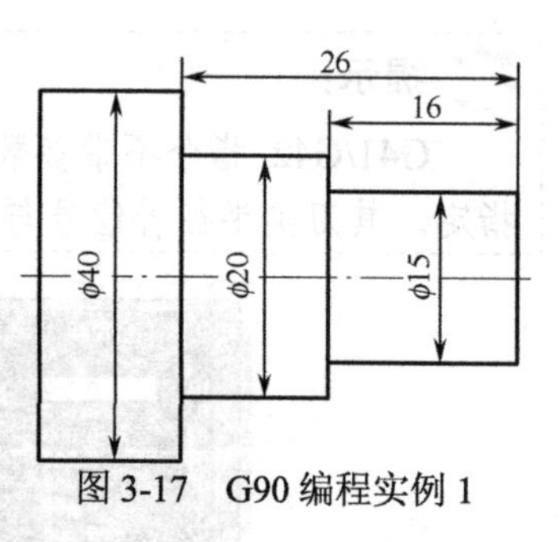

图 3-17 G90 编程实例 1

分析：在直径为 40mm 的棒料上加工直径为 20mm、15mm 的两个台阶，根据数控加工工艺的就近原则，选用外圆车刀先加工出直径为 15mm 的台阶，再加工直径为 20mm 的台阶，每次吃刀量为 5mm。

加工程序：

```
O0007;
G99 M03 S600;
T0101;
G00 X45. Z5.;
G90 X35. Z-16. F0.2;
X30.;
X25.;
X20.;
X15.;
G00 Z-11.;
G90 X35. Z-26. F0.2;
X30.;
X25.;
X20.;
G00 X100.;
Z100.;
M30;
```

【例 3-5】 如图 3-18 所示，用 G90 指令编写零件的加工程序，选用毛坯孔为ϕ25mm 的棒料。

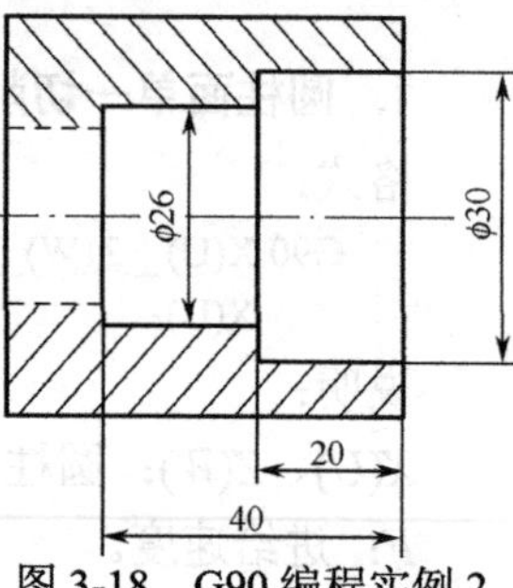

图 3-18 G90 编程实例 2

分析：在如图 3-18 所示毛坯孔为ϕ25mm 的棒料中加工直径为 26mm、30mm 的两个台阶，根据数控加工工艺的就近原则，选用ϕ22mm 的内孔车刀先加工出直径为 30mm 的台阶，再加工直径为 26mm 的台阶。

加工程序：

```
O0008;
G99 M03 S600;
T0202;
G00 X23. Z5.;
G90 X28. Z-20. F0.2;
X30.;
X26. Z-40. F0.1;
G00 X50. Z100.;
M05;
M30;
```

2. 圆锥面单一切削循环

格式：

```
G90 X(U)__Z(W)__R__F__;
```

说明：

X(*U*)、*Z*(*W*)：圆锥面切削终点 *C* 的坐标值。

R：切削起点 *B* 与切削终点 *C* 的半径差。其符号为差的符号。

F：进给速度。

该指令执行如图 3-19 所示 *A*→*B*→*C*→*D*→*A* 的轨迹动作。

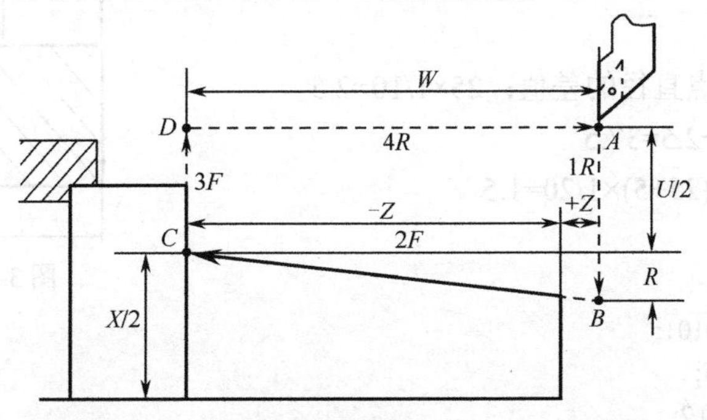

图 3-19　轨迹动作

【例 3-6】 如图 3-20 所示，用 G90 指令编写零件加工程序。

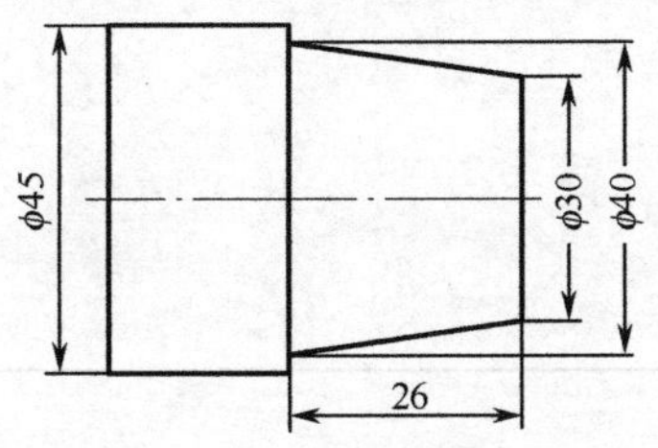

图 3-20　G90 编程实例 3

分析：用直径为 45mm 的棒料加工大径为 40mm、小径为 30mm、长度为 26mm 的圆锥，运用 G90 循环指令编程，加工的起点为（*X*50.,*Z*5.），以起点半径减去终点半径得的值即为 *R* 值。

① 起点直径与终点直径的差值：

$$(26+5)\times(40-30)/26=11.923$$

② 外锥斜率：*R*=−11.923/2=−5.962

加工程序：

```
O0009;
G99 M03 S1000;
T0202;
G00 X50. Z5.;
G90 X40. Z-26. F0.2;
X45. R-5.962;
X40.F0.1;
G00 X100. Z100.;
M05;
M30;
```

注意：

R 值的计算：起点半径值与终点半径值的差。

【例 3-7】 如图 3-21 所示，用 G90 指令编写零件加工程序，选用毛坯孔为ϕ20mm 的棒料。

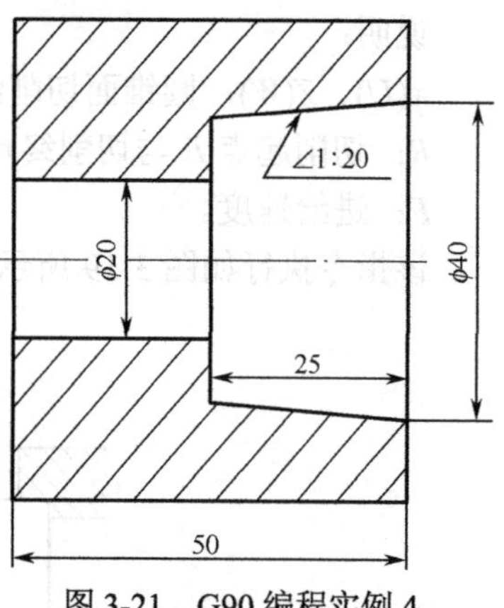

图 3-21 G90 编程实例 4

分析：如图 3-21 所示，毛坯孔为ϕ20mm 的棒料，加工内锥大径为ϕ40mm，斜度为 1 : 20，长度为 25mm，运用 G90 加工的起点为（X18.,Z5.）。R 值为起点半径值与终点半径值的差。

① 起点直径与终点直径的差值：25×1/10=2.5

② 终点直径：40−2.5=37.5

③ 外锥斜率：R=(25+5)×1/20=1.5

加工程序：

```
O0010;
G99 M03 S500 T0101;
G01 X18. Z5. F0.5;
G90 X24. Z-25. F0.2;
X28.;
X32.;
X36.;
X37. Z-25. R1.5 F0.2;
X37.5 F0.1;
G00 X50. Z100.;
M30;
```

注意：

内孔加工选直径尽可能大的刀具，但刀具直径不能大于毛坯孔。

思考题

9. 如图 3-22 所示，选用毛坯孔为ϕ20mm 的棒料，用 G90 指令编写零件加工程序。

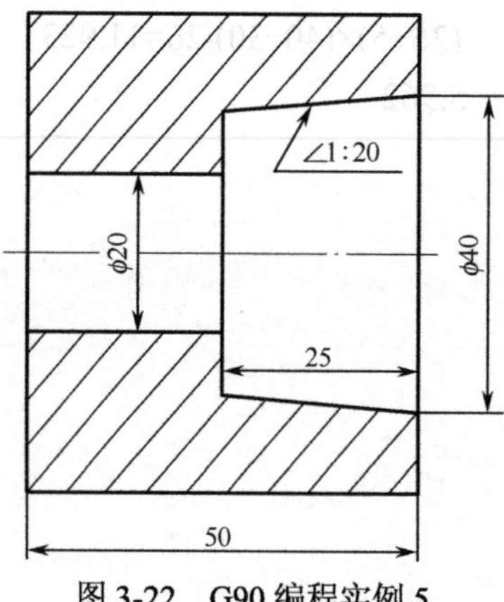

图 3-22 G90 编程实例 5

3.6.2　径向切削单一循环指令

1. 径向直面切削单一循环

格式：

```
G94 X(U)__ Z(W)__ F__;
```

说明：

X(*U*)、*Z*(*W*)：切削终点 *C* 的坐标值。

F：进给速度。

该指令执行如图 3-23 所示 *A*→*B*→*C*→*D*→*A* 的轨迹动作。G94 径向切削单一循环指令把"进刀（*AB*）→切削（*BC*）→退刀（*CD*）→返回（*DA*）"即 G00—G01—G01—G00 四个动作作为一个循环。

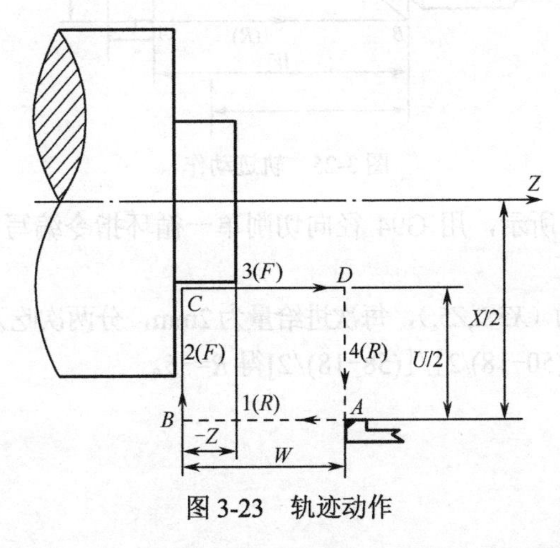

图 3-23　轨迹动作

【例 3-8】 如图 3-24 所示，用 G94 径向切削单一循环指令编写零件加工程序，选用毛坯为ϕ50mm 的棒料。

分析：程序循环起点为（*X*52.,*Z*3.），每次吃刀量为 2mm，分两次吃刀，终点为（*X*20.,*Z*−4.）。

加工程序：

```
O0011;
G99 M03 S400;
T0101;
G00 X52. Z3.;
G94 X20. Z-2. F0.2;
Z-4.;
G00 Z100.;
M30;
```

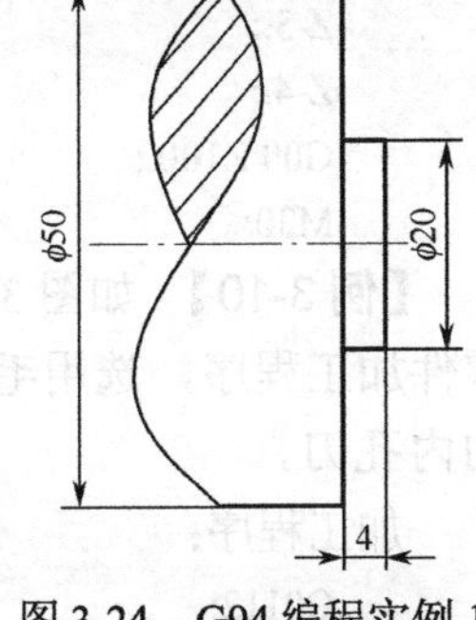

图 3-24　G94 编程实例 1

2. 径向锥面切削单一循环

格式：

```
G94 X(U)__ Z(W)__ R__ F__;
```

说明：

X(*U*)、*Z*(*W*)：切削终点 *C* 的坐标值。

R：锥面切削起始点至终点的位移在 *Z* 轴方向的坐标增量。

F：进给速度。

该指令执行如图 3-25 所示 *A*→*B*→*C*→*D*→*A* 的轨迹动作。G94 径向切削循环指令把“进刀（*AB*）→切削（*BC*）→退刀（*CD*）→返回（*DA*）”四个动作作为一个循环。

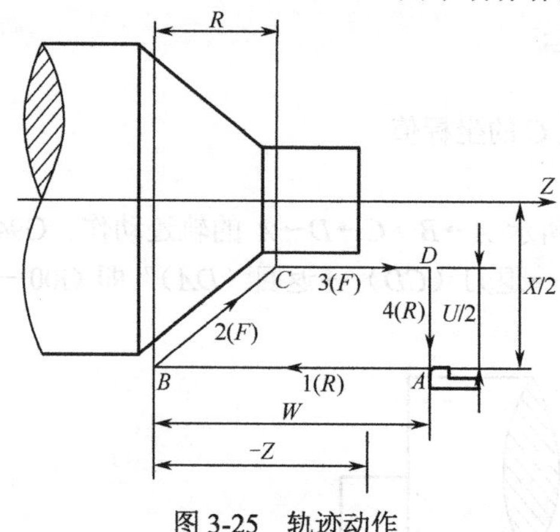

图 3-25　轨迹动作

【例 3-9】　如图 3-26 所示，用 G94 径向切削单一循环指令编写零件加工程序，选用毛坯为ϕ50mm 的棒料。

分析：程序循环起点为（*X*58.,*Z*5.），每次进给量为 2mm，分两次吃刀，终点为（*X*18.,*Z*−4.）。

计算 *R* 值：由−4/*R*=[(50−18)/2]/[(58−18)/2]得 *R*=−5。

加工程序：

```
O0012;
G99 M03 S400 T0101;
G00 X58. Z5.;
G94 X18. Z3. R-5. F0.15;
Z1.;
Z-1.;
Z-3.;
Z-4.;
G00 Z100.;
M30;
```

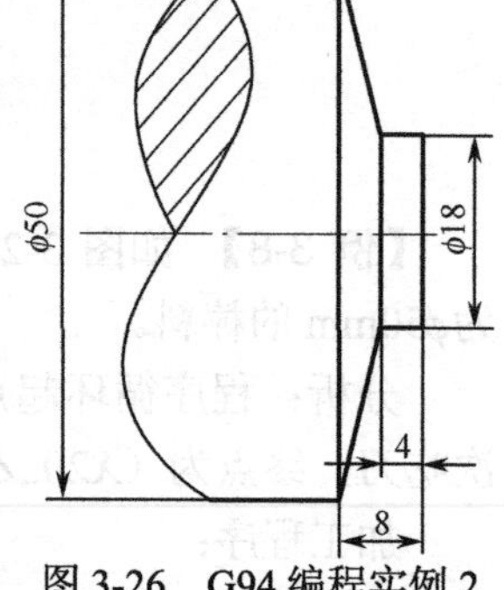

图 3-26　G94 编程实例 2

【例 3-10】　如图 3-27 所示，用 G94 径向切削单一循环指令编写零件加工程序，选用毛坯内孔为ϕ12mm 的棒料。选用直径为 10mm 的内孔刀。

加工程序：

```
O0112;
G99 M03 S400 T0101;
M03S600
G00X10.Z5.
G94 X40. Z-3. F0.1;
Z-6.;
Z-8.;
X20.Z-11.;
```

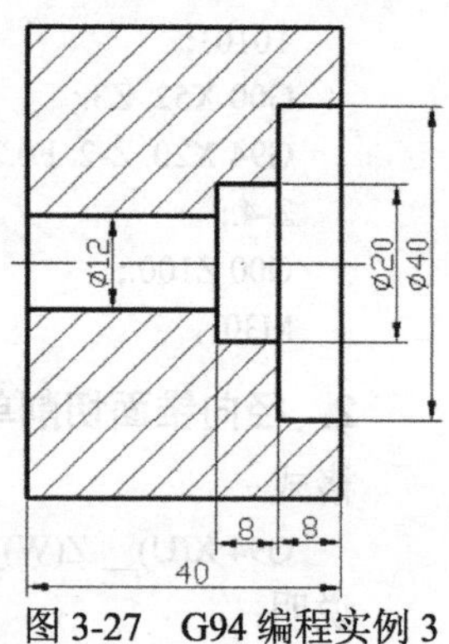

图 3-27　G94 编程实例 3

```
Z-14.;
Z-16.;
G00 Z100.;
M30;
```

思考题

10. 如图 3-26 所示，编程起点定为（*X*55.,*Z*5.），试求 *R* 的数值。

3.6.3 螺纹切削单一循环指令

1. 直螺纹单一切削循环

格式：

```
G92 X(U)__Z(W)__ F__;
```

说明：

X、*Z*：螺纹终点 *C* 的绝对坐标值。

U、*W*：螺纹终点 *C* 相对于循环起点 *A* 的有向距离。

F：螺纹导程。

该指令执行如图 3-28 所示 *A*→*B*→*C*→*D*→*A* 的轨迹动作。G92 螺纹切削单一循环指令把“进刀（*AB*）→切削（*BC*）→退刀（*CD*）→返回（*DA*）”四个动作作为一个循环。

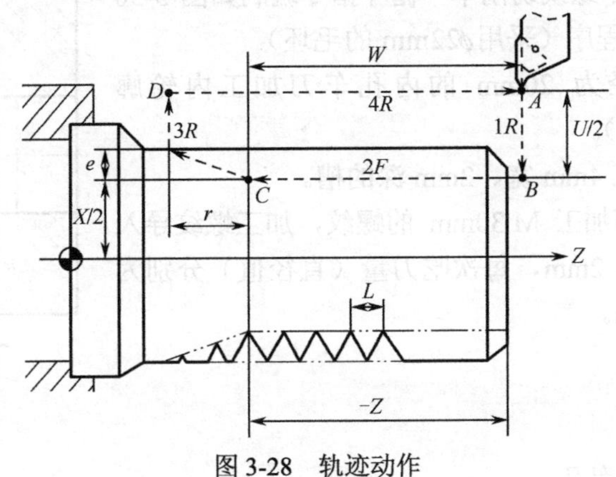

图 3-28 轨迹动作

【例 3-11】 用 G92 螺纹切削单一循环指令编制如图 3-29 所示的外直螺纹的加工程序（采用ϕ40mm 的毛坯）。

分析：① 用外圆车刀加工外轮廓。

② 用切槽刀加工 4mm 宽、2mm 深的槽。

③ 用 60 度螺纹刀加工 M30mm 的螺纹。

螺纹底径：*d*=*D*−1.3×1=30−1.3=28.7

加工螺纹导入量为5mm，退刀尾量为 2mm，每次吃刀量（直径值）分别为 0.7mm、0.4mm、0.2mm。

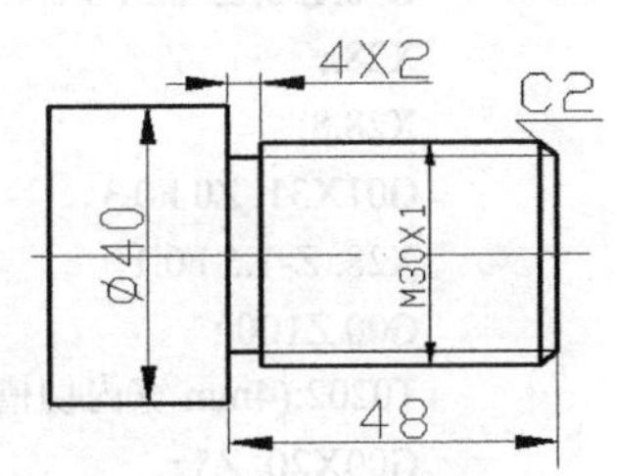

图 3-29 外直螺纹

加工程序：

```
O0311;
G99 M03 S500;
```

```
T0101;（93 度外圆车刀）
G00X45. Z5.;
G90 X36. Z-48. F0.2;
X32.;
X29.9;
G01X25.9 Z0 F0.3
X29. 9Z-2.F0.1
G00 X100. Z100.;
T0202;(4mm 宽切槽刀)
G00X45. Z5.;
Z-48.
G01X26.F0.08;
X45.F0.3
G00X100.Z100.
T0303;(螺纹刀)
G00X45. Z5.;
G92X29.3 Z-46. F1.;
X28.9;
X28.7;
G00 X100. Z100.;
M30;
```

【例 3-12】 用 G92 螺纹切削单一循环指令编制如图 3-30 所示的内直螺纹的加工程序（采用ϕ22mm 的毛坯）。

分析：① 用直径为 20mm 的内孔车刀加工内轮廓（d=30−0.6495×2×1=28.7）。

② 用内切槽刀加工 4mm 宽、2mm 深的槽。

③ 用 60 度螺纹刀加工 M 30mm 的螺纹，加工螺纹导入量为5mm，退刀尾量为 2mm，每次吃刀量（直径值）分别为 0.7mm、0.4mm、0.2mm。

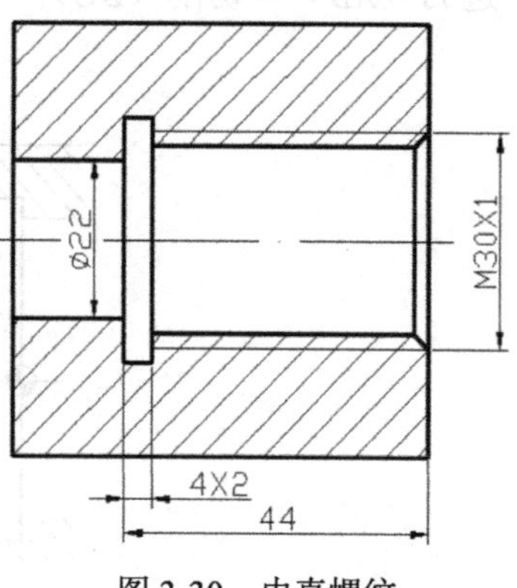

图 3-30　内直螺纹

加工程序：

```
O0312;
G99 M03 S600;
T0101;（93 度内孔车刀）
G00X20. Z5.;
G90X25. Z-44. F0.2;
X28.;
X28.8;
G01X31. Z0 F0.3
X28. Z-1.5 F0.1
G00 Z100.;
T0202;(4mm 宽内切槽刀)
G00X20. Z5.;
Z-44.;
G01X32.F0.08;
X20.F0.3;
G00Z100.;
```

```
T0303;(螺纹刀)
G00X20. Z5.;
G92X29.5 Z-42. F1.;
X29.9;
X30.;
G00 Z100.;
M30;
```

【例 3-13】 用 G92 螺纹切削单一循环指令编制如图 3-31 所示的多线螺纹的加工程序（采用ϕ40mm 的毛坯）。

分析：① 用外圆车刀加工外轮廓。

② 用 60 度螺纹刀加工双线螺纹，螺距是 1mm，导程是 3mm。

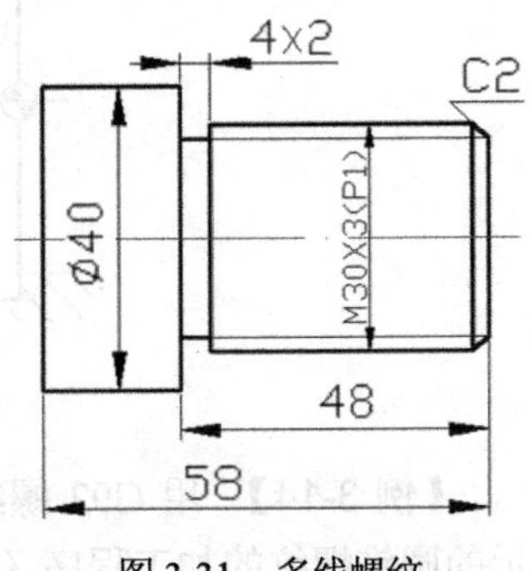

图 3-31 多线螺纹

加工程序：

```
O313;
G99 M03 S500;
T0101;（93 度外圆车刀）
G00X45. Z5.;
G90 X36. Z-48. F0.2;
X32.;
X29.9;
G01X25.9 Z0 F0.3
X29. 9Z-2.F0.1
G00 X100. Z100.;
T0202;(螺纹刀)
G00X45. Z5.;
G92X29.3 Z-46. F3.;
X28.9;
X28.7;
G00Z6.;
G92X29.3 Z-46. F3.;
X28.9;
X28.7;
G00Z7.;
G92X29.3 Z-46. F3.;
X28.9;
X28.7;
G00 X100. Z100.;
M30;
```

2. 锥螺纹单一切削循环

格式：

```
G92 X(U)__Z(W)__ R__ F__ ;
```

说明：

X(*U*)、*Z*(*W*)：螺纹终点 *C* 的坐标值。

R：为螺纹起点 *B* 与螺纹终点 *C* 的半径差。其符号为差的符号。

F：螺纹导程。

该指令执行图 3-32 所示 $A \to B \to C \to D \to A$ 的轨迹动作。

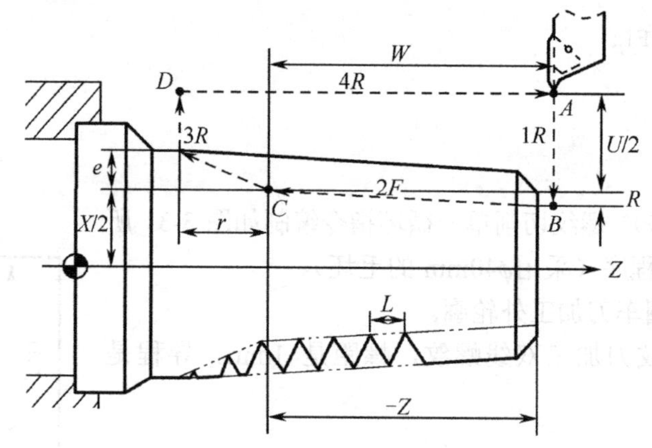

图 3-32　轨迹动作

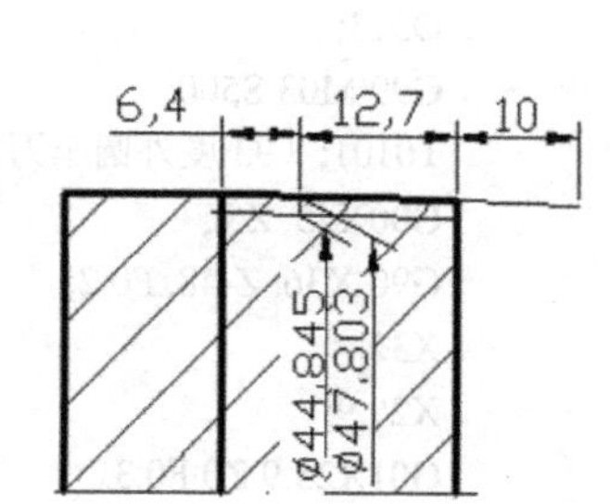

图 3-33　圆锥螺纹

【例 3-14】 用 G92 螺纹切削单一循环指令编制如图 3-33 所示的圆锥螺纹的加工程序（采用 ϕ50mm 的毛坯），55 度圆锥管螺纹代号及尺寸如表 3-5 所示，具体螺纹参数查表 3-5。

分析：（1）圆锥螺纹的标准锥度为 1∶16，计算需要加工的尺寸。

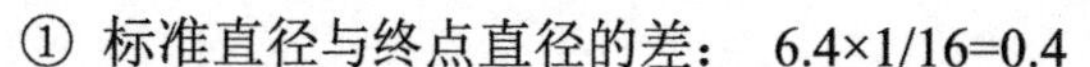

① 标准直径与终点直径的差：　6.4×1/16=0.4

② 终点的外直径 D：　47.803+0.4=48.203

③ 终点的螺纹底径 d：　44.845+0.4=45.245

④ 起点到终点的距离：　10+12.7+6.4=29.1

⑤ 起点与终点的直径差：　29.1×1/16=1.818

⑥ 外锥斜度 R：　−1.818/2=−0.909

（2）用外圆车刀加工圆锥外轮廓。

（3）用 55 度螺纹刀加工圆锥螺纹，加工螺纹导入量为10mm，每次吃刀量（直径值）分别为 1.0mm、0.7mm、0.6mm、0.4mm、0.25mm。查表得：导程为 2.309mm。

加工程序：

```
O0314;
G99 M03 S600;
T0101;
G00 X55. Z10.;
G90 X48.203 Z-25. F0.2;
X48. 2 Z-19. 1 R-0.909 F0.1;
G01X44. Z0.2 F0.3;
X48. Z-1.8 F0.1;
T0202;
M03 S500;
G00 X55. Z10.;
G92 X47.2 Z-19.1 R-0.909 F2.309;
X46.5;
X45.9;
X45.5;
```

```
X45.25;
G00 X100. Z100.;
M05;
M30;
```

3.6.4　螺纹单步切削指令

使用 G92 螺纹切削单一循环指令加工螺纹，大大简化了程序段的数量，但是有些加工情况，如端面螺纹、分段螺纹、多段螺纹的加工，G92 螺纹切削单一循环指令不能实现。下面介绍 G32 螺纹单步切削指令，该指令可实现圆柱螺纹、圆锥螺纹、端面螺纹、分段螺纹、油槽的加工，还介绍了圆柱直面螺纹、圆柱锥面螺纹、端面螺纹的切削指令，圆柱螺纹、圆锥螺纹、端面螺纹如图 3-34 所示。

G32 指令切削螺纹一般由四步形成：进刀→切削→退刀→返回，这四个步骤均需编入程序。

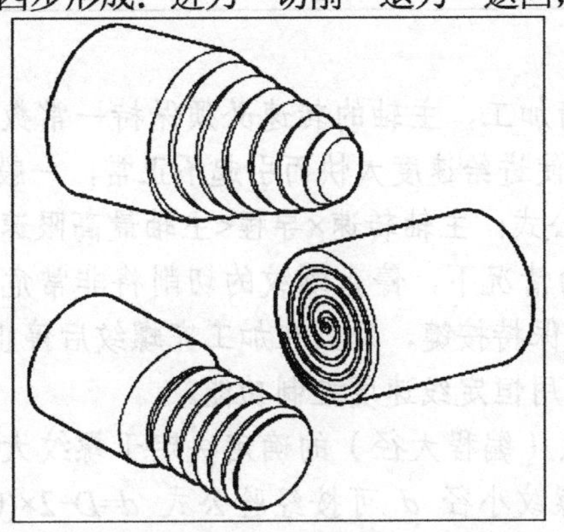

图 3-34　圆柱螺纹、圆锥螺纹、端面螺纹

1. G32 圆柱直面螺纹切削指令

格式：

```
G00 X__ Z__;
    X__;
G32 Z__F__;
G00 X__;
    Z__;
```

2. G32 圆柱锥面螺纹切削指令

格式：

```
G00 X__ Z__;
    X__;
G32 X__ Z__ F__;
G00 X__;
    Z__;
```

3. G32 端面螺纹切削指令

格式：

```
G00 X__ Z__;
    Z__;
```

```
G32 X__F__;
G00 X__;
    Z__;
```

说明：

X、Z：绝对编程时，G32 程序段中的 X、Z 表示有效螺纹终点在工件坐标系中的坐标。

F：螺纹导程。

在编制切削螺纹程序时应采用主轴脉冲编码器，因为螺纹切削是从检测出主轴上的位置编码器一转信号后才开始的，因此即使进行多次螺纹切削，零件圆周上的切削点仍然相同，工件上的螺纹轨迹也是相同的。从粗车到精车，用同一轨迹要进行多次螺纹切削，主轴的转速必须是一定的。螺纹切削时主轴倍率控制有效，主轴转速发生变化时，由于 X 轴、Z 轴加、减速的原因会使螺距产生误差，因此，螺纹切削时不要进行主轴转速调整，更不要停止主轴，主轴停止将导致刀具和工件损坏。

注意：

（1）从螺纹粗加工到精加工，主轴的转速必须保持一常数。主轴转速不应过高，尤其是大导程螺纹，过高的转速使进给速度太快而引起不正常，一般主轴转速（转/分）≤1200/导程-80，现在好多机床都以公式：主轴转速×导程<主轴最高限速来设定主轴转速。

（2）在没有停止主轴的情况下，停止螺纹的切削将非常危险。因此螺纹切削时进给保持功能无效，如果按下进给保持按键，刀具在加工完螺纹后停止运动。

（3）在螺纹加工中不使用恒定线速度控制功能。

（4）加工中，径向起点（编程大径）的确定决定于螺纹大径。径向终点（编程小径）的确定取决于螺纹小径。螺纹小径 d 可按经验公式 $d=D-2\times(0.55\sim0.6495)\times P$ 确定。式中，D 为螺纹公称直径；d 为螺纹小径（编程小径）；P 为螺距。

（5）在螺纹加工轨迹中，由于机床伺服系统本身具有滞后特性，应设置足够的升速进刀段 δ_1 和降速退刀段 δ_2，以消除伺服滞后造成的螺距误差。按经验，一般 $\delta_1 \geq 2P$，$\delta_2 \geq 0.5P$。

（6）在加工多线螺纹时，可先加工完第一条螺纹，然后在加工第二条螺纹时，车刀的轴向起点与加工第一条螺纹的轴向起点偏移一个螺距 P 即可。

（7）分层背吃刀量，如果螺纹牙型较深、螺距较大，螺纹加工可分多次进给。每次进给的背吃刀量按递减规律分配，常用螺纹切削的进给次数与切削量如表 3-4 所示。

表 3-4 常用螺纹切削的进给次数与切削量

米制螺纹								
螺距 mm		1.0	1.5	2	2.5	3	3.5	4
牙深（半径量）mm		0.649	0.974	1.299	1.624	1.949	2.273	2.598
切削次数及吃刀量（直径值）mm	1 次	0.7	0.8	0.9	1.0	1.2	1.5	1.5
	2 次	0.4	0.6	0.6	0.7	0.7	0.7	0.8
	3 次	0.2	0.4	0.6	0.6	0.6	0.6	0.6
	4 次		0.16	0.4	0.4	0.4	0.6	0.6
	5 次			0.1	0.4	0.4	0.4	0.4
	6 次				0.15	0.4	0.4	0.4

续表

米制螺纹								
切削次数及吃刀量（直径值）mm	7 次					0.2	0.2	0.4
	8 次						0.15	0.3
	9 次							0.2

55 度圆锥管螺纹代号及尺寸如表 3-5 所示。

表 3-5　55 度圆锥管螺纹代号及尺寸

1	2	3	4	5	6	7	8	9	10	11	12	13	14	15	16	17	18	19
尺寸代号	每 25.4mm 内所包含的牙数 n	螺距 P mm	牙高 h mm	基准平面内的基本直径			基准距离					装配余量		外螺纹的有效螺纹不小于			圆锥内螺纹基准平面轴向位置的极限偏差 $\pm T_2/2$	
				大径（基准直径）$d=D$ mm	中径 $d_2=D_2$ mm	小径 $d_1=D_1$ mm	基本 mm	极限偏差 $\pm T_1/2$		最大 mm	最小 mm			基准距离分别为				
								mm	圈数			mm	圈数	基本 mm	最大 mm	最小 mm	mm	圈数
1/16	28	0.907	0.581	7.723	7.142	6.561	4	0.9	1	4.9	3.1	2.5	$2\frac{3}{4}$	6.5	7.4	5.6	1.1	$1\frac{1}{4}$
1/8	28	0.907	0.581	9.728	9.147	8.566	4	0.9	1	4.9	3.1	2.5	$2\frac{3}{4}$	6.5	7.4	5.6	1.1	$1\frac{1}{4}$
1/4	19	1.337	0.856	13.157	12.301	11.445	6	1.3	1	7.3	4.7	3.7	$2\frac{3}{4}$	9.7	11	8.4	1.7	$1\frac{1}{4}$
3/8	19	1.337	0.856	16.662	15.806	14.950	6.4	1.3	1	7.7	5.1	3.7	$2\frac{3}{4}$	10.1	11.4	8.8	1.7	$1\frac{1}{4}$
1/2	14	1.814	1.162	20.955	19.793	18.631	8.2	1.8	1	10.0	6.4	5.0	$2\frac{3}{4}$	13.2	15	11.4	2.3	$1\frac{1}{4}$
3/4	14	1.814	1.162	26.441	25.279	24.117	9.5	1.8	1	11.3	7.7	5.0	$2\frac{3}{4}$	14.5	16.3	12.7	2.3	$1\frac{1}{4}$
1	11	2.309	1.479	33.249	31.770	30.291	10.4	2.3	1	12.7	8.1	6.4	$2\frac{3}{4}$	16.8	19.1	14.5	2.9	$1\frac{1}{4}$
$1\frac{1}{4}$	11	2.309	1.479	41.910	40.431	38.952	12.7	2.3	1	15.0	10.4	6.4	$2\frac{3}{4}$	19.1	21.4	16.8	2.9	$1\frac{1}{4}$
$1\frac{1}{2}$	11	2.309	1.479	47.803	46.324	44.845	12.7	2.3	1	15.0	10.4	6.4	$2\frac{3}{4}$	19.1	21.4	16.8	2.9	$1\frac{1}{4}$
2	11	2.309	1.479	59.614	58.135	56.656	15.9	2.3	1	18.2	13.6	7.5	$3\frac{1}{4}$	23.4	25.7	21.1	2.9	$1\frac{1}{4}$
$2\frac{1}{2}$	11	2.309	1.479	75.184	73.705	72.226	17.5	3.5	$1\frac{1}{2}$	21.0	14.0	9.2	4	26.7	30.2	23.2	3.5	$1\frac{1}{2}$
3	11	2.309	1.479	87.884	86.405	84.926	20.6	3.5	$1\frac{1}{2}$	24.1	17.1	9.2	4	29.8	33.3	26.3	3.5	$1\frac{1}{2}$
4	11	2.309	1.479	113.030	111.551	110.072	25.4	3.5	$1\frac{1}{2}$	28.9	21.9	10.4	$4\frac{1}{2}$	35.8	39.3	32.3	3.5	$1\frac{1}{2}$
5	11	2.309	1.479	138.430	136.951	135.472	28.6	3.5	$1\frac{1}{2}$	32.1	25.1	11.5	5	40.1	43.6	36.6	3.5	$1\frac{1}{2}$
6	11	2.309	1.479	163.830	162.351	160.872	28.6	3.5	$1\frac{1}{2}$	32.1	25.1	11.5	5	40.1	43.6	36.6	3.5	$1\frac{1}{2}$

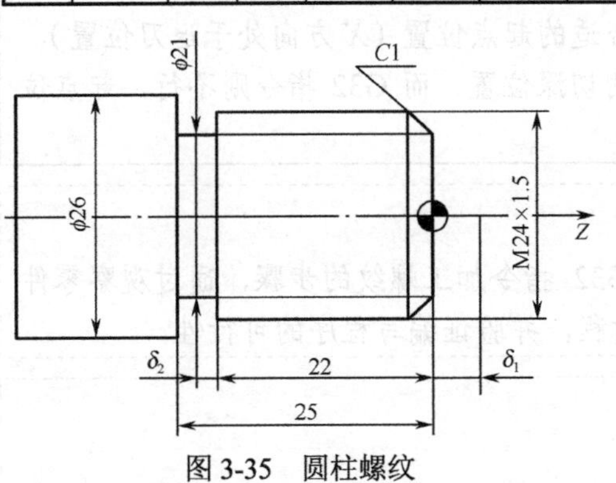

图 3-35　圆柱螺纹

【例 3-15】 编制如图 3-35 所示的圆柱螺纹的加工程序，其中 δ_1=3mm，δ_2=1mm，每次吃刀量（直径值）分别为 1mm、0.5mm、0.3mm、0.06mm。（对比用 G32 与 G92 指令编程）

分析：

（1）计算螺纹底径 d。

$d=D-2\times(0.55\sim0.6495)P=24-2\times0.62\times1.5=22.14$

（2）每次吃刀量：1mm、0.5mm、0.3mm、0.06mm。

（3）编制加工程序。

```
O32;（G32 指令编程）
G99 M03 S600;          主轴正转，转速为 600r/min
T0101;                 换 1 号螺纹刀
G00 X30. Z3.;          快速接近工件
X23.;                  快速进刀至螺纹起点
G32 Z-23. F1.5;        切削螺纹，切削 1mm
G00 X30.;              X 轴向快速退刀
Z3.;                   Z 轴快速返回螺纹起点处
G00 X22.5;             X 轴快速进刀至螺纹起点处
G32 Z-23. F1.5;        切削螺纹，切削 0.5mm
G00 X30.;              X 轴向快速退刀
Z3.;                   Z 轴快速返回螺纹起点处
G00 X22.2;             X 轴快速进刀至螺纹起点处
G32 Z-23. F1.5;        切削螺纹，切削 0.3mm
G00 X30.;              X 轴向快速退刀
Z3.;                   Z 轴快速返回螺纹起点处
G00 X22.14;            X 轴快速进刀至螺纹起点处
G32 Z-23. F1.5;        切削螺纹，切削 0.06mm
G00 X100.;             退回换刀点
Z100.;                 退回换刀点
M05;                   主轴停止
M30;                   程序结束
O92;（G92 指令编程）
G99 M03 S600;          主轴正转，转速为 600r/min
T0101;                 换 1 号螺纹刀
G00 X30. Z3.;          快速接近工件
G92X23. Z-23. F1.5;    切削螺纹，切削 1mm
X22.5                  切削螺纹，切削 0.5mm
X22.2                  切削螺纹，切削 0.3mm
X22.14                 切削螺纹，切削 0.06mm
G00 X100.Z100.;        退回换刀点
M05;                   主轴停止
M30;                   程序结束
```

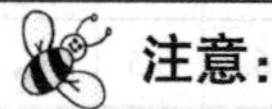

注意：

在使用 G92 指令前，只须把刀具定位到一个合适的起点位置（*X* 方向处于退刀位置），执行 G92 指令时，系统会自动把刀具定位到合适的切深位置。而 G32 指令则不行，起点位置的 *X* 方向必须处于切入位置。

提示：

把本例题程序导入数控仿真软件，单步演示 G32 指令加工螺纹的步骤，通过观察零件的模拟仿真加工轨迹，了解运用 G32 指令的加工过程，并验证编写程序的可行性。

思考：

G32 指令如何加工圆锥螺纹、端面螺纹？

3.7 子程序的运用

在编程中，有时会遇到一组程序段在一个程序中多次出现，或者在几个程序中都要使用它。这种典型的加工程序可以做成固定程序，并单独加以命名，被主程序调用，被调用的程序被称为子程序。

子程序一般不可以作为单独的加工程序使用，它只能通过主程序进行调用，实现加工中的局部动作。子程序执行后，能自动返回调用它的主程序中。

1. 子程序的嵌套

为了进一步简化加工程序，可以允许子程序再调用另一个子程序，这一功能称为子程序的嵌套，如图 3-36 所示。

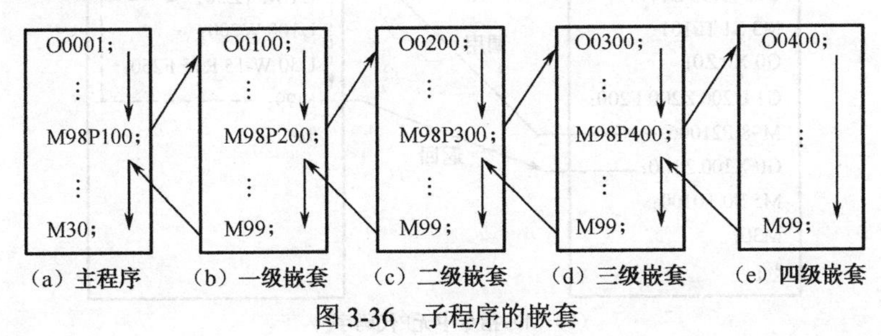

图 3-36 子程序的嵌套

2. 子程序调用 M98

格式：

M98 P○○○ ××××;

说明：

P 后面的○为重复调用的次数；调用 1 次时，可不输入。后四位表示被调用的子程序号（0000～9999）。当调用次数未输入时，子程序号的前导 0 可省略；当输入调用次数时，子程序号必须为 4 位数。

例如，M98P51002; 调用 1002 号子程序 5 次
M98P120; 调用 120 号子程序 1 次
M98P12222; 调用 2222 号子程序 1 次
M98P2222; 调用 2222 号子程序 1 次

在自动方式下执行 M98 指令时，当前程序段的其他指令执行完成后，CNC 去调用 P 指定的子程序，子程序最多可执行 9999 次。

3. 从子程序返回 M99

格式：

M99 P××××;

说明：

P 后的 4 位数字为返回主程序时将被执行的程序段号（0000～9999），前导 0 可以省略。

子程序中当前程序段的其他指令执行完成后，返回主程序中由 P 指定的程序段继续执行，当未输入 P 时，返回主程序中调用当前子程序的 M98 指令的后一程序段继续执行。

M99 指令中有 P 代码字时，M99 指令的执行路径如图 3-37（a）所示。M99 指令中无 P 代码字时，M99 指令的执行路径如图 3-37（b）所示。

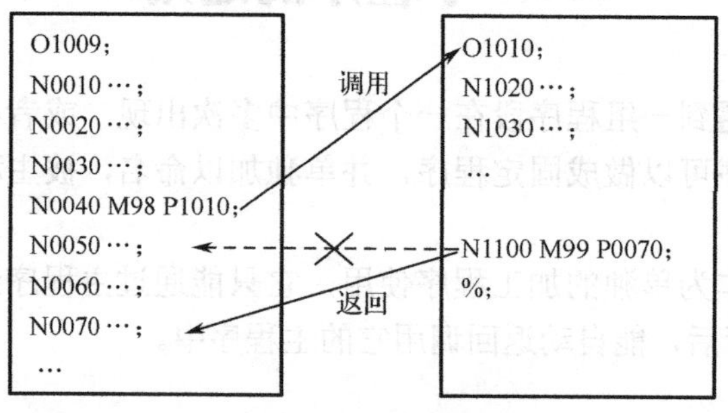

（a）M99指令中有P代码字

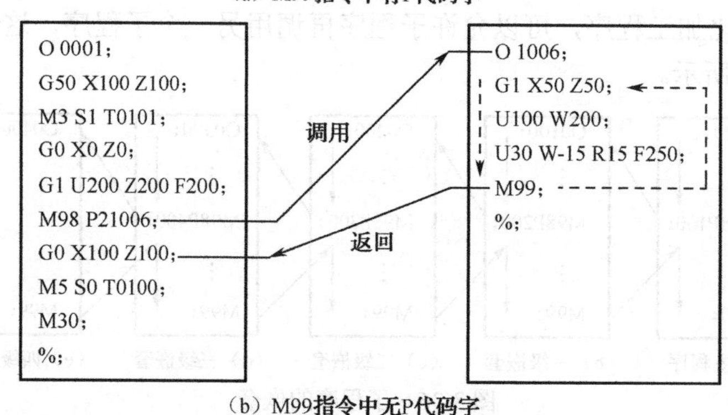

（b）M99指令中无P代码字

图 3-37　M99 指令的执行路径

注意：

（1）在编写子程序的过程中，最好采用增量坐标编程方式，以避免失误。

（2）刀尖半径补偿的建立和取消应在一个独立的程序中，不能分别存在于主、子程序中。

【例 3-16】 如图 3-38 所示，运用子程序调用，编写外螺纹的加工程序。

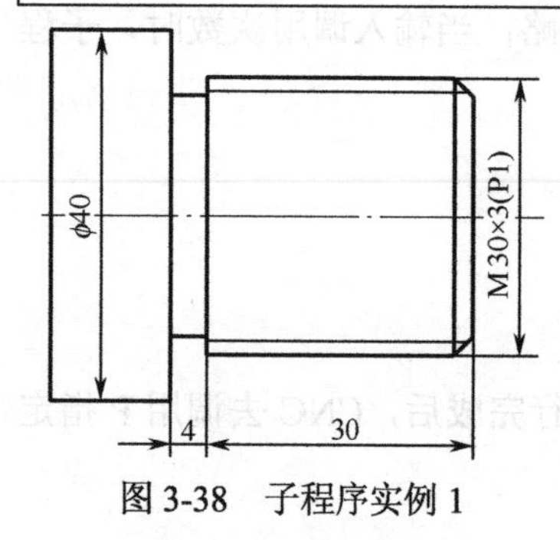

图 3-38　子程序实例 1

分析：如图 3-38 所示，因为只编写螺纹加工程序，所以认为其他的尺寸已经加工好，只编写三线螺纹的加工程序。三线螺纹的加工原理：三根线的每次定位点依次相差一个螺距，螺纹的底径与螺距有关，与导程无关。

（1）计算螺纹底径 d。

$$d=D-2\times(0.55\sim0.6495)P=30-2\times0.62\times1=28.76$$

（2）三线螺纹 Z 向值的加工起点分别为 $Z5$、$Z6$、$Z7$。

（3）编制加工程序。

加工程序：

```
O15;                                主程序
G99 M03 S500;
T0101;
G00 X35. Z5.;
```

```
M98 P30201;
G00 X100. Z100.;
M30;
O201;                         子程序
G92 X29. Z-31. F3.0;
X28.76;
G00 W1.0;
M99;
```

【例 3-17】 如图 3-39 所示，采用ϕ40mm 的棒料，编写数控加工程序。

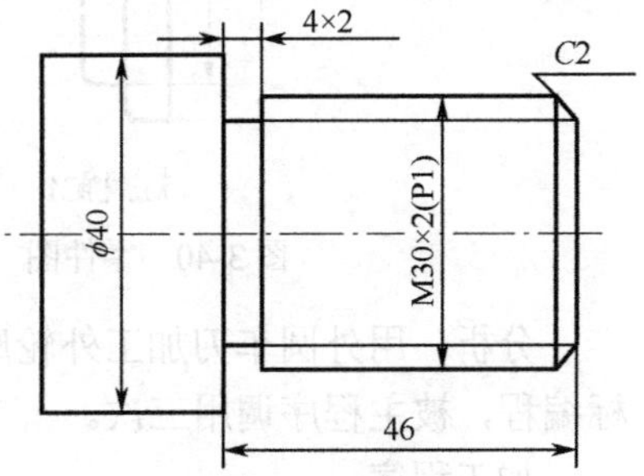

分析：如图 3-39 所示，用ϕ40mm 的棒料加工双线螺纹，有退刀槽。

（1）1 号刀具为外圆车刀，用 G90 指令加工外圆；

（2）2 号刀具为 4mm 宽的切槽刀，加工 2mm 宽的退刀槽；

（3）3 号刀具为螺纹刀，加工双线螺纹，计算螺纹底径。

d=D−2×(0.55～0.6495)P=30−2×0.62×1=28.76

（4）编制加工程序。

图 3-39　双线螺纹

加工程序：

```
O0115;                           主程序
G99 M03 S500;
T0101;
G00 X45. Z5.;
G90 X35. Z-46. F0.2;
X30.;
G01 X26.9 Z0 F0.3;
X29.9 Z-1.5 F0.1;
Z-46.;
X45.F0.2
G00 X100. Z100.;
T0202;
G00 X45. Z5.;
Z-46.;
G01 X28.6 F0.1;
X45. F0.3;
G00 X100.Z100.;
T0303;
G00 X35. Z5.;
M98 P20202;
G00 X100. Z100.;
M30;
O202;                            子程序
G92 X29. Z-31. F2.0;
X28.76;
G00 W1.0;
M99;
```

【例3-18】 如图3-40所示的零件图，ϕ40mm的棒料一次伸出料长46mm，连续加工三个工件（加工示意图如图3-41所示），试运用子程序调用编写数控加工程序。

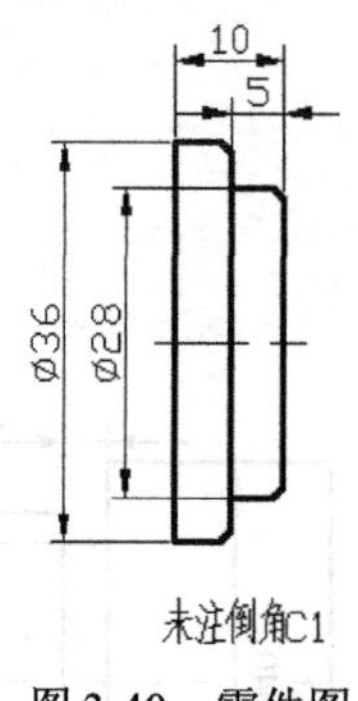

图3-40 零件图

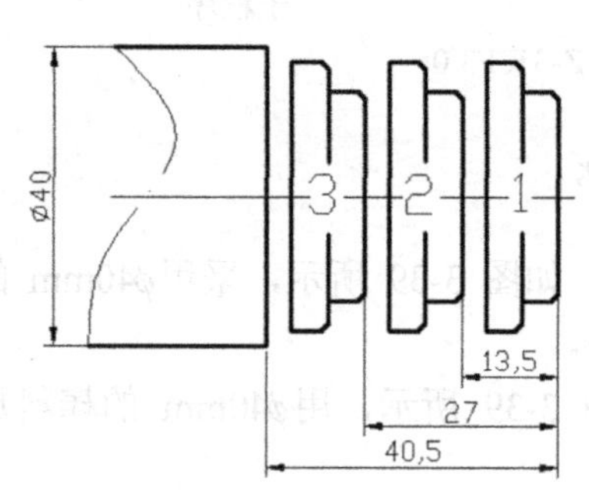

图3-41 加工示意图

分析：用外圆车刀加工外轮廓，用宽度为3.5mm的切槽刀切断工件。子程序采用增量坐标编程，被主程序调用三次。

加工程序：

```
O0116;                              主程序
G99 M03 S500;
T0101;
G00 X45. Z3.5;
M98 P117;
G00 X45. Z-10.;
M98 P117;
G00 X45. Z-23.5;
M98 P117;
G00X100.Z100.
M30;
O0117;                              子程序
G00W-3.5;
G01U-45.F0.1;
U26.W0.2F0.3;
W-0.2;
U2.W-1.F0.1;
W-4.;
U6.;
U2.W-1.;
W-4.;
U9.;
W110.;
T0202;
G00W-113.5;
G01U-45.F0.1;
U45.F0.3;
W113.5;
T0101;
M99;
```

思考题

11. 如图 3-42 所示，采用毛坯孔为 ϕ26mm 的棒料，运用子程序调用编写内螺纹的加工程序。

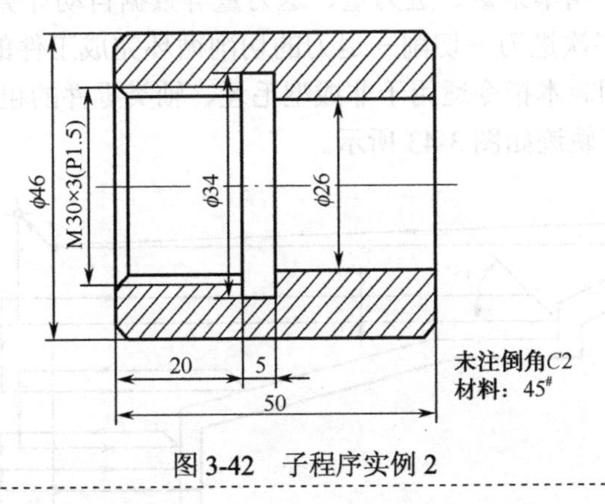

图 3-42　子程序实例 2

3.8 复合循环指令

复合循环指令包括精加工循环 G70 指令、轴向粗车复合循环 G71 指令、径向粗车复合循环 G72 指令、仿形粗车复合循环 G73 指令、轴向切槽多重循环 G74 指令、径向切槽多重循环 G75 指令及多重螺纹切削循环 G76 指令。系统执行这些指令时，根据编程轨迹、进刀量、退刀量等数据自动计算切削次数和切削轨迹，进行多次进刀→切削→退刀→再进刀的加工循环，自动完成工件的粗、精加工，代码的起点和终点相同。下面一一展开讲解。

3.8.1 精加工循环

格式：

```
G70 P(ns) Q(nf);
```

说明：

ns：指定精加工路线第一个程序段的顺序号。

nf：指定精加工路线最后一个程序段的顺序号。

刀具从起点位置沿着 ns～nf 程序段给出的工件精加工轨迹进行精加工。在 G71、G72 或 G73 指令下进行粗加工后，按 G70 指令进行精车，单次完成精加工余量的切削。G70 指令执行结束时，刀具返回到起点并执行 G70 指令后的下一个程序段。

注意：

（1）G70 指令必须在 ns～nf 程序段后编写。

（2）ns～nf 程序段号的 M、S、T、F 仅在有 G70 精加工循环指令的程序段中才有效。

3.8.2 轴向粗车复合循环

系统根据精车轨迹、精车余量、进刀量、退刀量等数据自动计算粗加工路线，沿与 Z 轴平行的方向切削，通过多次进刀→切削→退刀的切削循环完成工件的粗加工。G71 指令执行时的加工起点和终点相同。本指令适用于非成型毛坯、轴类零件的粗车加工。

G71 指令执行的循环轨迹如图 3-43 所示。

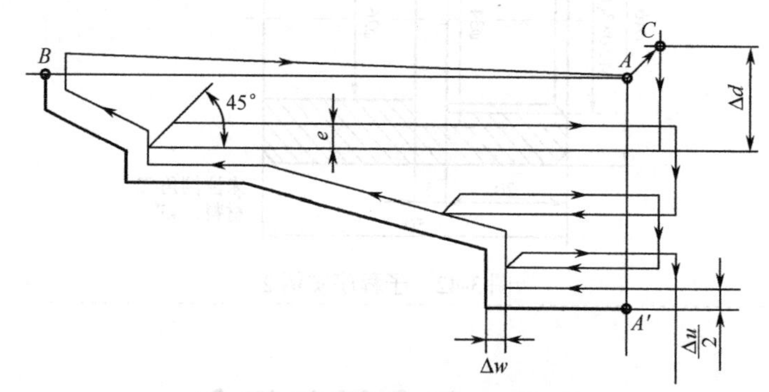

图 3-43 G71 指令执行的循环轨迹

格式：

```
G71 U(Δd) R(e);
G71 P(ns) Q(nf) U(Δu) W(Δw)F(f) S(s) T(t);
N(ns)G00/G01 X …F(f) S(s) ;
…;
N(nf)G00/G01…;
```

说明：

Δd：X 轴的切削深度（半径指定），无符号，该值是模态值。

e：X 轴的退刀量（半径指定），该值是模态值。

ns：指定精加工路线第一个程序段的顺序号。

nf：指定精加工路线最后一个程序段的顺序号。

Δu：X 方向精加工余量（直径指定）的距离及方向。

Δw：Z 方向精加工余量的距离及方向。

ns～nf 程序段中的 F、S、T 代码在执行 G71 循环时无效，此时 G71 程序段的 F、S、T 代码有效。执行 G70 精加工循环指令时，ns～nf 程序段中的 F、S、T 代码有效。

机床执行 G71 指令时，刀具先从粗车起始点 A 移动到 C 点，AC 的距离与 Δu 和 Δw 有关。

注意：

（1）G71 指令必须带有 P、Q 的地址 ns、nf，且与精加工路线起止顺序号对应，否则不能进行该循环加工。

（2）ns 程序段必须是不含 Z(W)代码字的 G00/G01 指令，否则报警。

（3）ns/nf 程序段中不能有 G03/G02 指令。

（4）ns～nf 程序段中不应包含子程序、单一循环。

（5）G71 指令用于加工轴类零件，且 X 值是呈递增或递减的。

【例 3-19】 用复合循环指令编制如图 3-44 所示的零件的加工程序，选用ϕ50mm 的毛坯件为棒料。

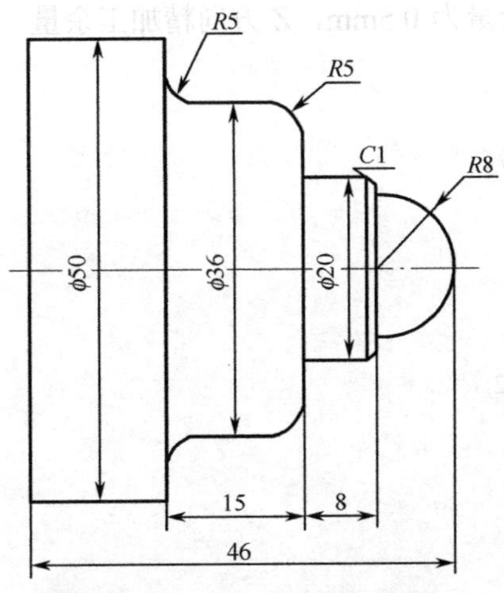

图 3-44　G71 与 G70 加工实例 1

分析：如图 3-44 所示，利用 G71、G70 指令编程，使用 93° 外圆车刀，刀尖半径为 0.2mm，每次切削深度为 1mm，退刀量为 1mm，X 方向精加工余量为 0.5mm，Z 方向精加工余量为 0.2mm。

加工程序：

```
O0016;
G99 M03 S500;
T0101;
G00 X55. Z5.;
G71 U1. R1.;
G71 P1 Q2 U0.5 W0.2 F0.2;
N1 G00 G42 X0;
G01 Z0 F0.3;
G03 X16. Z-8. R8. F0.1;
G01 X18.;
X20. W-1.;
Z-16.;
X26.;
G03 X36. W-5. R5.;
G01 W-5.;
G02 X46. W-5. R5.;
G01 X50.;
N2 Z-46.;
G50 S2500;
G70 P1 Q2 G96 S180;
G00 G40 X100. Z100.;
M30;
```

【例 3-20】 如图 3-45 所示，用复合循环指令编制内轮廓零件的粗、精加工程序，选用毛坯孔直径为 30mm 的棒料。

分析：如图3-45所示，利用G71、G70指令编程，使用93°内孔车刀，刀具直径为28mm，每次切削深度为1mm，退刀量为1mm，X方向精加工余量为0.5mm，Z方向精加工余量为0.2mm。

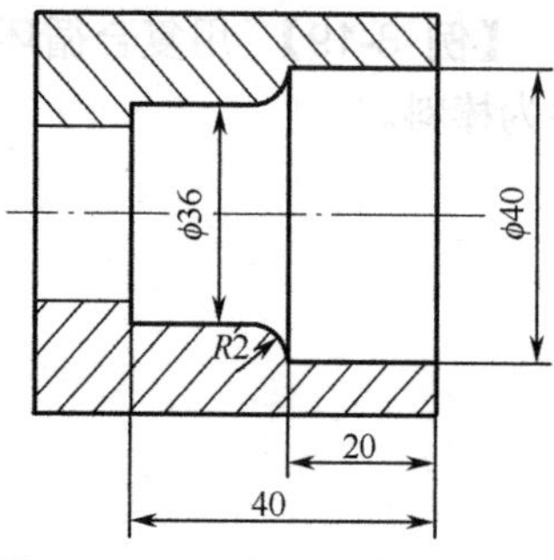

图3-45　G71与G70加工实例2

加工程序：

```
O0017;
G99 M03 S500;
T0101;
G00 X26. Z5.;
G71 U1. R1.;
G71 P1 Q2 U-0.5 W0.2 F0.2;
N1 G00 X40.;
G01 Z-20. F0.1;
G02 X36. Z-22. R2.;
G01 Z-40.;
N2 X25.;
G70 P1 Q2 S1500;
G00 X50. Z100.;
M30;
```

【例3-21】 如图3-46（a）所示，用复合循环指令编制如图3-46（a）所示的零件的粗、精加工程序，选用毛坯直径为50mm的棒料。

分析：如图3-46（a）所示，1号刀具为外圆车刀，运用G71指令粗、精加工外轮廓；用2号刀具切槽刀加工4mm×2mm的槽；3号刀具为螺纹刀，运用G92指令加工螺纹。

加工程序：

```
O21;
G99M03S600T0101;
G00X55.Z5.;
G71U1.R1.;
G71P1 Q2 U0.5 W0.2 F0.15;
N1G00X25.9.;
G01Z0.F0.3;
X29.9 Z-2.F0.1;
Z-25.;
X38.;
Z-30.;
G03X44.Z-33.R3.;
G01Z-45.;
G02X48.Z-47.R2.;
N2 G01Z-59.;
G70P1Q2S1600;
G00X100.Z100.;
M03S400
T0202;
G00X45.Z5.;
Z-25.;
G01X26.F0.06;
```

```
X40.F0.3;
G00X100.Z100.;
M03S500T0303;
G00X45.Z5.;
G92X29.Z-23.F2.;
X28.4;
X27.8;
X27.5;
X27.4;
G00X100.Z100.;
M30;
```

【例 3-22】 用复合循环指令编制如图 3-46（b）所示的零件的粗、精加工程序，选用毛坯直径为60mm 的棒料。

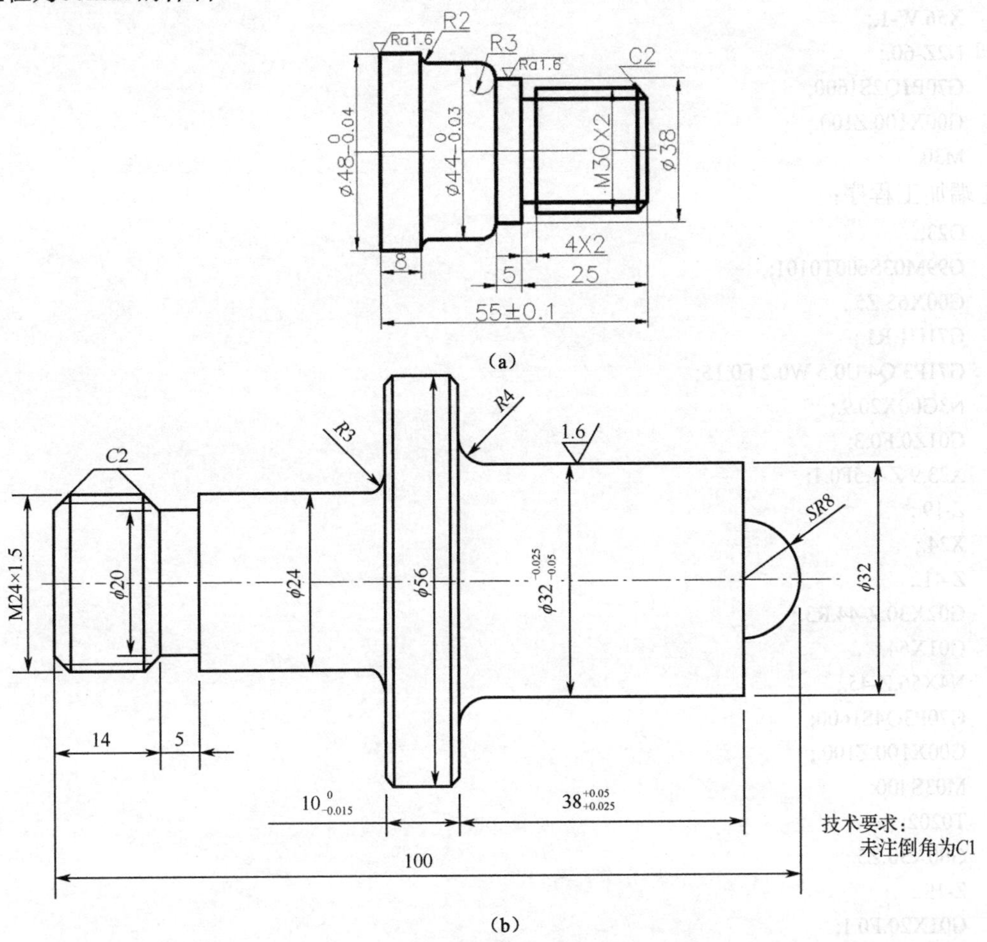

图 3-46　G71 与 G70 综合实例

分析：如图 3-46（b）所示，此工件需要调头加工。

（1）首先加工工件的右端：1 号刀具为外圆车刀，运用 G71 指令粗、精加工外轮廓。

（2）调头，夹持工件的右端，并加工工件的左端：采用 1 号刀具并运用 G71 指令粗、精加工外轮廓；用 2 号刀具切槽刀加工 4mm×2mm 的槽；3 号刀具为螺纹刀，运用 G92 指令加工螺纹。

右端加工程序：

```
O22;
G99M03S600T0101;
G00X65.Z5.;
G71U1.R1.;
G71P1 Q2 U0.5 W0.2 F0.15;
N1G00X0;
G01Z0F0.3;
G03X16.Z-8.R8.F0.1;
G01X32.;
Z-34.;
G02X40.W-4.R4.;
G0154.;
X56.W-1.;
N2Z-60.;
G70P1Q2S1600;
G00X100.Z100.;
M30
```

左端加工程序：

```
O23;
G99M03S600T0101;
G00X65.Z5.;
G71U1.R1.;
G71P3 Q4 U0.5 W0.2 F0.15;
N3G00X20.9.;
G01Z0.F0.3;
X23.9 Z-1.5F0.1;
Z-19.;
X24.;
Z-41.;
G02X30.Z-44.R3.;
G01X54.;
N4X56.Z-45.;
G70P3Q4S1600;
G00X100.Z100.;
M03S400;
T0202;
G00X30.Z5.;
Z-19.;
G01X20.F0.1;
X25.;
W1.;
X20.;
X25.;
Z-16.;
X24.;
X20.Z-18.;
```

```
X40.F0.3;
G00X100.Z100.;
M03S500T0303;
G00X45.Z5.;
G92X23.2.Z-23.F1.5;
X22.6;
X22.2;
X22.05;
G00X100.Z100.;
M30;
```

把本例题程序导入数控仿真软件，单步演示 G71 指令加工零件的步骤，通过观察零件的模拟仿真加工轨迹，了解运用 G71 指令的加工过程，并验证编写程序的可行性。

思考题

12. 如图 3-47 所示的轴类零件，试用 G71、G70 指令编写零件加工程序。

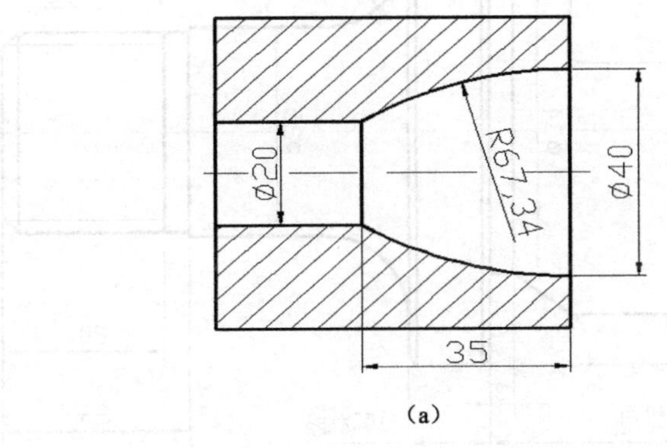

(a)

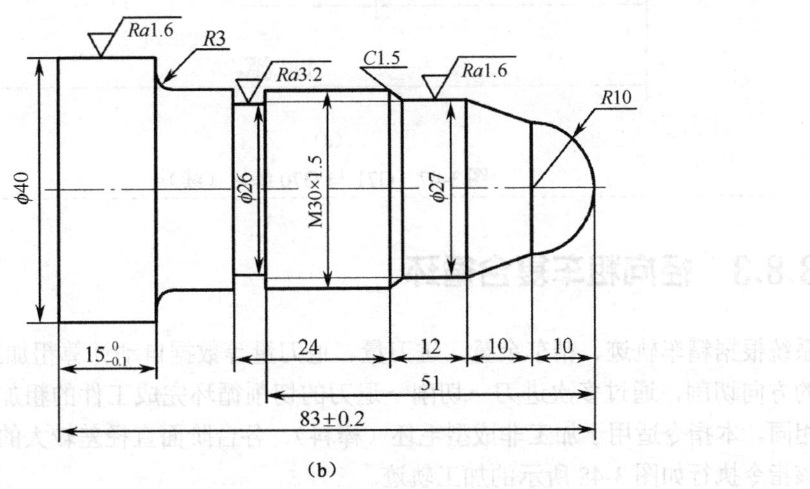

(b)

图 3-47　G71 与 G70 练习

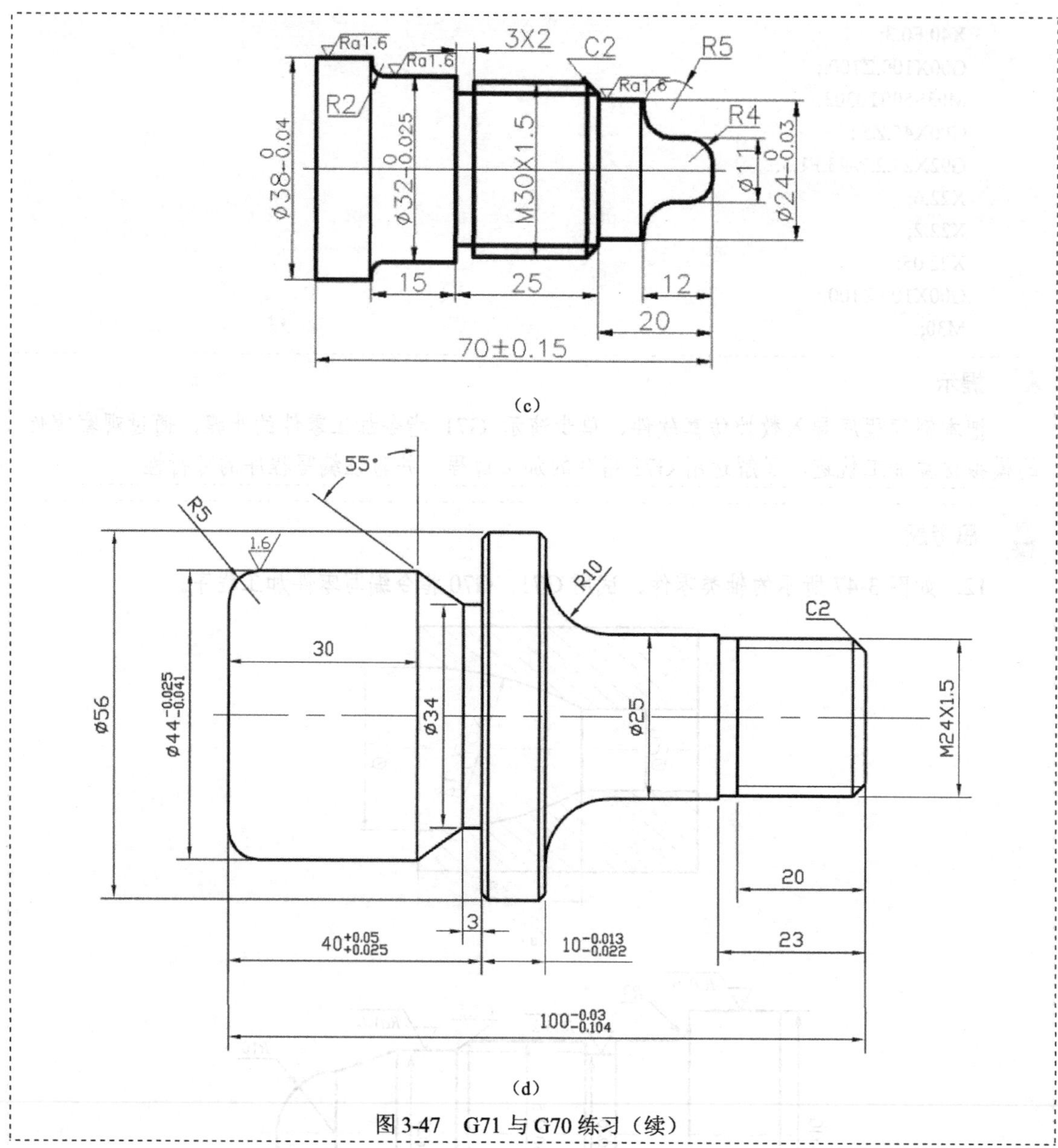

(c)

(d)

图3-47　G71与G70练习（续）

3.8.3　径向粗车复合循环

系统根据精车轨迹、精车余量、进刀量、退刀量等数据自动计算粗加工路线，沿与 *X* 轴平行的方向切削，通过多次进刀→切削→退刀的切削循环完成工件的粗加工。G72 的起点和终点相同。本指令适用于加工非成型毛坯（棒料）、各台阶面直径差较大的盘类零件。

该指令执行如图3-48所示的加工轨迹。

格式：

```
G72 W(Δd) R(e);
G72 P(ns) Q(nf) U(Δu) W(Δw)F(f) S(s) T(t);
N(ns)G00/G01 Z ...F(f) S(s) ;
```

```
…;
N(nf)G00/G01…;
```

说明：

Δd：每次 Z 轴的吃刀深度。

e：每次 Z 轴的退刀量。

ns：指定精加工路线第一个程序段的顺序号。

nf：指定精加工路线最后一个程序段的顺序号。

Δu：X 方向精加工余量（直径指定）的距离及方向。

Δw：Z 方向精加工余量的距离及方向。

ns～nf 程序段中的 F、S、T 代码在执行 G72 指令时无效，此时 G72 程序段的 F、S、T 代码有效。执行 G70 精加工循环指令时，ns～nf 程序段中的 F、S、T 代码有效。

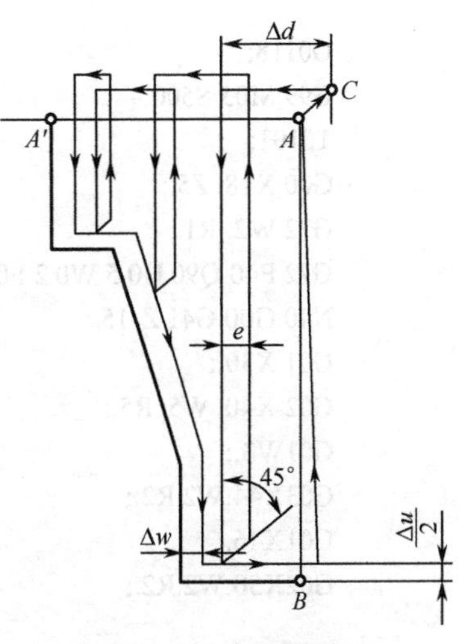

图 3-48　加工轨迹

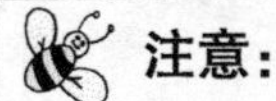

注意：

（1）ns 程序段必须是不含 X(U)代码字的 G00/G01 指令，否则报警。

（2）G72 指令用于加工盘类零件，且 X 值是呈递增或递减的。

【例 3-23】 用复合循环指令编制如图 3-49 所示的零件的加工程序，选用毛坯件为ϕ80mm 的棒料。

分析：如图 3-49 所示，利用 G72、G70 指令编程，使用 93° 反偏刀，刀尖半径为 0.2mm，每次切削量为 2mm，退刀量为 1mm，X 方向精加工余量为 0.5mm，Z 方向精加工余量为 0.2mm。

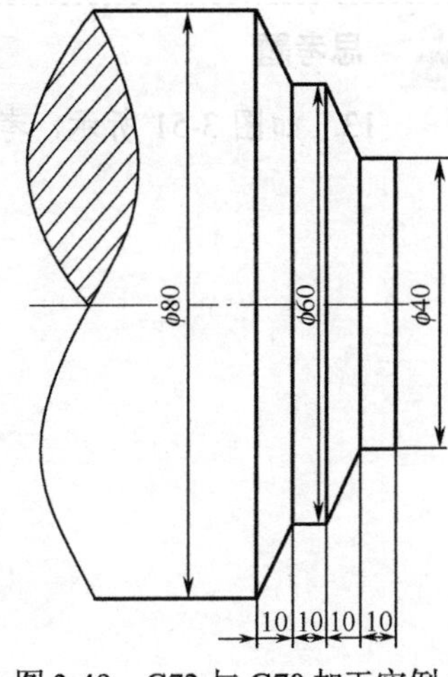

图 3-49　G72 与 G70 加工实例 1

加工程序：

```
O0018;
G99 M03 S500;
T0101;
G00 X85. Z5.;
G72 W2. R1.;
G72 P40 Q90 U0.5 W0.2 F0.25;
N40 G00 G41 Z-40.;
G01 X80.;
X60. W10.;
W10.;
X40. W10.;
W10.;
N90 X0;
G70 P40 Q90 S1000 F0.1;
G00 G40 X100. Z100.;
M05;
M30;
```

【例 3-24】 用复合循环指令编制如图 3-50 所示的零件的加工程序，选用毛坯孔直径为 20mm 的棒料。

```
O0118;
G99 M03 S500;
T0101;
G00 X18. Z5.;
G72 W2. R1.;
G72 P40 Q90 U0.5 W0.2 F0.2;
N40 G00 G41 Z-15.;
G01 X30.;
G02 X40. W5. R5.;
G01W3.;
G03X44.W2.R2.;
G01X46.;
G02X50.W2.R2.;

N90 G01 Z0;
G70 P40 Q90 S1000 F0.1;
G00 G40 Z100.;
M05;
M30;
```

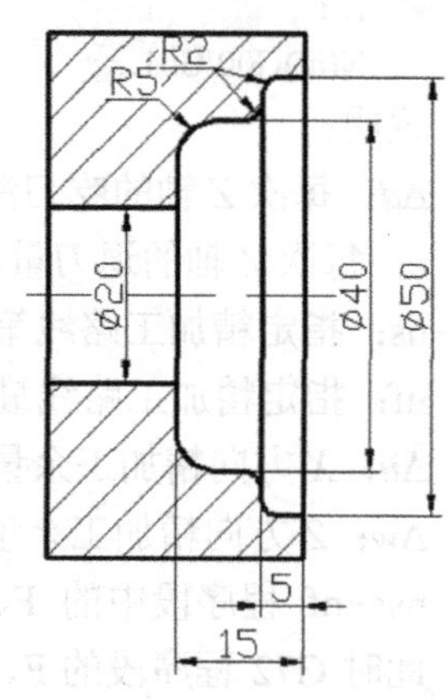

图 3-50　G72 与 G70 加工实例 2

思考题

13. 如图 3-51 所示，考虑用 G72 和 G70 指令编写零件加工程序。

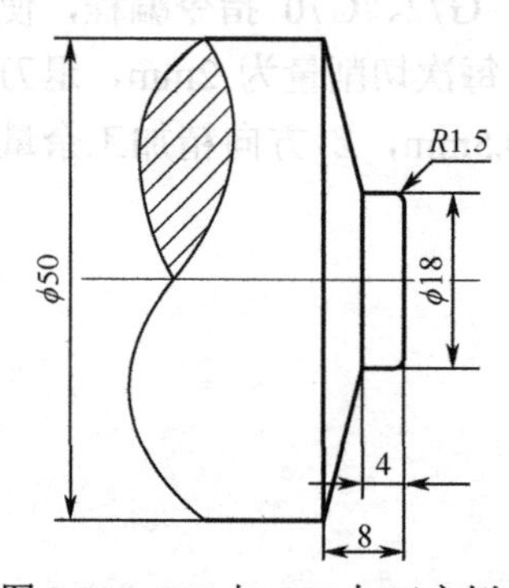

图 3-51　G72 与 G70 加工实例 3

提示：

把本例题程序导入数控仿真软件，单步演示 G72 指令加工零件的步骤，通过观察零件的模拟仿真加工轨迹，了解运用 G72 指令的加工过程，并验证编写程序的可行性。

3.8.4　仿形粗车复合循环

系统根据精车余量、退刀量、切削次数等数据自动计算粗车偏移量、粗车的单次进刀量和粗车轨迹，每次切削的轨迹都是精车轨迹的偏移，切削轨迹逐步靠近精车轨迹，最后一次切削轨迹为按精车余量偏移的精车轨迹。G73 指令执行时的加工起点和终点相同，本代码适用于成型毛坯的粗车。

该指令执行如图 3-52 所示的循环轨迹。

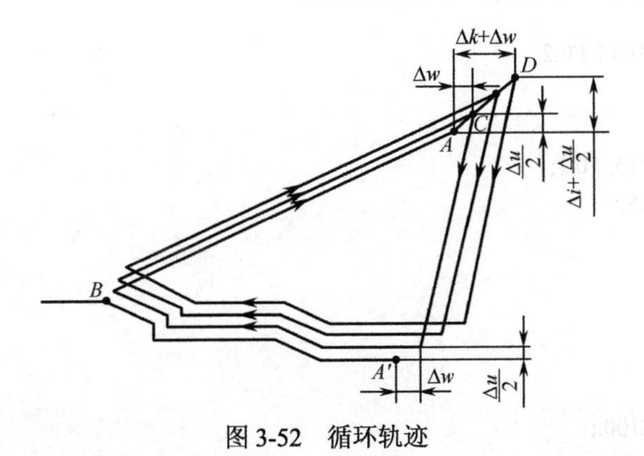

图 3-52 循环轨迹

格式：

```
G73 U(Δi) W(Δk) R(d);
G73 P(ns) Q(nf) U(Δu) W(Δw)F(f) S(s) T(t);
N(ns)G00/G01 X/Z…F(f) S(s) ;
…;
N(nf)G00/G01…;
```

说明：

Δ*i*：*X* 方向毛坯切除余量（半径指定）。

Δ*k*：*Z* 方向毛坯切除余量。

d：粗切削次数（总余量除以切削深度+1）。

ns：精加工路线第一个程序段的顺序号。

nf：精加工路线最后一个程序段的顺序号。

Δ*u*：*X* 方向精加工余量（直径指定）的距离及方向。

Δ*w*：*Z* 方向精加工余量的距离及方向。

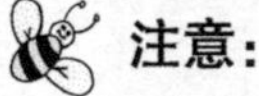 **注意：**

G73 指令用于加工铸造、锻造、精密铸造等成型零件，且 *X* 值没有变化规则。

【例 3-25】 如图 3-53 所示，毛坯为ϕ35mm 的棒料，用复合循环指令编制零件的加工程序。

分析：如图 3-53 所示，*X* 值是不规则变化的，利用 G73、G70 指令编程，选用刀具半径为 0.2mm、主偏角为 93°、夹角为 30° 的外圆车刀。

数值计算：U(Δ*i*)=毛坯半径值-图纸最小半径值=18-0=18

R(*d*)= U(Δ*i*)/2=18/2=9

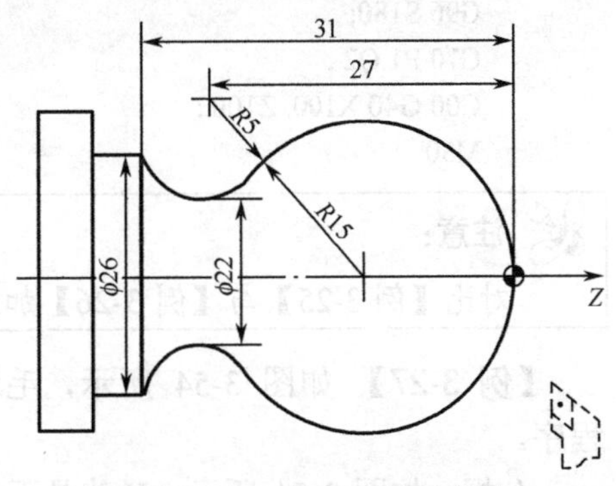

图 3-53 G73 与 G70 加工实例 1

加工程序：

```
O0019;
G99 M03 S500;
T0101;
G00 X45. Z5.;
G73 U18. W0.2 R9.;
```

```
G73 P1 Q2 U0.5 W0.2 F0.2;
N1 G00 G42 X0;
G01 Z0 F0.3;
G03 X24. Z-24. R15. F0.1;
G02 X26. Z-31. R5.;
N2 G01 X40.;
G50 S2000;
G96 S180;

G70 P1 Q2 ;
G00 G40 X100. Z100.;
M30;
```

【例 3-26】 如图 3-53 所示，用复合循环指令编制零件的加工程序，其毛坯为精密铸造的，加工余量为 3mm。

分析：【例 3-25】与本例的区别是毛坯的不同，本例的毛坯为精密铸造的，加工余量为 3mm。利用 G73、G70 指令编程，选用刀具半径为 0.2mm、主偏角为 93°、夹角为 30°的外圆车刀，粗切削次数为 1 次，*X* 方向精加工余量为 0.5mm，*Z* 方向精加工余量为 0.2mm。

加工程序：

```
O0020;
G99 M03 S500;
T0101;
G00 X45. Z5.;
G73 U3. W0.2 R1.;
G73 P1 Q2 U0.5 W0.2 F0.2;
N1 G00 G42 X0;
G01 Z0 F0.3;
G03 X24. Z-24. R15. F0.1;
G02 X26. Z-31. R5.;
N2 G01 X40.;
G50 S2000;
G96 S180;
G70 P1 Q2 ;
G00 G40 X100. Z100.;
M30;
```

 **注意：**

对比【例 3-25】与【例 3-26】加工工艺安排的优异。

【例 3-27】 如图 3-54 所示，毛坯为 ϕ32mm 的棒料，用复合循环指令编制零件的加工程序。

分析：如图 3-54 所示，*X* 值是不规则变化的，利用 G73、G70 指令编程，选用刀具半径为 0.2mm、主偏角为 93°、夹角为 30°的外圆车刀。

数值计算：$U(\Delta i)$=毛坯半径值-图纸最小半径值=16-0=16

$$R(d)=U(\Delta i)/2=16/2=8$$

加工程序：

```
O0019;
G99 M03 S500;
T0101;
G00 X45. Z5.;
G73 U16. W0.2 R8.;
G73 P1 Q2 U0.5 W0.2 F0.2;
N1 G00 G42 X0;
G01 Z0 F0.3;
G03 X15.3 Z-16.44 R10. F0.1;
G02 X19.3 Z-39.03 R16.;
G03 X24. Z-59.54 R15.;
G01 Z-70.54;
N2 G01 X40.;
G50 S2000;
G96 S180;
G70 P1 Q2 ;
G00 G40 X100. Z100.;
M30;
```

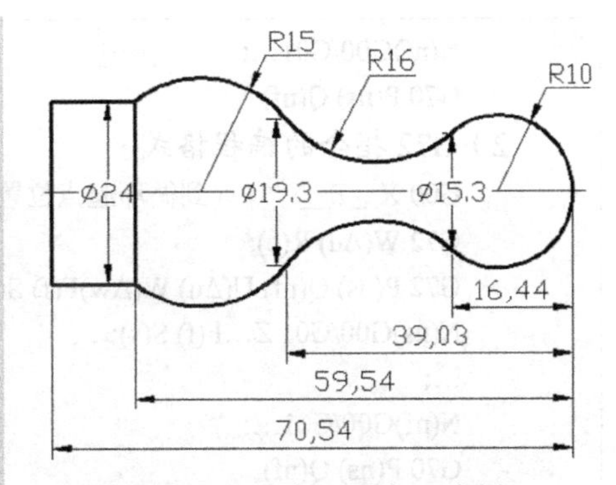

图 3-54　G73 与 G70 加工实例 2

思考题

14. 如图 3-55 所示，考虑用 G73 和 G70 指令编写零件加工程序。

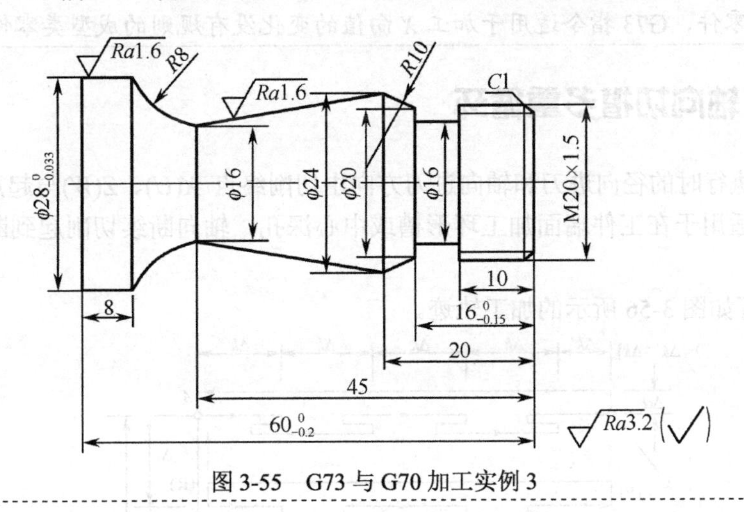

图 3-55　G73 与 G70 加工实例 3

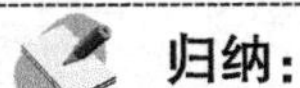

归纳：

对复合循环指令 G70、G71、G72、G73 的归纳总结如下。

1. 编程格式

1）G71 指令的编程格式

```
G00 X__Z__        （到循环起点位置）
G71 U(Δd) R(e);
G71 P(ns) Q(nf) U(Δu) W(Δw)F(f) S(s) T(t);
N(ns)G00/G01 X…F(f) S(s);
…;
```

```
N(nf)G00/G01…;
G70 P(ns) Q(nf)
```

2）G72 指令的编程格式

```
G00 X__Z__      （到循环起点位置）
G72 W(Δd) R(e);
G72 P(ns) Q(nf) U(Δu) W(Δw)F(f) S(s) T(t);
N(ns)G00/G01 Z…F(f) S(s);
…;
N(nf)G00/G01…;
G70 P(ns) Q(nf)
```

3）G73 指令的编程格式

```
G00 X__Z__      （到循环起点位置）
G73 U(Δi) W(Δk) R(d);
G73 P(ns) Q(nf) U(Δu) W(Δw)F(f) S(s) T(t);
N(ns)G00/G01 X/Z…F(f) S(s);
…;
N(nf)G00/G01…;
G70 P(ns) Q(nf)
```

2. 加工类型

G71 指令适用于加工 *X* 向值递增或递减的轴类零件，G72 指令适用于加工 *X* 向值递增或递减的盘类零件，G73 指令适用于加工 *X* 向值的变化没有规则的成型类零件。

3.8.5 轴向切槽多重循环

G74 指令执行时的径向进刀和轴向进刀方向由切削终点 *X*(*U*)、*Z*(*W*)与起点的相对位置决定，G74 指令适用于在工件端面加工环形槽或中心深孔，轴向断续切削起到断屑、及时排屑的作用。

该指令执行如图 3-56 所示的加工轨迹。

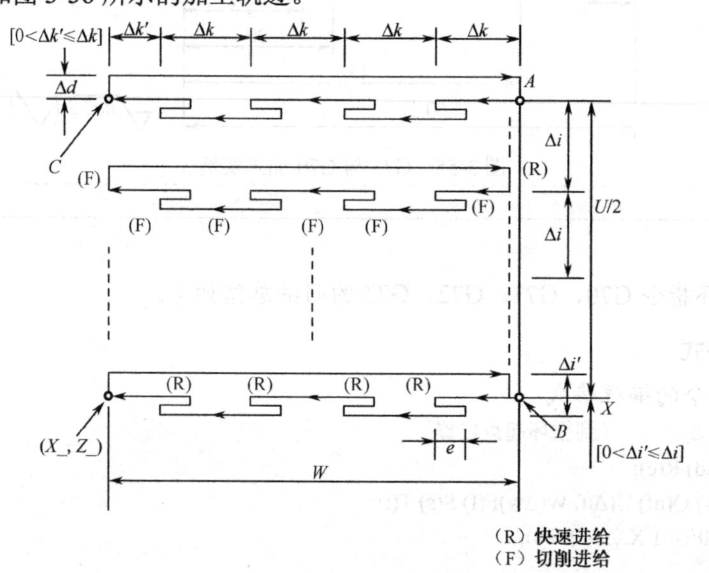

图 3-56　G74 指令执行的加工轨迹

格式：

```
G74 R(e);
G74 X(U) Z(W) P(Δi) Q(Δk) F ;
```

说明：

e：每次轴向进刀后的轴向退刀量，单位为mm。

X(*U*)：切削终点的*X*轴坐标值，单位为mm。

Z(*W*)：切削终点的*Z*轴坐标值，单位为mm。

Δ*i*：单次轴向切削循环的径向（*X*轴）切削量，单位为0.001mm，半径值。

Δ*k*：轴向（*Z*轴）切削时，*Z*轴断续进刀的进刀量，即每次钻削长度，单位为0.001mm。

【例3-28】 用G74轴向切槽多重循环指令编写如图3-57所示的零件的加工程序。

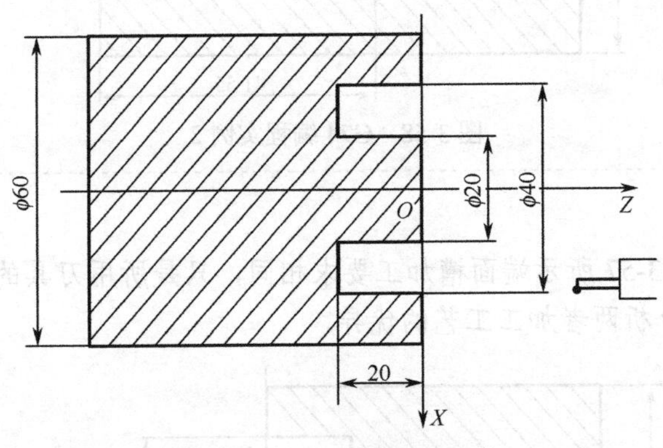

图3-57 G74编程实例1

分析：如图3-57所示，选用4mm宽的轴向切槽刀，对刀点为左刀刃，起刀点为（*X*40.,*Z*5.），终点为（*X*28.,*Z*-20.），每次*Z*向进刀量为5mm，退刀量为1mm，刀具*X*向的移动量为3mm。

加工程序：

```
O0021;
G99 M03 S500;
T0101;
G00 X40. Z5.;
G74 R1.;
G74 X28. Z-20. P3000 Q5000 F0.05;
G00 Z50.;
M30;
```

【例3-29】 用G74轴向切槽多重循环指令编写如图3-58所示的零件的加工程序。

分析：如图3-58所示为G74指令在加工轴向孔时的运用，所以没有*X*向的移动量，*P*值不用编写；每次*Z*向进刀量为5mm，退刀量为1mm。

加工程序：

```
O0022;
G99 M03 S300;
T0101;
G00 X0 Z5.;
G74 R1.;
G74 Z-41.55 Q5000 F0.1;
```

```
G00 Z50.;
M30;
```

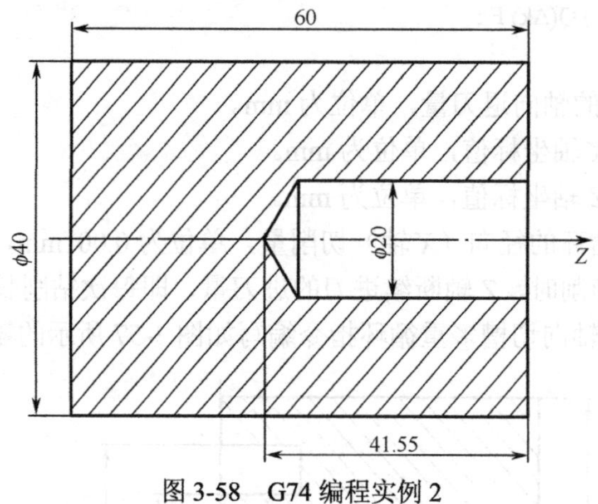

图 3-58　G74 编程实例 2

思考题

15. 图 3-59 与图 3-57 所示端面槽加工要求相同，只是所用刀具的起刀点不同，试编写端面槽加工程序，并分析两者加工工艺的优异。

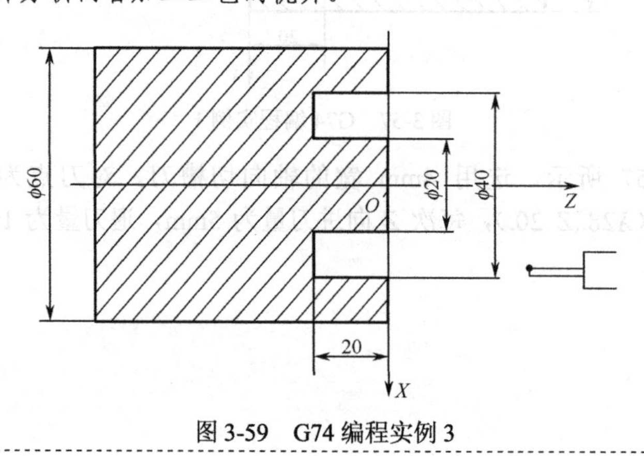

图 3-59　G74 编程实例 3

3.8.6　径向切槽多重循环

G75 指令执行时的轴向进刀和径向进刀方向由切削终点 *X*(*U*)、*Z*(*W*)与起点的相对位置决定，此指令适用于加工径向环形槽或圆柱面，径向断续切削起到断屑、及时排屑的作用。

该指令执行如图 3-60 所示的加工轨迹。

格式：

```
G75 R(e);
G75 X(U) Z(W) P(Δi) Q(Δk) F ;
```

说明：

e：每次径向（*X* 轴）进刀后的径向退刀量，单位为 mm。

X(*U*)、*Z*(*W*)：*X*、*Z* 方向槽宽和槽深的坐标值，单位为 mm。

Δ*i*：径向（X 轴）进刀时，*X* 轴断续进刀的进刀量，单位为 0.001mm，半径值。

Δk：单次径向切削循环的轴向（Z 轴）进刀量，单位为 0.001mm。

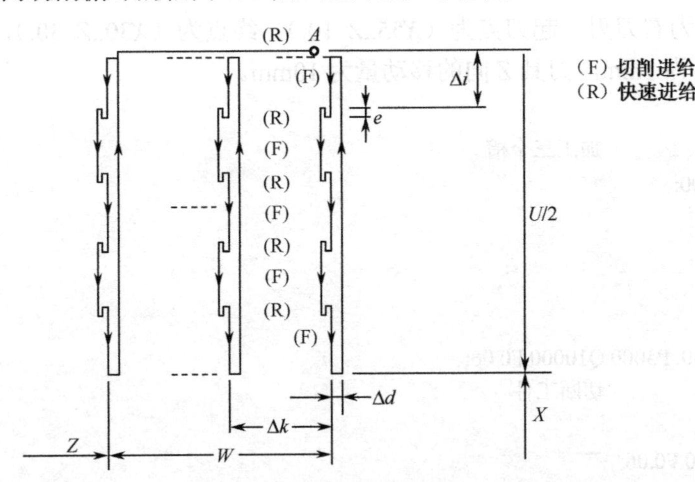

图 3-60　G75 指令执行的加工轨迹

【例 3-30】 如图 3-61 所示，用 G75 径向切槽多重循环指令编写零件径向槽的加工程序。

分析：如图 3-61 所示，选用 4mm 宽的径向切槽刀，对刀点为左刀刃，起刀点为（X125.,Z−24.），终点为（X40.,Z−50.），每次 X 向进刀量为 5mm，退刀量为 1mm，刀具 Z 向的移动量为 3mm。

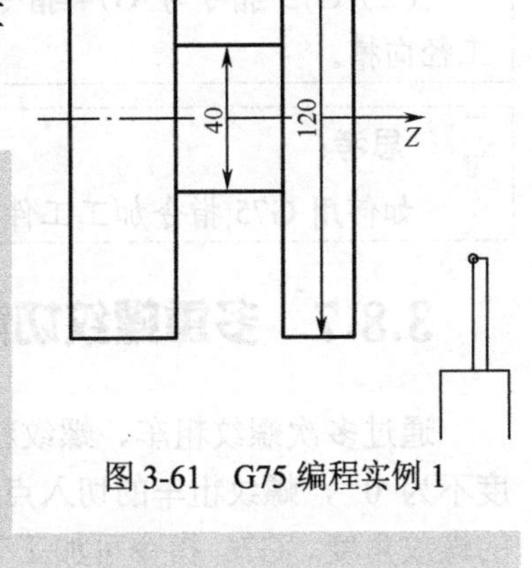

图 3-61　G75 编程实例 1

加工程序：

```
O0023;
G99 M03 S500;
T0101;
G00 X125. Z5.;
Z-24.;
G75 R1.;
G75 X40. Z-50. P5000 Q3000 F0.06;
G00 X150.;
Z100.;
M30;
```

【例 3-31】 如图 3-62 所示，用 G75 径向切槽多重循环指令编写零件径向槽的加工程序。

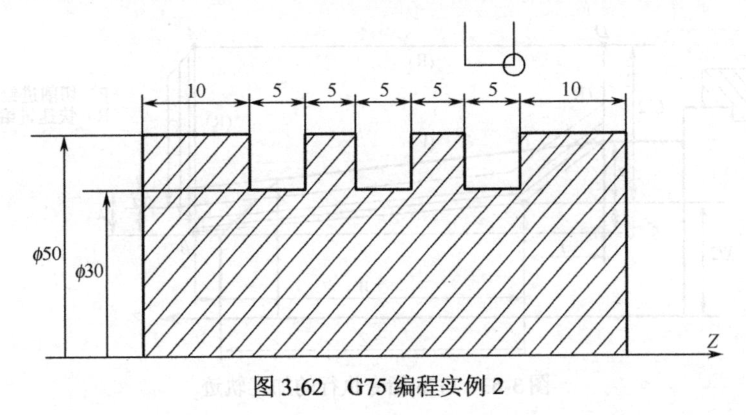

图 3-62　G75 编程实例 2

分析：如图3-62所示，每个槽宽都相同，这是G75指令的特殊运用。选用5mm宽的径向切槽刀，对刀点为右刀刃，起刀点为（*X*55.,*Z*−10.），终点为（*X*30.,*Z*−30.），每次*X*向进刀量为5mm，退刀量为1mm，刀具*Z*向的移动量为10mm。

加工程序：

```
O0024;                      加工三个槽
G99 M03 S500;
T0101;
G00 X55. Z5.;
Z-10.;
G75 R1.;
G75 X30. Z-30. P5000 Q10000 F0.06;
G00 Z-45.;                  切断工件
G75 R1.;
G75 X0 P5000 F0.06;
G00 X100.;
Z100.;
M30;
```

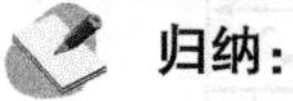

归纳：

（1）G75指令与G74指令的共同点：R(退刀量)；P(*X*向的移动量)；Q(*Z*向的移动量)。

（2）G75指令与G74指令的不同点：G74指令适用于加工轴向槽；G75指令适用于加工径向槽。

思考：

如何用G75指令加工工件内槽？

3.8.7 多重螺纹切削循环

通过多次螺纹粗车、螺纹精车完成规定牙高（总切深）的螺纹加工，如果定义的螺纹角度不为0°，螺纹粗车的切入点由螺纹牙顶逐步移至螺纹牙底，使相邻两牙螺纹的夹角为规定的螺纹角度。G76指令可加工带螺纹退尾的直螺纹和锥螺纹，可实现单侧刀刃螺纹切削，吃刀量逐渐减少，有利于保护刀具、提高螺纹精度。G76指令不能用于加工端面螺纹。G76指令执行的加工轨迹如图3-63所示，其单边切削及参数如图3-64所示。

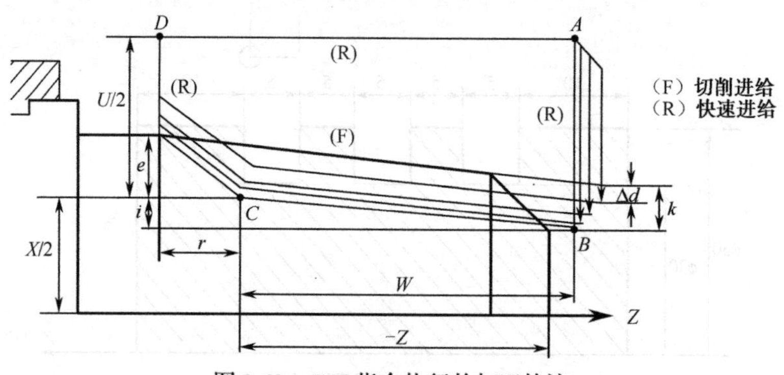

图3-63　G76指令执行的加工轨迹

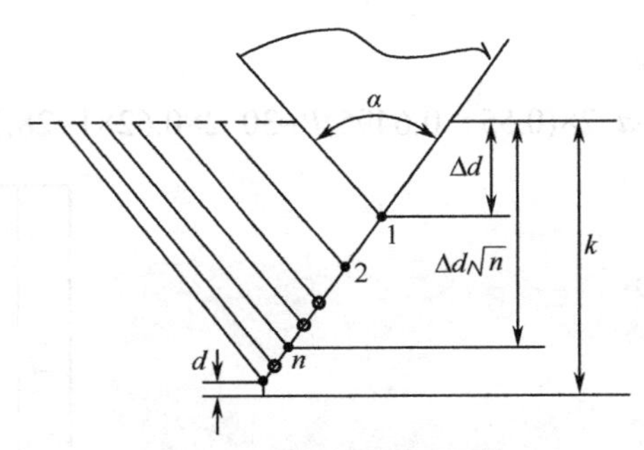

图 3-64 单边切削及参数

格式：

```
G76 P(m)(r)(a) Q(Δdmin) R(d);
G76 X(U) Z(W) R(i) P(k) Q(Δd) F(L);
```

说明：

m：精车重复次数，数值范围为 01～99，用两位数表示，*m* 值执行后保持有效，该参数为模态量。在螺纹精车时，每次进给的切削量等于螺纹精车的切削量 *d* 除以精车次数 *m*。

r：螺纹尾端倒角值，螺纹退尾长度为 00～99（单位为 0.1×*L*，*L* 为螺纹螺距），*r* 值执行后保持有效，该参数为模态量。螺纹退尾功能可实现无退刀槽的螺纹加工。

a：相邻两牙螺纹的夹角，单位为度（°），实际螺纹的角度由刀具角度决定，因此α应与刀具角度相同，刀尖角度可从 80°、60°、55°、30°、29°、0° 六个角度中选择一种，用两位整数来表示，该参数为模态量。

m、*r*、*a* 用地址 P 同时指定。

Δd_{min}：螺纹粗车时的最小车削深度，用半径值指定，单位为 0.001mm，该参数为模态量。

d：螺纹精车余量，用半径值指定，单位为 0.001mm，该参数为模态量。

X(*U*)、*Z*(*W*)：螺纹终点绝对坐标（增量坐标）。

i：螺纹锥度，用半径值指定，如果 *i*=0，则为直螺纹，可省。

k：螺纹高度，用半径值指定，单位为 0.001mm。

Δd：第一次车削深度，用半径值指定，单位为 0.001mm。

L：螺纹导程。

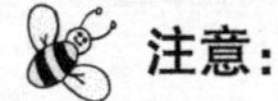

注意：

使用 G76 指令实现循环加工，采用增量坐标编程方式时，要注意 *u* 和 *w* 的正负号（由刀具轨迹 *AB* 和 *CD* 段的方向决定）。

使用 G76 指令进行单边切削能够减小刀尖的受力。第一次切削时切削深度为Δd，第 *n* 次的切削总深度为$\Delta d\sqrt{n}$，*n* 为当前的粗车循环次数，每次循环的背吃刀量为$(\Delta d\sqrt{n}-\Delta d\sqrt{n-1})$。当$(\sqrt{n}-\sqrt{n-1})\times\Delta d<\Delta d_{min}$时，以$\Delta d_{min}$作为本次粗车的切削量。

图 3-63 中，*B* 到 *C* 点的切削速度由 F 代码指定，而其他轨迹均为快速进给。

【例 3-32】 如图 3-65 所示，用 G92 与 G76 指令编写零件的螺纹加工程序。

分析：如图 3-65 所示的细牙螺纹多用 G92 指令编程，G76 指令多用于加工大螺距螺纹。此程序用以对比 G92 指令与 G76 指令格式上的差异。图中螺纹牙形角为 60°，螺距为 1mm，牙高为 0.6495mm，最大吃刀深度为 0.35mm，最小吃刀深度为 0.05mm，精加工吃刀深度为 0.05mm。

（1）计算螺纹底径 d'。

$$d'=d-2\times(0.55\sim0.6495)P=30-2\times0.62\times1=28.76$$

（2）编制加工程序。

加工程序：

```
O0025;（G92 指令编程）
G99 M03 S500;
T0101;
G00 X35. Z5.;
G92 X29. Z-31. F1.0;
X28.7;
G00 X100. Z100.;
M30;
O0026;（G76 指令编程）
G99 M03 S500;
T0101;
G00 X35. Z5.;
G76 P010160 Q50 R50;
G76 X28.7 Z-31. P649 Q350 F1.0;
G00 X100. Z100.;
M30;
```

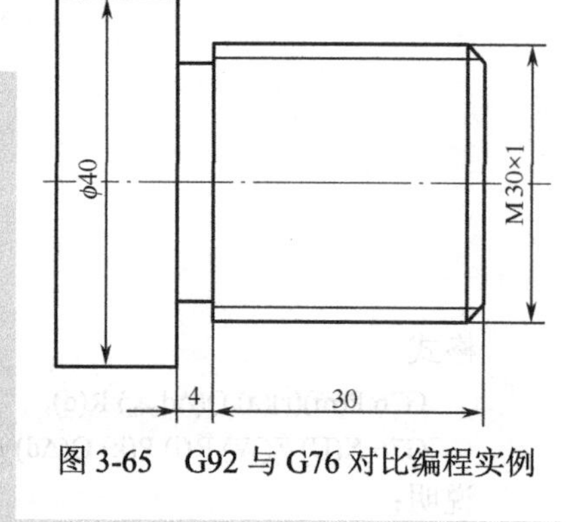

图 3-65　G92 与 G76 对比编程实例

【例 3-33】 如图 3-66 所示，用 M98 与 G76 指令编写零件的螺纹加工程序。

分析：运用子程序编写程序可以简化编程，提高效率。运用已经学过的程序来学习 G76 指令。螺纹牙形角为 60°，螺距为 1mm，导程为 3mm，牙高为 0.6495mm，最大吃刀深度为 0.35mm，最小吃刀深度为 0.05mm，精加工吃刀深度为 0.05mm。

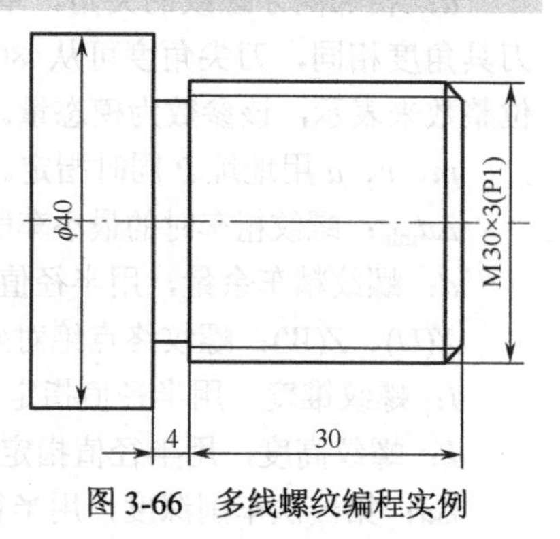

图 3-66　多线螺纹编程实例

加工程序：

```
O0027;（M98 指令编程）
G99 M03 S500;
T0101;
G00 X35. Z5.;
M98 P30203;
G00 X100. Z100.;
M30;
O0203;（G76 指令编程）
G76 P010160 Q50 R50;
G76 X28.7 Z-31. P649 Q350 F3.0;
G00 W1.0;
M99;
```

归纳：

（1）G92、G32、G76 螺纹加工指令的共同点：可用于加工圆柱螺纹、圆锥螺纹。

（2）G92、G32、G76 螺纹加工指令的不同点：G92 指令编程格式简单易记，主要用于加工小螺距圆柱、圆锥螺纹；G76 指令编程格式复杂不易记，主要用于加工大螺距圆柱、圆锥螺纹；G32 指令适用于加工端面螺纹、分段螺纹、油槽。

3.9　B 类宏指令

1. 用户宏程序的概念

宏程序是指在程序中，用变量表述一个地址的数字值。宏程序由于程序使用变量、算术和逻辑运算及条件转移，使编制相同加工操作的程序更方便、更容易。

2. 变量

1）变量及变量的引用

（1）变量的表示。

#*i*：变量号 *i*=0,1,2,3,……，如#8、#110、#1100。

#[表达式]：表达式必须用括号括起来，如#[#1+#2−12]。

（2）变量的引用。

<地址>#1：如 F#12，当#12=10 时，F10 被指定。

<地址>－#1：如 X−#20，当#20=11 时，X−11 被指定。

2）变量的类型和功能

变量的类型和功能如表 3-6 所示。

表 3-6　变量的类型和功能

变 量 号	变 量 类 型	功　能
#0	空	该变量值总为空
#1～#33	局部变量	只能在一个宏程序中使用断电清空
#100～#149（#199） #500～#531（#999）	公共变量	在各宏程序中可以公用的断电清空，断电不丢失
#1000	系统变量	固定用途的变量

3）变量的运算

变量的算术和逻辑运算如表 3-7 所示。

表 3-7　变量的算术和逻辑运算

功　能		格　式
定义、置换		#i=#j
算术运算	加法	#i=#j+#k
	减法	#i=#j−#k
	乘法	#i=#*#k
	除法	#i=#j/#k
	正弦	#i=SIN[#j]
	反正弦	#i=ASIN[#j]
	余弦	#i=COS[#j]
	反余弦	#i=ACOS[#j]

续表

功　能		格　式
算术运算	正切	#i=TAN[#j]
	反正切	#i=ATAN[#j]/[#k]
	平方根	#i=SQRT[#j]
	绝对值	#i=ABS[#j]
	四舍五入	#i=ROUND[#j]
	下取整	#i=FIX[#j]
	上取整	#i=FUP[#j]
	自然对数	#i=LN[#j]
	指数函数	#i=EXP[#j]
逻辑运算	或	#i=#j OR #k
	异或	#i=#j XOR #k
	与	#i=#j AND #k

注意：

运算的优先顺序为：函数；乘除、逻辑与；加减、逻辑或、逻辑异或。可以用[]来改变运算顺序。

3. 控制指令

1）无条件转移（GOTO语句）

格式：

```
GOTO n;
```

说明：

n：顺序号（1～9999），可用变量表示。

举例：

```
GOTO 1;
GOTO #10;
```

2）条件转移（IF语句）

格式：

```
IF [条件式] GOTO n;
```

说明：

如果条件式成立，则程序转向程序段号为 *n* 的程序段并开始执行；如果条件式不成立，程序就继续向下执行。条件表达式有很多种类，如表3-8所示。

表3-8　条件表达式

条 件 式	意　义	条 件 式	意　义
#j EQ #K	=	#j LT #K	<
#j NE #K	≠	#j GE #K	≥
#j GT #K	>	#j LE #K	≤

【例 3-34】 求 1 到 10 之和。

分析：设#1 是因变量，为 1～10 的和；#2 是自变量，为初始值，步距为 1。

编写程序：

```
O0028;
#1=0;
#2=1;
N1 IF [#2 GT 10] GOTO 2;
#1=#1+#2;
#2=#2+1;
GOTO 1;
N2 M30;
```

宏变量用于数控车床，沿 *X* 轴方向走#1 变量，沿 *Z* 轴方向走#2 变量，编写加工程序如下。

```
O0029;
G99 M03 S300 T0101;
G00 X60. Z5.;
G73 U23. W0 R8.;
G73 P1 Q4 U0.5 W0 F0.2;
N1 G01 X0 Z0 F1.0;
#1=0;
#2=1;
N2 IF [#2 GT 10] GOTO 3;
#1=#1+#2;
G01 X[#1] Z[-#2] F0.1;
#2=#2+1;
GOTO 2;
N3 G01 X55.;
N4 G01 X60.;
G70 P1 Q4;
G00 X100. Z100.;
M30;
```

3）循环（WHILE 语句）

格式：

```
WHILE [条件式] DO m;
        …
        END m;
```

说明：

m：循环执行范围的识别号，只能是 1、2 和 3，否则系统报警。

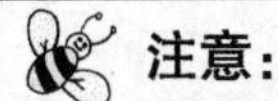

注意：

循环嵌套按需要最多可以嵌套 3 级，DO-END 循环嵌套格式如下。

```
WHILE [条件式 1] DO 1;
     …
 WHILE [条件式 2] DO 2;
          …
  WHILE [条件式 3] DO 3;
```

```
        ...
    END 3;
        ...
    END 2;
      ...
    END 1;
```

【例 3-35】 求 1 到 10 之和。

分析：设#2 为第一个数，是自变量；#1 为和，是因变量，步距为 1，编写加工程序。

```
O0030;
#1=0;
#2=1;
WHILE [#2 LE 10] DO 1;
#1=#1+#2;
#2=#2+1;
END 1;
M30;
```

4．用户宏程序应用实例

【例 3-36】 如图 3-67 所示，运用宏程序编写零件的精加工程序。

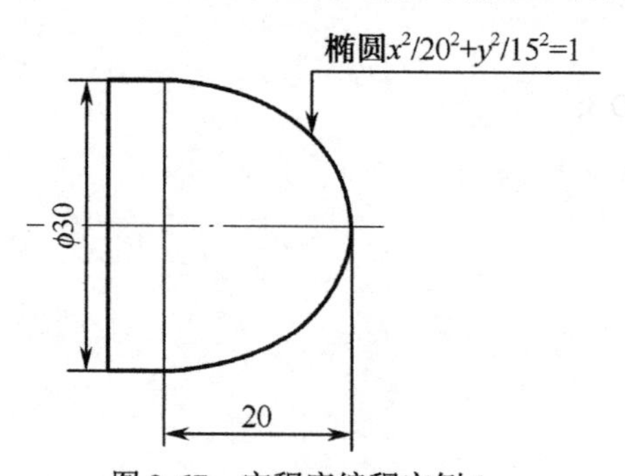

图 3-67　宏程序编程实例 1

分析：宏变量用于数控车床，从图 3-67 所示的椭圆曲线上任取一点的坐标为(#2，#1)，设#1 是自变量，值从 20 变化到 0，步距为 0.1；#2 为因变量。

加工程序：

```
O0031;
G99 M03 S400 T0101;
G00 X55. Z5.;
#1=20;
N2 IF [#1 LT 0] GOTO 3;
#2=15/20*SQRT[20*20-#1*#1];
G01 X[2*#2] Z[#1-20] F0.1;
#1=#1-0.1;
GOTO 2;
N3 G01 X36.;
G00 X100. Z100.;
M30;
```

【例 3-37】 如图 3-68 所示，铝合金棒料的直径为 50mm，运用宏程序编写零件加工程序。

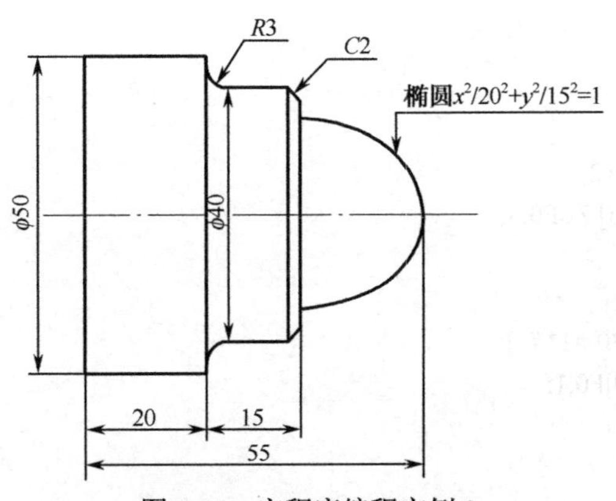

图 3-68　宏程序编程实例 2

分析：从如图 3-68 所示的椭圆曲线上任取一点的坐标为(#2，#1)，设#1 是自变量，值从 20 变化到 0，步距为 0.1；#2 为因变量。因为 FANUC 0i 数控车床 G71 指令不能用宏指令，所以采用 G73 指令。

加工程序：

```
O0032;
G99 M03 S400 T0101;
G00 X55. Z5.;
G73 U25. W0.2 R13.;
G73 P1 Q4 U0.5 W0.2 F0.2;
N1 G01 X0 Z0 F0.3;
#1=20;
N2 IF [#1 LT 0] GOTO 3;
#2=15/20*SQRT[20*20-#1*#1];
G01 X[2*#2] Z[#1-20] F0.1;
#1=#1-0.1;
GOTO 2;
N3 G01 X36.;
X40. Z-22.;
Z-32.;
G02 X46. W-3. R3.;
N4 G01 X50.;
G70 P1 Q4 S1000;
G00 X100. Z100.;
M30;
```

【例 3-38】 如图 3-69 所示，铝合金棒料的直径为 40mm，运用宏程序编写零件加工程序，此工件是加工不完整的椭球，曲线表达式为：$x^2/30^2+y^2/20^2=1$，从椭球长半轴的值为 20 处开始加工。

分析：设置宏指令参数，#1 为自变量，是长半轴的值，#1 从 20 变化到 0，#2 为因变量，是短半轴的值。

加工程序：

```
O0132;
G99M03S500
```

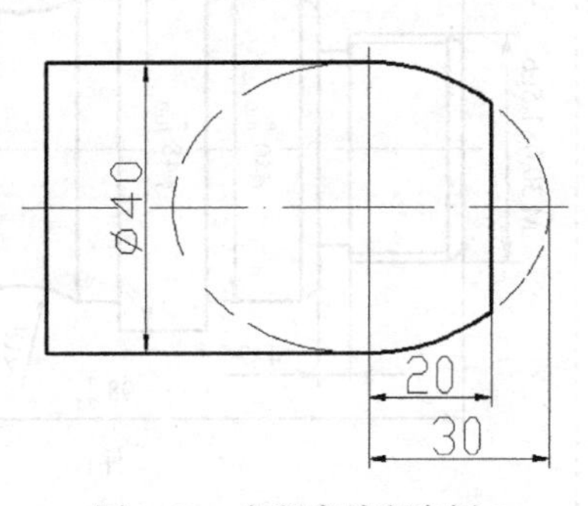

图 3-69　宏程序编程实例 3

```
T0101
G00X45.Z5.;
G73U6.W0R6.;
G73P1Q3U0.5W0.2F0.2;
N1G01X40/3*SQRT[5] Z0F0.3;
#1=20;
N2IF[#1LT0]GOTO3;
#2=20/30*SQRT[30*30-#1*#1];
G01X[2*[#2]]Z[#1-20]F0.1;
#1=#1-0.5;
GOTO2;
N3G01X40.Z-20.F0.3;
G70P1Q3S1500;
G00X100.Z100.;
M30;
```

思考题

16. 编写图3-70～图3-77所示的各零件的数控加工程序。

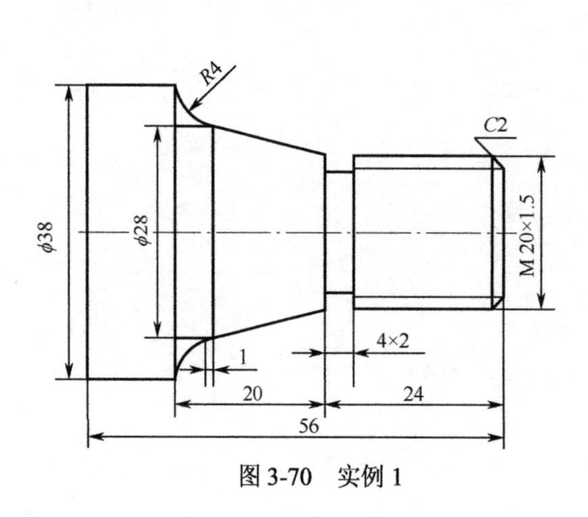

图 3-70　实例 1

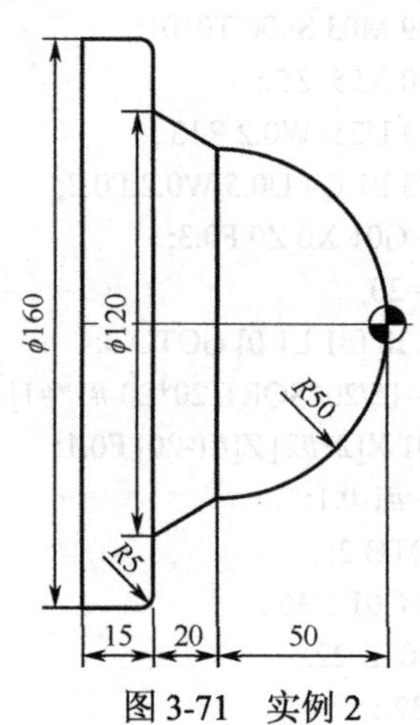

图 3-71　实例 2

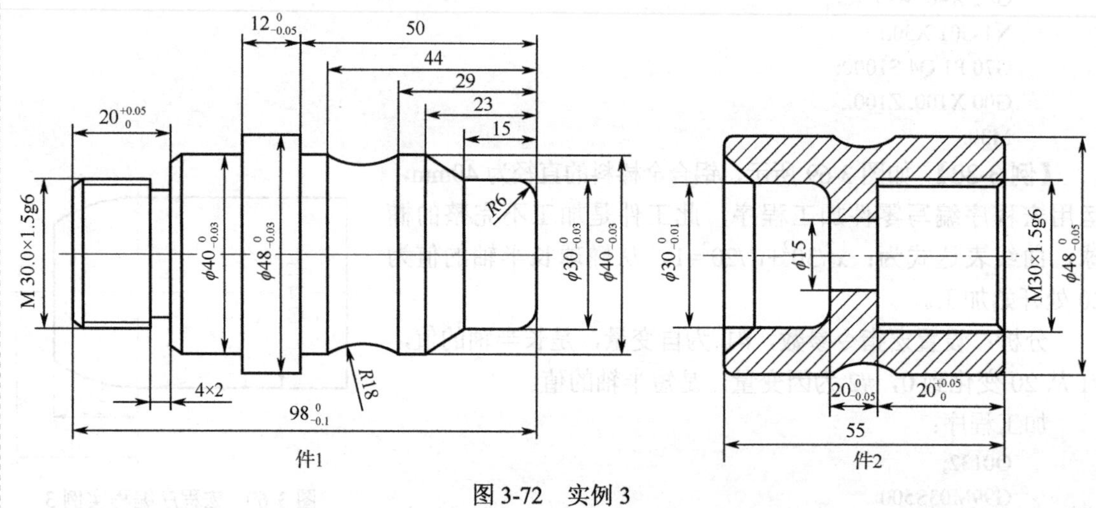

图 3-72　实例 3

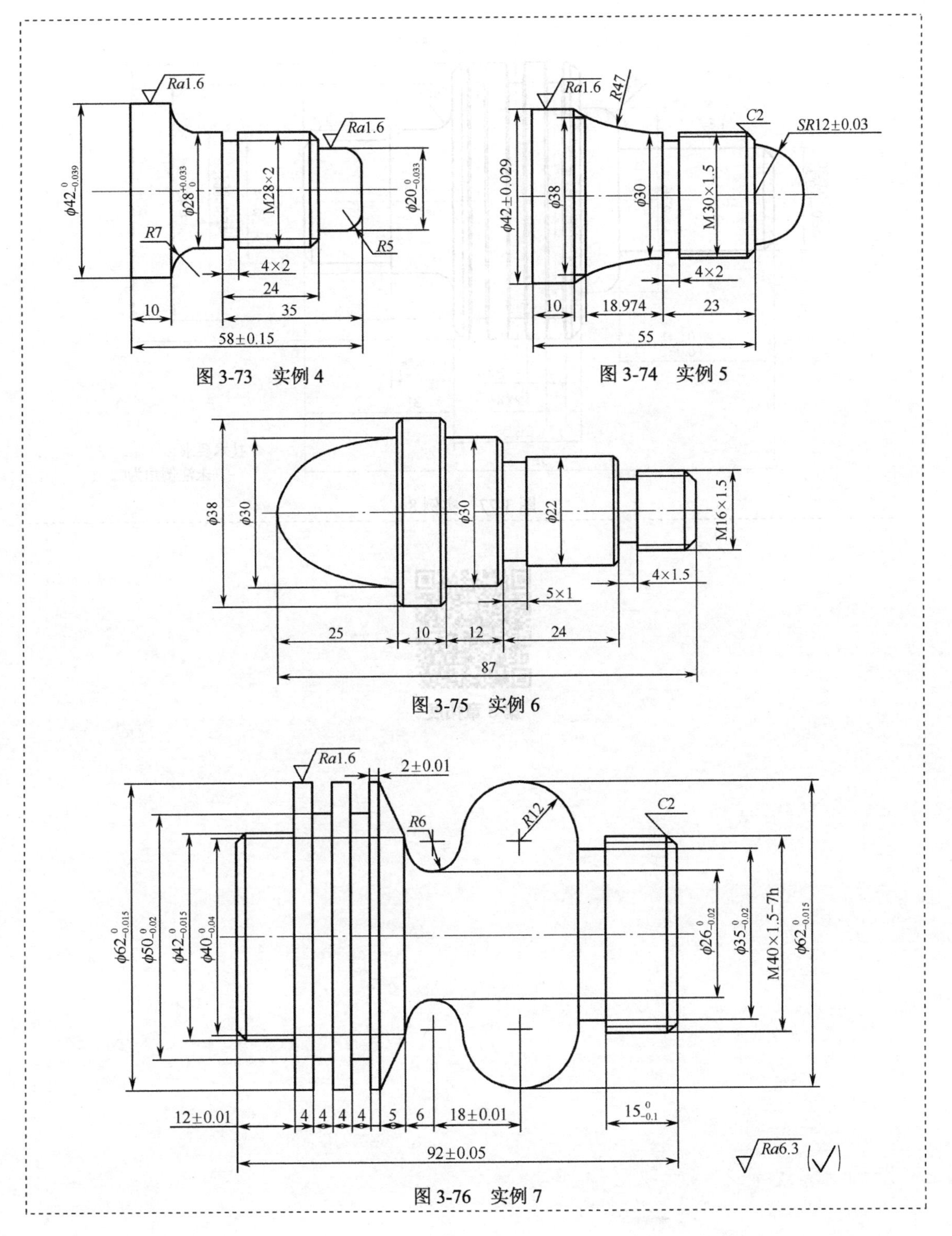

图 3-73　实例 4

图 3-74　实例 5

图 3-75　实例 6

图 3-76　实例 7

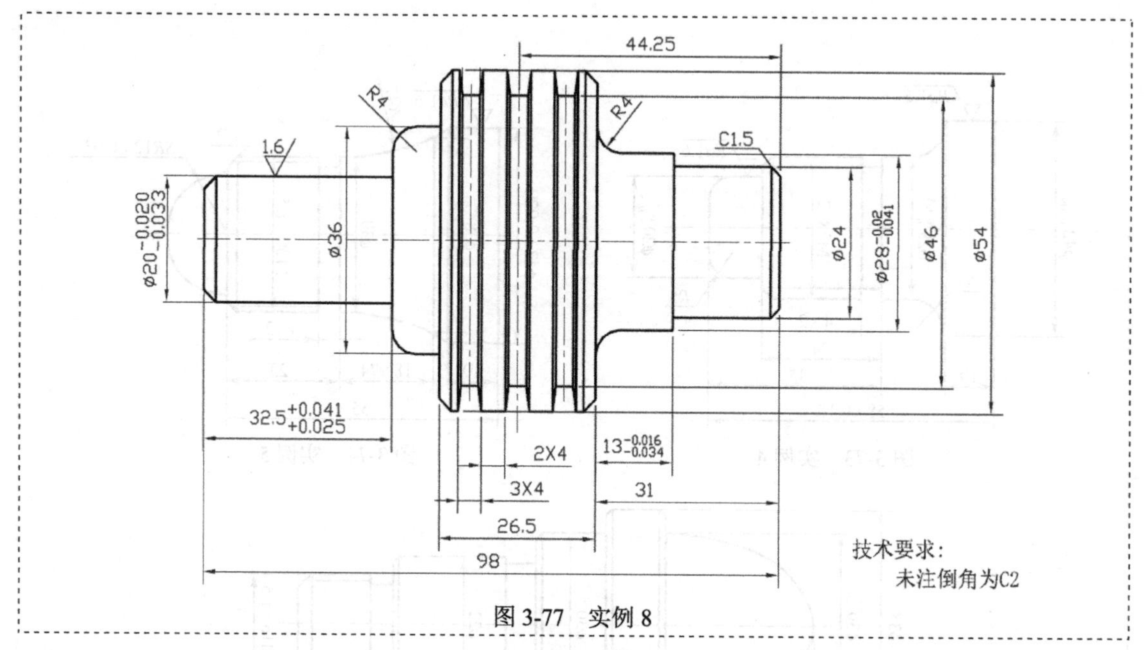

图 3-77　实例 8

第 3 章拓展

第 4 章

数控铣削加工工艺

4.1 数控铣削加工的主要对象

4.1.1 数控铣床加工的主要对象

1. 平面类零件

加工面平行、垂直于水平面，或加工面与水平面的夹角为定角的零件称为平面类零件。图 4-1 所示的三个零件均属平面类零件。平面类零件的特点是加工面为平面或可以展开成平面，如图 4-1 所示的曲线轮廓面 *M* 和正圆台面侧面 *N* 展开后均为平面，*P* 为斜平面。目前在数控铣床上加工的绝大多数零件都属于平面类零件。这类零件是数控铣削中最简单的一类，一般只须用三坐标数控铣床的两坐标联动加工方式就可以把它们加工出来。

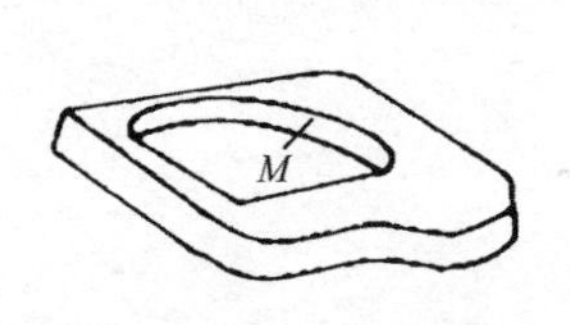

（a）带平面轮廓的平面零件

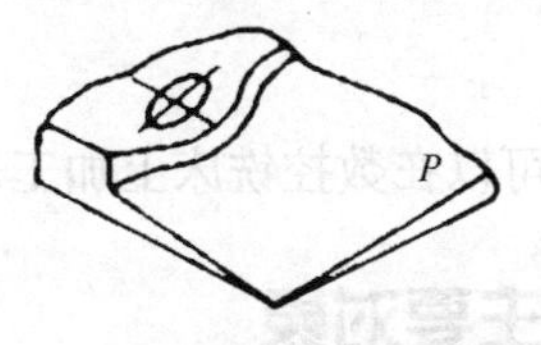

（b）带斜平面的平面零件

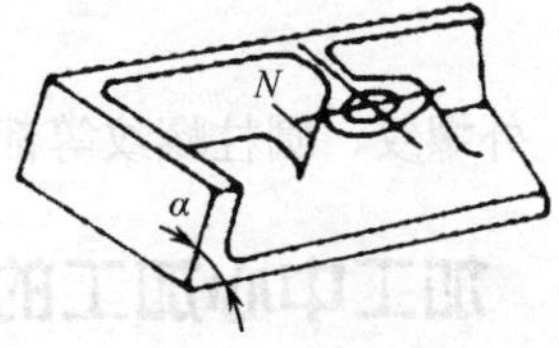

（c）带正圆台和斜筋的平面零件

图 4-1 典型的平面类零件

2. 变斜角类零件

加工面与水平面的夹角呈连续变化的零件称为变斜角类零件。这类零件的特点是加工面不能展开为平面，但在加工中，铣刀圆周与加工面接触的瞬间为一条线。如图 4-2 所示为飞机上的变斜角梁椽条，该零件①处肋至②处肋的斜角α从 3°10′均匀变化至 2°32′，②处肋至③处肋的斜角α又均匀变化至 1°20′，③处肋到④处肋的斜角α又均匀变化至 0°。加工变斜角类零件最好采用四坐标或五坐标数控铣床摆角加工，在没有上述机床的情况下，也可采用三坐标数控铣床，通过两轴半联动用鼓形铣刀分层近似加工，但精度稍差。

3. 曲面类零件

加工面为空间曲面（立体类）的零件称为曲面类零件。曲面类零件具有如下特点：一是加工面不能展开成平面，二是在加工过程中，加工面与铣刀始终为点接触。这类零件在数控铣床的加工中也较为常见（如图 4-3 所示的复杂曲面、叶片等）。加工曲面类零件一般采用球头刀在三坐标数控铣床上加工。精度要求不高的曲面通常采用两轴半联动方式加工，精度要求高的曲面需用三轴联动数控铣床加工。当曲面较复杂、通道较狭窄、易伤及毗邻表面及需要刀具摆动时，要采用四坐标或五坐标铣床加工。

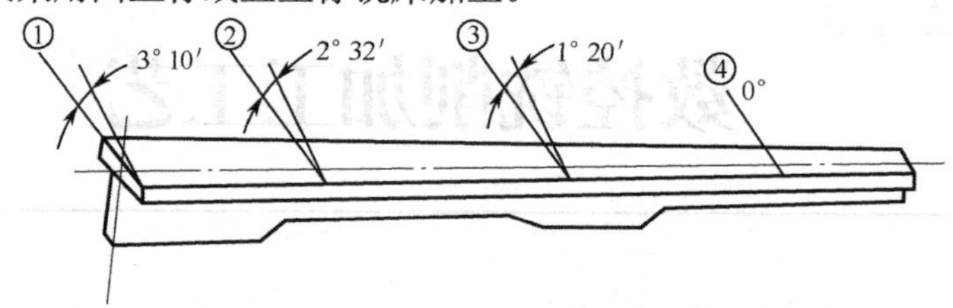

图 4-2　飞机上的变斜角梁椽条

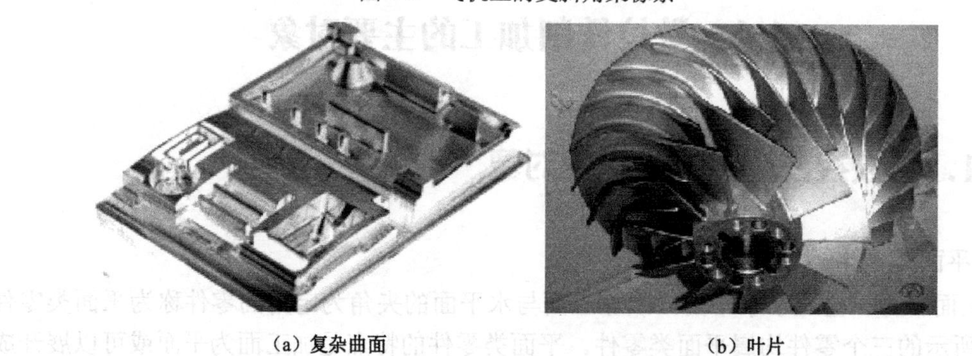

（a）复杂曲面　　（b）叶片

图 4-3　复杂曲面、叶片

4. 孔

孔及孔系的加工可以在数控铣床上进行，如钻、扩、铰和镗等加工。

5. 螺纹

内螺纹、外螺纹、圆柱螺纹等都可以在数控铣床上加工。

4.1.2　加工中心加工的主要对象

1. 既有平面又有孔系的零件

（1）箱体类零件。几种常见箱体类零件如图 4-4 所示，一般都需进行孔系、轮廓、平面的多工位加工，公差要求，特别是形位公差要求较为严格，工艺复杂，加工周期长，成本高，精度不易保证。

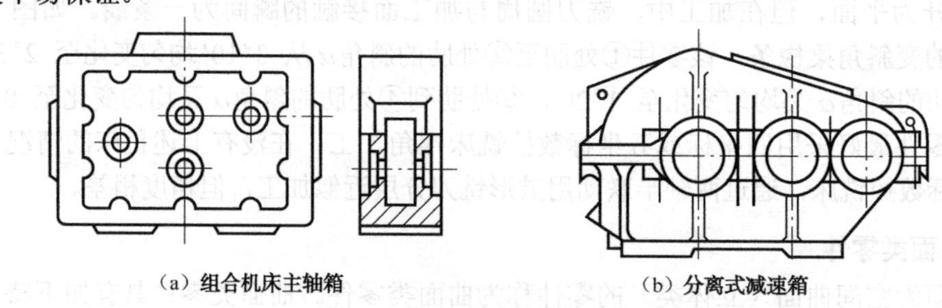

（a）组合机床主轴箱　　（b）分离式减速箱

图 4-4　几种常见箱体类零件

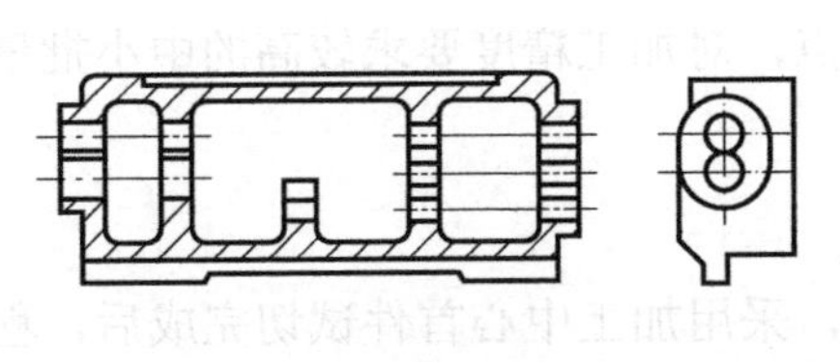

（c）车床进给箱

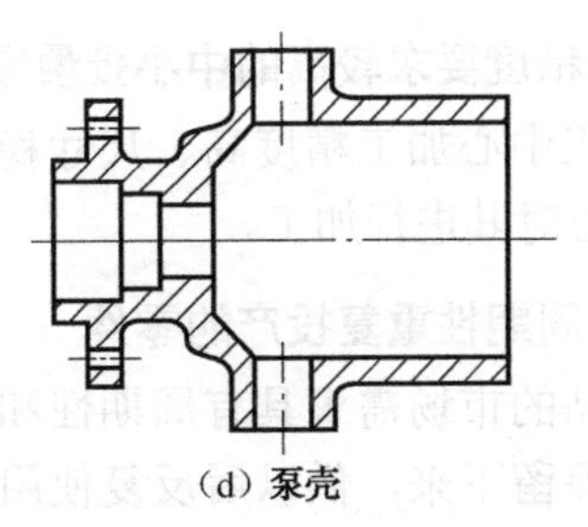
（d）泵壳

图 4-4　几种常见箱体类零件（续）

（2）盘、套、板类零件。盘、套、板类零件指带有键槽或径向孔，或端面有分布孔系或曲面的盘、套类零件，以及具有较多孔的板类零件，如图 4-5 所示。

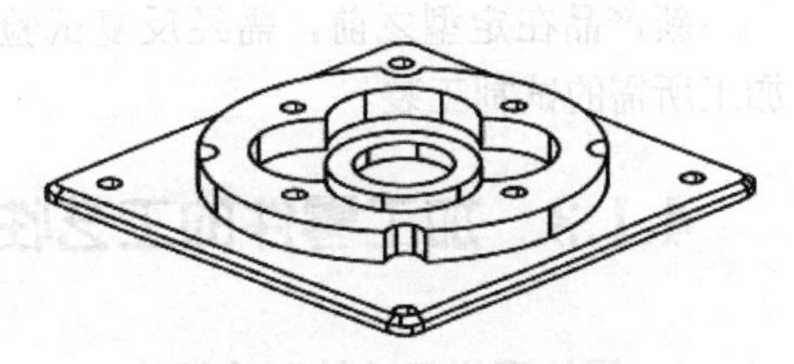
图 4-5　盘、套、板类零件

2. 结构形状复杂、普通机床难加工的零件

（1）凸轮类。凸轮类零件如图 4-6（a）所示，包括各种曲线的盘形凸轮、圆柱凸轮、圆锥凸轮和端面凸轮等。

（2）整体叶轮类。整体叶轮类零件除具有一般曲面加工的特点外，存在许多特殊的加工难点，如通道狭窄，刀具很容易与加工表面和邻近曲面产生干涉，如图 4-6（b）所示。

（3）模具类。常见的模具有锻压模具、铸造模具、注塑模具及橡胶模具等，如图 4-6（c）所示。

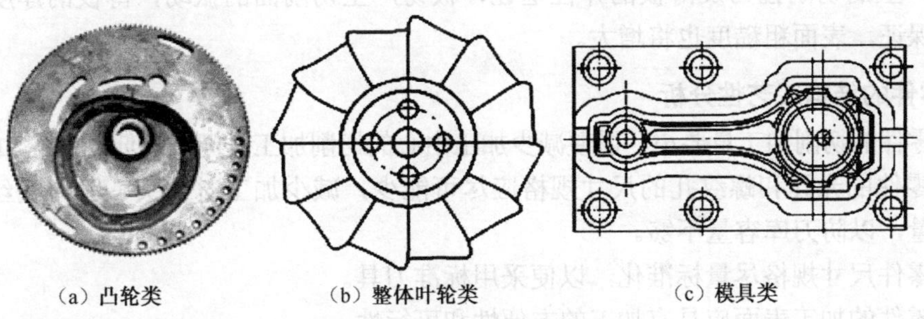
（a）凸轮类　（b）整体叶轮类　（c）模具类

图 4-6　结构形状复杂零件

3. 外形不规则的异形零件

外形不规则的异形零件大多要点、线、面多工位混合加工，刚性较差，夹紧及切削变形难以控制，加工精度也难以保证，在普通机床上通常只能采取工序分散的原则加工，需用工装较多，加工周期较长，异形零件如图 4-7 所示。

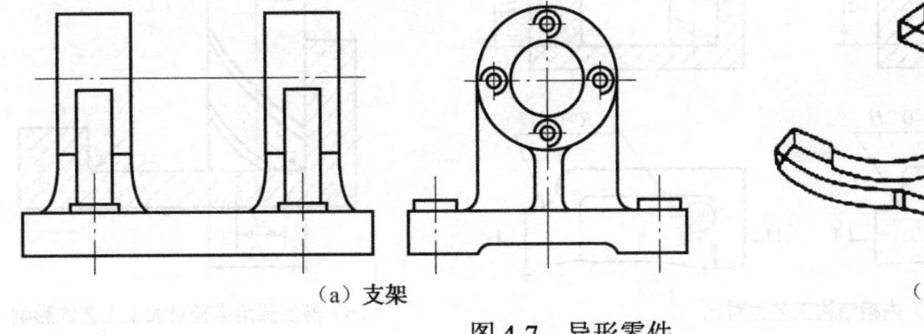
（a）支架

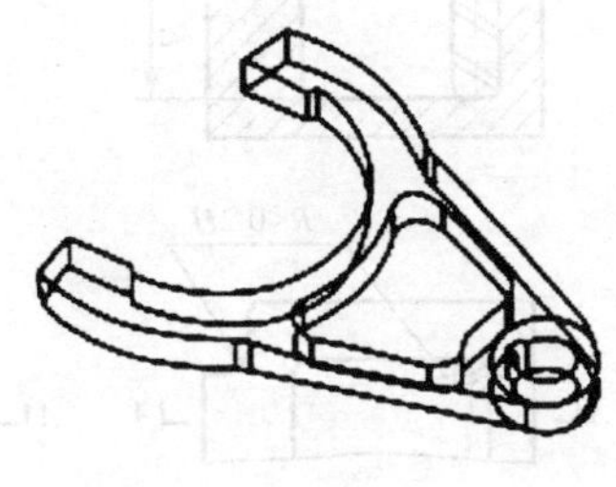
（b）拨叉

图 4-7　异形零件

4. 加工精度要求较高的中小批量零件

针对加工中心加工精度高、尺寸稳定的特点，对加工精度要求较高的中小批量零件，应选择加工中心对其进行加工。

5. 加工周期性重复投产的零件

某些产品的市场需求具有周期性和季节性，采用加工中心首件试切完成后，程序和相关生产信息可保留下来，供以后反复使用，产品下次再投产时，只要很少的准备时间就可开始生产，使生产周期大大缩短。

6. 新产品试制中的零件

新产品在定型之前，需经反复试验和改进。选择加工中心试制，可省去许多用通用机床加工所需的试制工装。

4.1.3 加工零件的工艺性分析

1. 零件图样尺寸的正确标注

加工程序以坐标点来编制，构成零件轮廓的几何元素的相互关系应明确，各种几何要素的条件要充分，无封闭尺寸等。

2. 保证获得要求的加工精度

检查零件的加工要求是否可以得到保证。特别要注意过薄的底板与肋板的厚度公差，由于加工时产生的切削拉力及薄板的弹性退让，极易产生切削面的振动，薄板的厚度尺寸公差难以得到保证，表面粗糙度也将增大。

3. 零件的结构工艺性分析

（1）零件的切削加工量要小，以便减少加工中心的切削加工时间，降低零件的加工成本。

（2）零件的光孔和螺纹孔的尺寸规格应尽可能少，减少加工时钻头、铰刀及丝锥等刀具的使用数量，以防刀库容量不够。

（3）零件尺寸规格尽量标准化，以便采用标准刀具。

（4）零件的加工表面应具有加工的方便性和可行性。

（5）零件结构应具有足够的刚性，以减少夹紧变形和切削变形。

（6）工件内槽的圆角半径 R 不宜过小，内槽结构工艺性对比如图4-8（a）所示。

（7）工件槽底圆角半径 r 不宜过大，槽底圆角半径对加工工艺的影响如图4-8（b）所示。

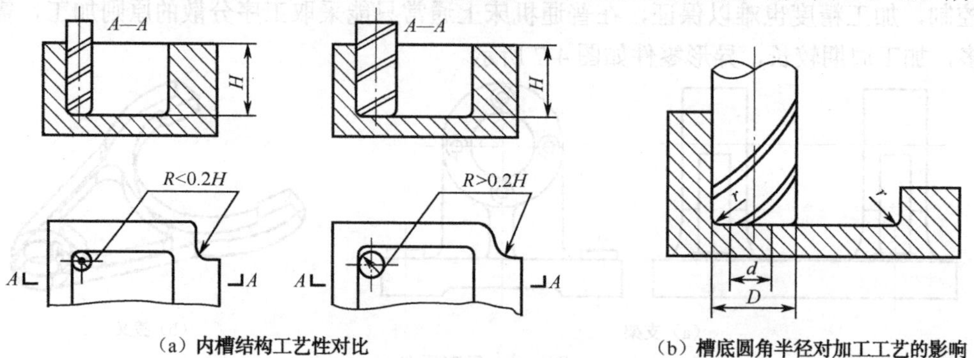

（a）内槽结构工艺性对比　（b）槽底圆角半径对加工工艺的影响

图4-8　槽底半径的结构工艺

4. 毛坯的工艺性分析

（1）毛坯应有充分、稳定的加工余量。

（2）分析毛坯的加工余量大小及均匀性。主要考虑在加工时要不要分层切削，分几层切削。

（3）考虑毛坯在加工时定位和夹紧的可靠性与方便性，对于不便于装夹的毛坯，考虑在毛坯上另加装夹余量或工艺凸台等辅助基准，如图 4-9 所示。

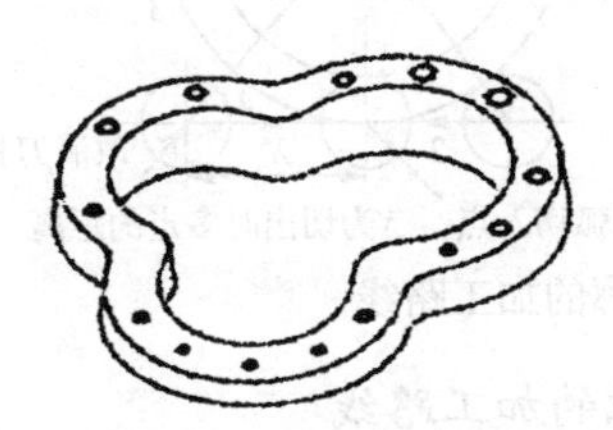
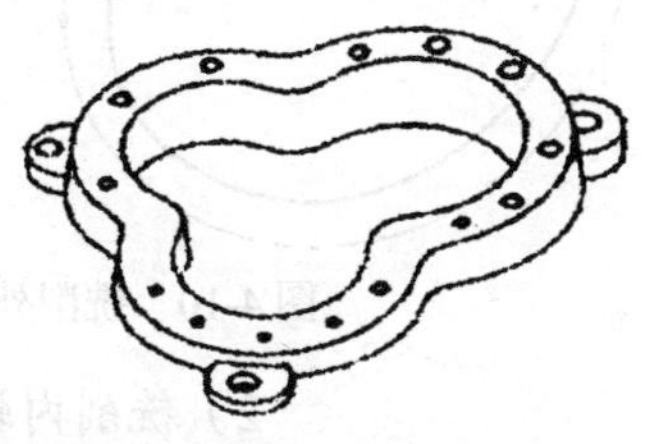

图 4-9 辅助基准

5. 定位基准的选择

（1）力求设计基准、工艺基准与编程原点统一，以减少基准不重合误差和数控编程中的计算工作量。

（2）定位基准的选择要考虑尽可能完成多的加工内容，设法减少装夹次数，以减少装夹误差，提高加工表面相互位置精度。

4.1.4 数控铣削加工工艺路线的拟定

1. 工序的划分

为了减少工件加工中的周转时间，提高数控铣床的利用率，保证加工精度的要求，在数控铣削工序划分的时候，应尽量使工序集中。当数控铣床的数量比较多，同时有相应的技术措施保证工件的定位精度时，为了更合理地均匀机床的负荷，协调生产组织，也可以将加工内容适当分散。

使用加工中心时主要从精度和效率两方面考虑，通常按工序集中原则划分加工工序。

2. 加工顺序的安排

加工顺序的安排遵循“基面先行、先粗后精、先主后次、先面后孔”的工艺原则。

此外，使用多把刀具时还应考虑：减少换刀次数，节省辅助时间；每道工序应尽量减少刀具的空行程移动量，按最短路线安排加工表面的加工顺序。

一般数控铣削采用工序集中的方式，工步的顺序就是工序分散时的工序顺序，通常按照从简单到复杂的原则，先加工平面、沟槽、孔，再加工外形、内腔，最后加工曲面；先加工精度要求低的表面，再加工精度要求高的部位等。

3. 加工路线的确定

1）铣削外轮廓的加工路线

铣削平面零件外轮廓，一般用立铣刀侧刃进行铣削。刀具切入零件时，应沿切削起始点延伸线或切线方向逐渐切入零件，以免在切入处产生刻痕，并保证零件表面平滑过渡。刀具离开零件时，也应沿切削终点延伸线或切线方向逐渐切离零件。铣削外轮廓的加工路线如图 4-10 所示。

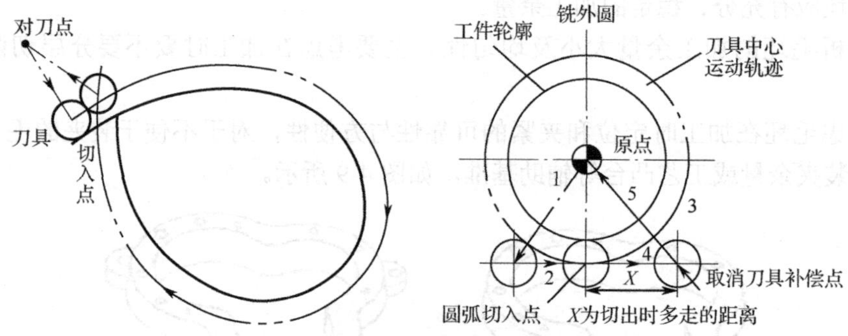

图 4-10 铣削外轮廓的加工路线

2）铣削内轮廓的加工路线

图 4-11 铣削内轮廓的加工路线

铣削封闭的内轮廓表面时，因内轮廓曲线不允许外延，此时刀具可以沿一过渡圆弧切入和切出零件轮廓，可提高内轮廓表面的加工精度和质量，铣削内轮廓的加工路线如图 4-11 所示。

3）铣削型腔的加工路线

型腔指以封闭曲线为边界的平底凹槽。加工对应采用平底立铣刀，且刀具圆角半径应符合型腔的图纸要求。

铣削型腔有三种加工方案：行切法、环切法、混合法，如图 4-12 所示。

行切法和环切法的共同点：不留死角，不伤轮廓，减少重复走刀的搭接量。

不同点：行切法加工路线比环切法短，行切法表面粗糙度较差，环切法需要逐次向外扩展轮廓线，刀位点计算稍复杂。

混合法是兼顾了以上两种加工方案的优点的常用方法。

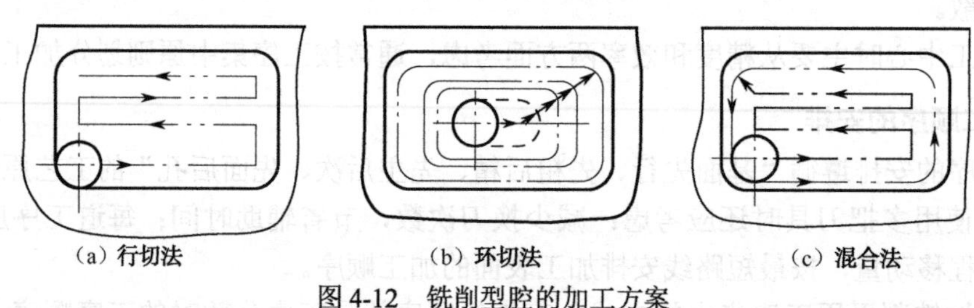

图 4-12 铣削型腔的加工方案

4）铣削曲面的加工路线

铣削曲面时，加工工艺复杂。对于边界敞开的曲面加工，可采用两种加工路线。采用如图 4-13（a）所示的加工路线时，每次沿直线加工，刀位点计算简单，程序少，加工过程符合直纹面的形成，可以准确保证母线的直线度。采用如图 4-13（b）所示的加工路线时，加工过程符合零件曲面的形成，便于加工后检验，曲面的准确度高，但程序较多。由于曲面零件的边界是敞开的，没有其他表面的限制，所以边界曲面可以延伸，球头刀应从边界外开始加工。

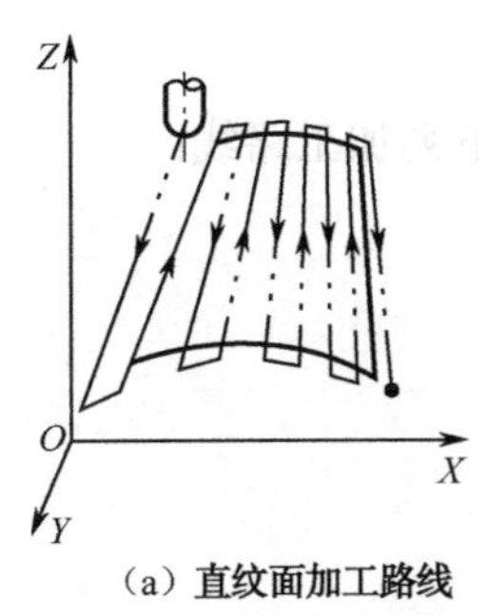

（a）直纹面加工路线

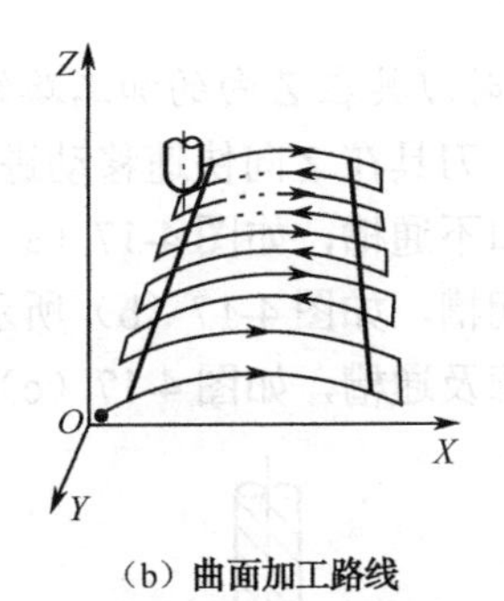

（b）曲面加工路线

图 4-13　铣削曲面的加工路线

5）减少刀具空行程的加工路线

尽量缩短加工路线，减少刀具空行程的时间，以节省加工时间，提高生产效率，空行程加工路线设计如图 4-14 所示。

6）位置精度要求高的孔加工路线

点位控制机床只要求定位精度高，定位过程尽可能快，而刀具相对于工件的运动路线无关紧要。因此，这类机床应按空行程最短来安排加工路线。但对位置精度要求较高的孔系进行加工时，在安排孔加工顺序时，还应注意各孔定位方向的一致，即采用单向趋近定位的方法，以避免将机床进给机构的反向间隙带入而影响孔的位置精度。如图 4-15（a）所示，在加工孔 5 时，Y 方向的反向间隙将影响孔 5 的位置精度，使孔 4、孔 5 的加工间距小于孔 2、孔 3 的间距，产生位置误差。如果改用图 4-15（b）所示的路线，可使孔的定位方向一致，从而避免了因反向间隙而造成的位置误差。

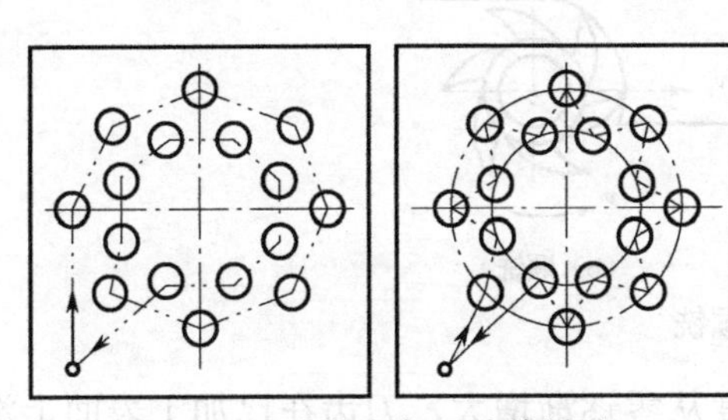

图 4-14　空行程加工路线设计

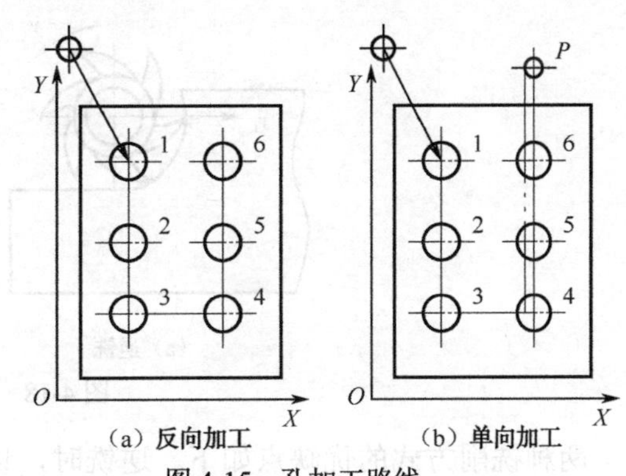

（a）反向加工　（b）单向加工

图 4-15　孔加工路线

7）孔加工时刀具在 Z 向的加工路线

刀具在 Z 向的加工路线分为快速移动路线和工作进给路线，如图 4-16 所示。

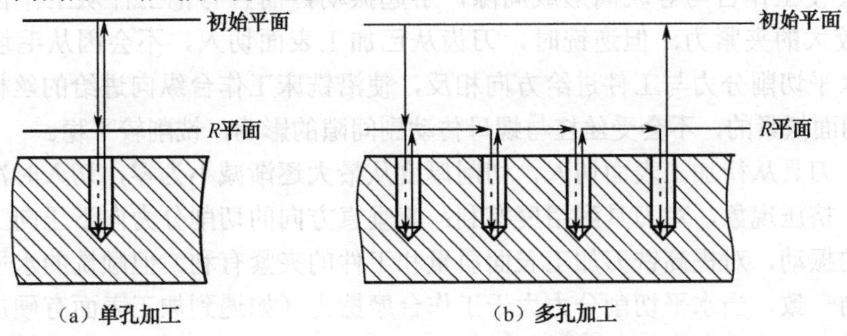

（a）单孔加工　（b）多孔加工

图 4-16　刀具在 Z 向的加工路线

8）铣削加工时刀具在 Z 向的加工路线

铣削加工时，刀具在 Z 向快速移动进给，常采用下列加工路线：

（1）铣削开口不通槽，如图 4-17（a）所示。

（2）铣削封闭槽，如图 4-17（b）所示。

（3）铣削轮廓及通槽，如图 4-17（c）所示。

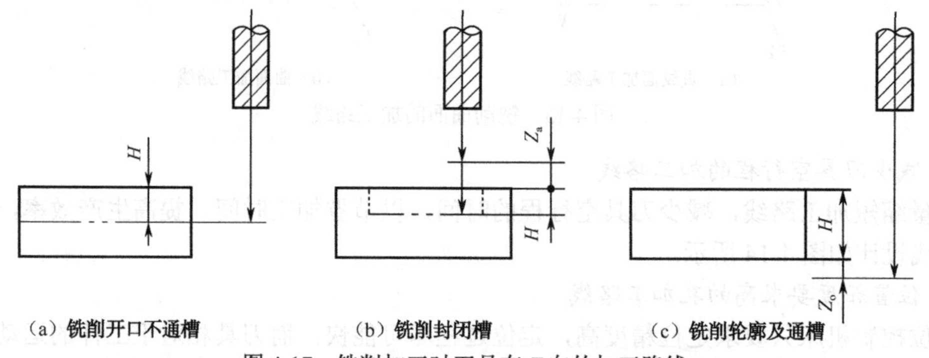

图 4-17　铣削加工时刀具在 Z 向的加工路线

4. 铣削方式的选择

铣削方式分为逆铣和顺铣两种，如图 4-18 所示。顺铣时，工件运动的方向与刀具旋转方向相同。逆铣时，工件运动的方向与刀具旋转方向相反。铣外形时用顺时针铣，铣内腔时用逆时针铣，这是顺铣的法则。

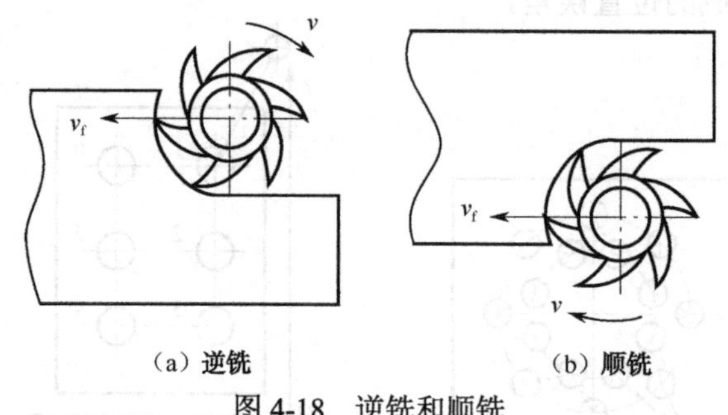

图 4-18　逆铣和顺铣

两种铣削方式的优缺点如下。逆铣时，切削厚度从零逐渐增大，刀齿在已加工表面上滑行、挤压，使这段表面产生严重的冷硬层，下一个刀齿切入时，又在冷硬层表面滑行、挤压，不仅使刀齿容易磨损，而且使工件的表面粗糙度增大。同时，刀齿垂直方向的切削分力向上，不仅会使工作台与导轨间形成间隙，引起振动，而且有把工件从工作台上挑起的倾向，因此需较大的夹紧力。但逆铣时，刀齿从已加工表面切入，不会因从毛坯面切入而打刀；加之其水平切削分力与工件进给方向相反，使沿铣床工作台纵向进给的丝杠与螺母传动副始终是右侧面抵紧的，不会受丝杠与螺母传动副间隙的影响，铣削较平稳。

顺铣时，刀具从待加工表面切入，切削厚度从最大逐渐减小为零，切入时冲击力较大；刀齿无滑行、挤压现象，对刀具耐用度有利；其垂直方向的切削分力向下压向工作台，减小了工件上下的振动，对提高铣刀加工表面质量和工件的夹紧有利。但顺铣的水平切削分力与工件进给方向一致，当水平切削分力大于工作台摩擦力（如遇到加工表面有硬皮或硬质点）时，工作台带动丝杠向左窜动，丝杠与螺母传动副右侧面出现间隙，硬点过后丝杠与螺母传

动副的间隙恢复正常（左侧间隙），这种现象对加工极为不利，会引起“啃刀”或“打刀”，甚至损坏夹具或机床。

两种铣削方式适用的场合如下。当工件表面有硬皮、机床的进给机构有间隙时，应选用逆铣。因为逆铣时，刀齿是从已加工表面切入的，不会崩刃；机床进给机构的间隙不会引起振动和爬行，因此粗铣时应尽量采用逆铣。当工件表面无硬皮、机床进给机构无间隙时，应选用顺铣。因为顺铣加工后，零件表面质量好，刀齿磨损小，因此精铣时，尤其是零件材料为铝镁合金、钛合金或耐热合金时，应尽量采用顺铣。

4.2　数控铣削常用的工装夹具

机床上用于装夹工件的装置称为机床夹具。正确地运用机床夹具有利于提高劳动生产率和降低成本；有利于保证加工精度，稳定产品质量；有利于改善工人的劳动条件，保证安全生产；有利于扩大机床的工艺范围，实现一机多用。

4.2.1　夹具的分类

1）按使用机床类型分类

按使用机床类型可分为车床夹具、铣床夹具、钻床夹具（又称钻模）、镗床夹具（又称镗模）、加工中心夹具和其他机床夹具等。

2）按驱动夹具工作的动力源分类

按驱动夹具工作的动力源可分为手动夹具、气动夹具、液压夹具、电动夹具等。

3）按专门化程度分类

按专门化程度可分为通用夹具、专用夹具、可调夹具、组合夹具、随行夹具等。

（1）通用夹具，指已经标准化、无须调整或稍加调整就可以用来装夹不同工件的夹具。

（2）专用夹具，指专为某一工件的一定工序加工而设计制造的夹具。

（3）可调夹具，指加工完一种工件后，通过调整或更换个别元件就能加工形状相似、尺寸相近的工件的夹具。

（4）组合夹具，指按一定的工艺要求，由一套预先制造好的通用标准元件和部件组合而成的夹具。

（5）随行夹具，指在自动线加工中针对某一种工件而采用的一种夹具。

4.2.2　常用夹具

1. 平口钳

机械式和液压式平口钳如图 4-19 所示。

2. 卡盘

适用于回转体零件的三爪自定心卡盘和适用于非回转体零件的四爪单动卡盘如图 4-20 所示。

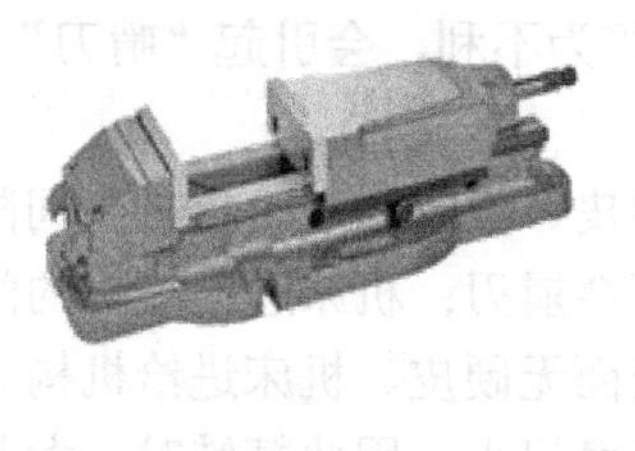
（a）机械式平口钳

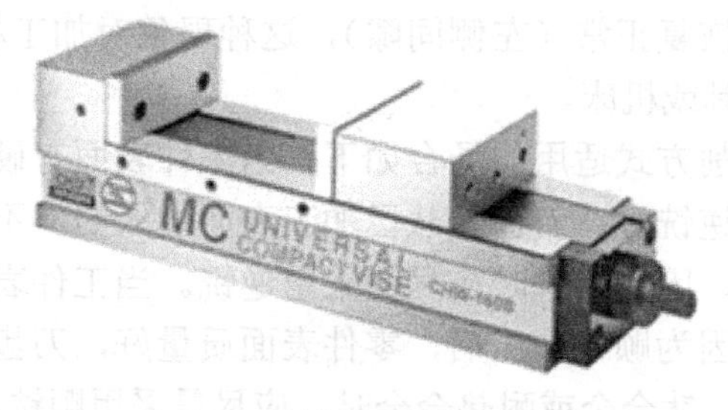

（b）液压式平口钳

图 4-19　平口钳

（a）三爪自定心卡盘

（b）四爪单动卡盘

图 4-20　卡盘

3. 压板

对于部分平面类零件，用平口钳和卡盘无法装夹时，往往采用压板装夹的方式，直接用 T 形螺栓连接工作台的 T 形槽和压板，同时借助于垫块将工作固定在工作台上，压板如图 4-21 所示。

图 4-21　压板

4. 组合夹具

组合夹具是由预先制造好的各种不同形状、不同规格尺寸的，且具有完全互换性及高耐磨性的标准元件组装而成的专用夹具。槽系组合夹具和孔系组合夹具如图 4-22 所示。

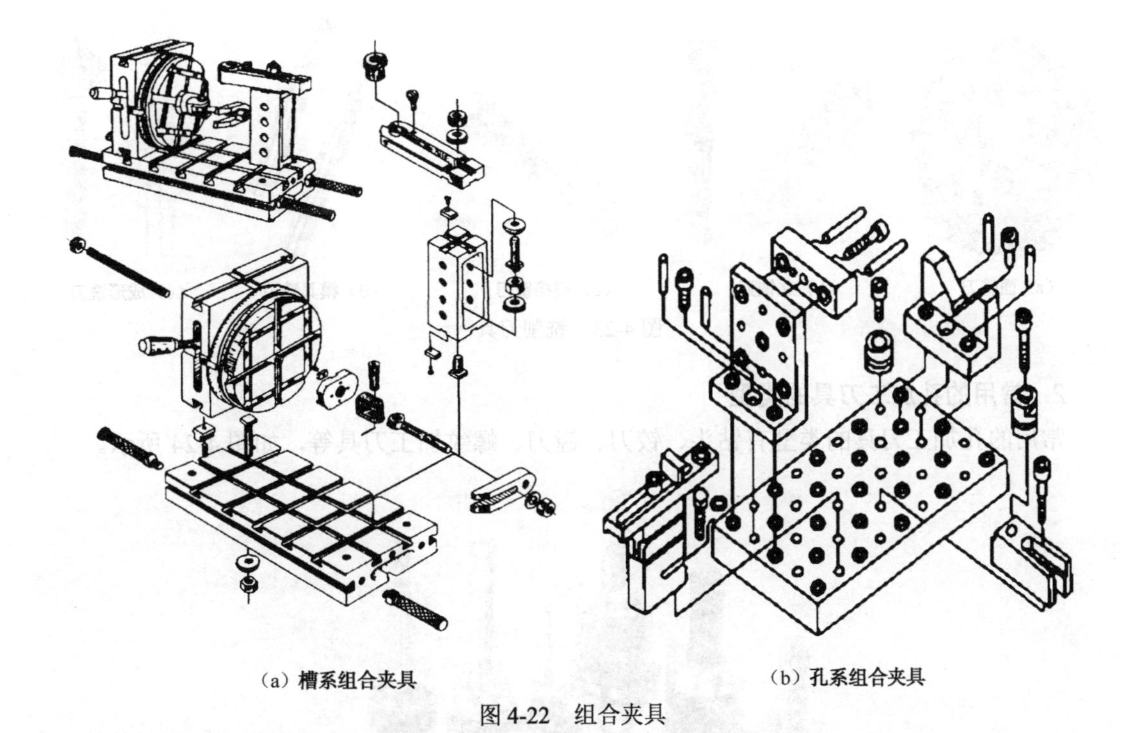

（a）槽系组合夹具　　（b）孔系组合夹具

图 4-22　组合夹具

4.2.3　夹具的选用原则

根据数控加工的特点，对夹具提出了两个基本要求：一是保证夹具的坐标方向与机床的坐标方向相对固定；二是要能协调零件与机床坐标系的尺寸。

夹具选用时应符合以下原则：

（1）单件小批量生产时，优先选用组合夹具或通用夹具，以缩短生产准备时间，节省生产费用。

（2）成批生产时，才考虑采用专用夹具，并力求结构简单。

（3）零件的装卸要快速、方便、可靠，以缩短机床停顿时间。

（4）夹具上各零部件应不妨碍机床对零件各表面的加工，其定位、夹紧机构元件不能影响加工中的进给，如产生碰撞等。

（5）为提高数控加工的效率，批量较大的零件加工可以采用多工位、气动或液压夹具。

4.3　数控铣削刀具的类型和选用

下面介绍几种常用刀具的类型和选用。

1. 常用铣削刀具的类型

常用铣削刀具的类型有面铣刀、立铣刀、键槽铣刀、模具铣刀、鼓形铣刀、成形铣刀等，如图 4-23 所示。

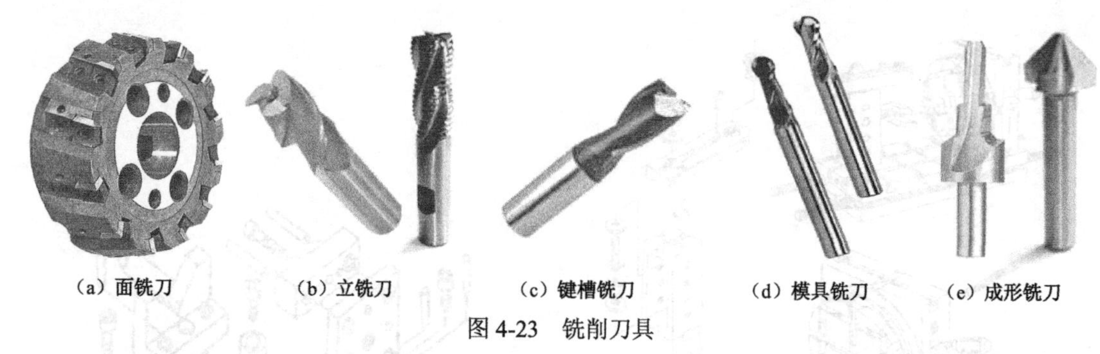

（a）面铣刀　（b）立铣刀　（c）键槽铣刀　（d）模具铣刀　（e）成形铣刀

图4-23　铣削刀具

2. 常用的孔加工刀具的类型

常用的孔加工刀具的类型有钻头、铰刀、镗刀、螺纹加工刀具等，如图4-24所示。

图4-24　孔加工刀具

3. 铣削刀具的选择

一般来说，数控机床所用刀具应具有较高的耐用度和刚度，刀具材料抗脆性好，有良好的断屑性能和可调、易更换等特点。

选取刀具时，要使刀具的类型与被加工工件的表面尺寸和形状相适应。加工较大的平面应选择面铣刀；加工平面零件周边轮廓、凹槽、较小的台阶面应选择立铣刀；加工空间曲面、模具型腔或凸模成形表面等多选用模具铣刀；加工封闭的键槽应选用键槽铣刀；加工变斜角零件的变斜角面应选用鼓形铣刀；加工各种直的或圆弧形的凹槽、斜角面、特殊孔等应选用成形铣刀。数控铣床上使用最多的是可转位面铣刀和立铣刀。

4. 孔加工刀具的选择

孔加工刀具包括麻花钻头、扩孔钻、镗刀、铰刀及丝锥等。孔加工刀具的尺寸包括直径尺寸和长度尺寸。孔加工刀具的直径尺寸一般根据被加工孔的直径确定。在加工中心上，刀具的长度尺寸一般是指主轴端面到刀尖的距离，其选择原则是：在满足各个部位加工要求的前提下，尽可能减小刀具长度尺寸，以提高工艺系统的刚性。

（1）钻头直径 D 应满足 $L/D \leqslant 5$（L 为钻孔深度）的条件。对于钻孔深度与钻头直径比大于 5 倍以上的深孔，采用固定循环程序，多次自动进退，利于冷却和排屑。

（2）钻孔前先用中心钻钻一中心孔，或用一直径较大的短钻头划窝引正，然后钻孔，这样既可解决钻孔引偏问题，还可以代替孔口倒角。

（3）镗孔时应尽量选用对称的多刃镗刀头进行切削，以平衡径向力，减少镗削振动。

5. 选择切削用量

铣削加工切削用量包括切削速度、进给速度、背吃刀量或侧吃刀量。为保证刀具的寿命，铣削用量的选择方法为：先选取尽可能大的背吃刀量或侧吃刀量，其次选用大的进给速度，最后根据切削速度用公式计算出主轴转速。

1）背吃刀量或侧吃刀量

背吃刀量 a_p 为平行于铣刀轴线的切削层尺寸，单位为 mm，端铣时，a_p 为切削层深度；圆周铣时，a_p 为被加工表面的宽度。侧吃刀量 a_e 为垂直于铣刀轴线的切削层尺寸，单位为 mm，端铣时，a_e 为被加工表面的宽度；圆周铣时，a_e 为切削层深度，圆周铣与端铣如图 4-25 所示。

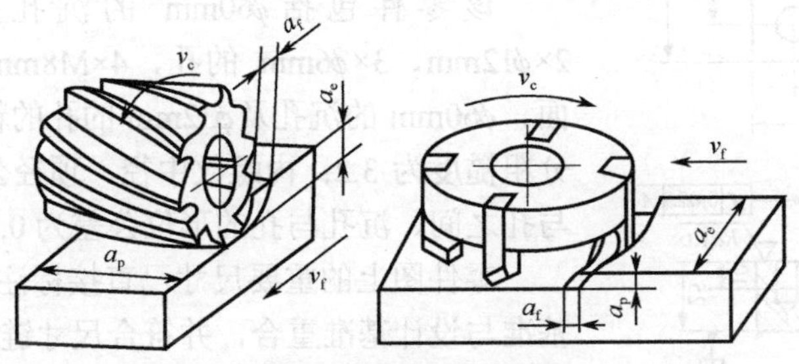

图 4-25　圆周铣与端铣

背吃刀量或侧吃刀量的选取主要由加工余量和对表面质量的要求决定。

（1）一般情况下，铣削加工分为粗铣、半精铣和精铣。精铣时加工余量为 0.2～0.5mm，半精铣时加工余量一般为 0.5～1.5mm，毛坯的加工余量在粗铣中尽量一次切除。

（2）在工件表面粗糙度要求为 12.5～25μm 时，如果圆周铣削的加工余量小于 5mm，端铣的加工余量小于 6mm，则粗铣一次进给就可以达到要求。但在加工余量较大、工艺系统刚性较差或机床动力不足时，可分两次进给完成。

（3）在工件表面粗糙度要求为 3.2～12.5μm 时，可分粗铣和半精铣两步进行。粗铣时背吃刀量或侧吃刀量选取同前。粗铣后留 0.5～1.0mm 的加工余量，在半精铣时切除至尺寸。

（4）在工件表面粗糙度要求为 0.8～3.2μm 时，可分粗铣、半精铣和精铣三步进行。半精铣时背吃刀量或侧吃刀量取 1.5～2mm；精铣时，圆周铣侧吃刀量取 0.3～0.5mm，面铣刀背吃刀量取 0.5～1mm。

2）进给速度

铣削加工的进给量 f 即刀具转一周时，工件与刀具沿进给运动方向的相对位移量。进给速度是在单位时间内，工件与刀具沿进给运动方向的相对位移量。进给速度 v_f（mm/min）与刀具转速 n（r/min）、刀具齿数 Z 及每齿进给量 f_Z（mm/z）的关系为

$$v_f=fn=Zf_Zn$$

每齿进给量 f_Z 的选取主要取决于零件的表面粗糙度、加工精度、刀具及工件材料等因

素。工件材料强度和硬度越高，f_Z的取值应越小。

3）切削速度

根据已选定的背吃刀量、进给量及刀具耐用度选择切削速度。可用经验公式计算，也可根据生产实践经验在机床说明书允许的切削速度范围内查表选取。

切削速度确定后，按公式$v=\pi dn/1000$计算出铣床的主轴转速n。

4.4 加工工艺分析实例

如图4-26所示的零件，材料为45#钢，生产批量为单件小批量，毛坯外轮廓为矩形块，底面和四个轮廓面已加工好，形状很规则，尺寸为100mm×80mm×27mm。试进行加工工艺分析。

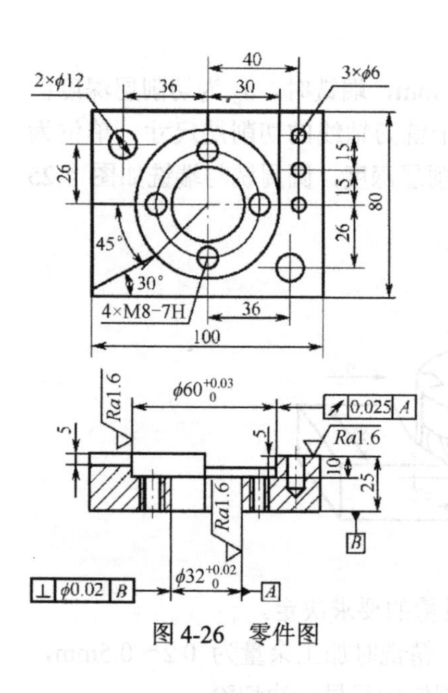

图4-26　零件图

1. 零件图工艺分析

该零件包括ϕ60mm的沉孔及沟槽，ϕ32mm、2×ϕ12mm、3×ϕ6mm的孔，4×M8mm的螺纹。零件上表面、ϕ60mm的沉孔及ϕ32mm的孔的粗糙度为1.6，其余部分粗糙度为3.2；内螺纹中径、顶径公差代号为7H；底面与孔之间、沉孔与孔的形位公差为0.02～0.025mm。

零件图上的重要尺寸已直接标注，在加工时应使工艺基准与设计基准重合，并符合尺寸链最短的原则。

2. 确定零件的定位基准和装夹方式

考虑到该毛坯外轮廓为矩形块，形状很规则。以下底面为定位基准，选用平口钳进行装夹。

3. 确定加工顺序

将工件坐标系原点设在工件上表面零件的对称中心处。按照基面先行、先粗后精、先主后次、先面后孔的原则确定加工顺序。

（1）粗铣上表面。
（2）钻ϕ32mm、ϕ12mm、ϕ6mm的孔的中心孔。
（3）钻ϕ32mm、ϕ12mm的孔至ϕ11.5mm。
（4）扩ϕ32mm的孔至ϕ30mm。
（5）粗铣ϕ60mm的沉孔及沟槽。
（6）钻4×M8mm的底孔至ϕ6.8mm。
（7）粗镗ϕ32mm的孔至ϕ31.7mm。
（8）精铣顶面。
（9）铰ϕ12mm的孔至尺寸。
（10）精镗ϕ32mm的孔至尺寸。
（11）钻3×ϕ6mm的孔至尺寸。
（12）3×ϕ6mm、4×M8mm、ϕ12mm的孔孔口倒角。

（13）精铣ϕ60mm 的沉孔及沟槽。

（14）攻 4×M8mm 的螺纹。

4. 刀具选择

如表 4-1 所示为零件数控加工刀具参数，将所选定的刀具参数填入数控加工刀具卡片中，以便编程、操作和管理。

表 4-1 零件数控加工刀具参数

序 号	刀 具 号	刀 具 类 型	加 工 内 容
1	T01	ϕ125mm 的面铣刀	粗、精铣上表面
2	T02	ϕ2mm 的中心钻	加工中心孔
3	T03	ϕ11.5mm 的钻头	钻孔
4	T04	ϕ30mm 的钻头	钻孔
5	T05	ϕ20mm 的立铣刀	粗铣沉孔及沟槽
6	T06	ϕ6.8mm 的钻头	钻孔
7	T07	ϕ31.7mm 的镗刀	粗镗孔
8	T08	ϕ12mm 的铰刀	铰孔
9	T09	ϕ32mm 的镗刀	精镗孔
10	T10	ϕ6mm 的钻头	钻孔
11	T11	倒角器	孔口倒角
12	T12	ϕ16mm 的立铣刀	精铣沉孔及沟槽
13	T13	M8mm 的丝锥	攻丝

5. 切削用量选择

如表 4-2 所示为零件数控加工工艺信息，将其填入数控加工工序卡片。

表 4-2 零件数控加工工艺信息

序号	工 序 内 容	刀具号	刀具半径补偿		主轴转速/r · min^{-1}	进给速度/mm · min^{-1}
			长度	半径		
1	粗铣工件上表面	T1	H01	D01	200	120
2	钻ϕ32mm、ϕ12mm、ϕ6mm 的孔的中心孔	T2	H02		2000	100
3	钻ϕ32mm、ϕ12mm 的孔至ϕ11.5mm	T3	H03		800	100
4	扩ϕ32mm 的孔至ϕ30mm	T4	H04		300	200
5	粗铣ϕ60mm 的沉孔及沟槽	T5	H05	D05	600	100
6	钻 4×M8mm 的底孔至ϕ6.8mm	T6	H06	D06	1000	80
7	粗镗ϕ32mm 的孔至ϕ31.7mm	T7	H07		600	100
8	精铣工件上表面	T1	H01	D01	200	120
9	铰ϕ12mm 的孔至尺寸	T8	H08		200	35
10	精镗ϕ32mm 的孔至尺寸	T9	H09		600	80
11	钻 3×ϕ6mm 的孔至尺寸	T10	H10		1000	80
12	3×ϕ6mm、4×M8mm、ϕ12mm 的孔孔口倒角	T11	H11		500	60

续表

序号	工 序 内 容	刀具号	刀具半径补偿		主轴转速/r · min^{-1}	进给速度/mm · min^{-1}
			长度	半径		
13	精铣ϕ60mm 的沉孔及沟槽	T12	H12	D12	2000	800
14	攻 4×M8mm 的螺纹	T13	H13		300	375

思考题：

17. 数控铣削加工工艺主要包括哪些内容？
18. 数控机床铣刀有哪些常用类型？
19. 顺铣与逆铣的定义是什么？顺铣与逆铣的特点是什么？

第5章

FANUC 0i 系统数控铣削编程

5.1 基本功能指令

5.1.1 MSTF 功能指令

1. M 指令（辅助功能）

M 指令由指令地址 M 和其后的数字组成（00～99），用以指令数控机床中辅助装置的开关动作或状态，如主轴的正、反转和冷却液开、关等。一个程序段中只能有一个 M 指令，当程序段中出现两个或两个以上的 M 指令时，CNC 出现报警。常用 M 指令如表 5-1 所示。

表 5-1 常用 M 指令

M 指令	功　能	M 指令	功　能
M00	程序暂停	M07	喷雾开启
M01	选择性程序停止	M08	冷却液开启
M02	程序结束	M09	喷雾关或冷却液关
M03	主轴正转	M19	主轴定位
M04	主轴反转	M30	程序结束
M05	主轴停止	M98	调用子程序
M06	刀具交换	M99	调用子程序结束，返回主程序

1）换刀指令 M06

格式：

```
T×× M06;
```

或者

```
M06;
T××;
```

说明：

在加工中心进行刀具交换时，可采用以上指令格式。

2）子程序调用 M98、M99

格式：

M98 P○○○××××;

说明：

地址 P 后面所跟的数字中，最后的四位用于指定被调用的子程序的程序号，前面的○用于指定调用的重复次数。如果 P 后面的数字少于或等于 4 位，系统认为是子程序号，重复次数为 1。例如：

M98 P51002;	调用 1002 号子程序，执行 5 次
M98 P1002;	调用 1002 号子程序，执行 1 次
M98 P4;	调用 4 号子程序，执行 1 次
M98 P50004;	调用 4 号子程序，执行 5 次

子程序嵌套如图 5-1 所示，可以调用四重子程序，即可以在子程序中调用其他子程序，一般不能超过五重。

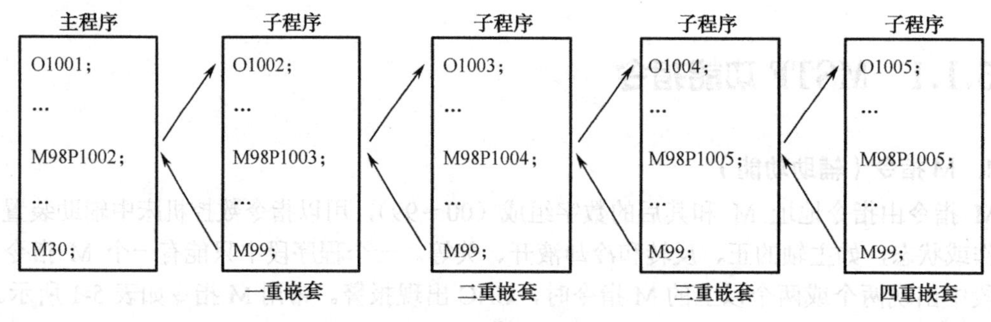

图5-1　子程序嵌套

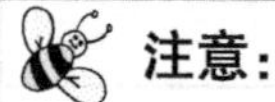
注意：

程序运行时，光标运行至 M98 P1002 时将自动跳至子程序，运行至 M99，光标自动返回到主程序 M98 P1002 的下一行。

2. F 进给功能

F 进给功能分为分进给与转进给。

G94 以毫米/分钟为单位给定切削进给速度，G94 为模态 G 指令。如果当前为 G94 模态，可以不输入 G94。

G95 以毫米/转为单位给定切削进给速度，G95 为模态 G 指令。如果当前为 G95 模态，可以不输入 G95。CNC 执行 G95 时，把 F 指令值（毫米/转）与当前主轴转速（转/分）的乘积作为指令进给速度控制实际的切削进给速度，主轴转速变化时，实际的切削进给速度随之改变。使用 G95 给定主轴每转的切削进给量，可以在工件表面形成均匀的切削纹路。

每转进给量与每分钟进给量的换算公式：

$$F_m=F_r \times S$$

式中，F_m 为每分钟的进给量，单位为 mm/min；F_r 为每转进给量，单位为 mm/r；S 为主轴转速，单位为 r/min。

3. S 主轴功能

主轴功能又称为 S 功能，是指令主轴转速的指令，用地址 S 和其后面的数字直接指令主

轴的转数（r/min）。

4. T 刀具功能

T 后面通常有两位数，用来表示所选择的刀具号码。例如，M06 T02 即调用 2 号刀具。

5.1.2 准备功能指令

G 指令由地址 G 和其后的 1～2 位指令值组成，用来规定刀具相对工件的运动方式、进行坐标设定等多种操作，如表 5-2 所示。G 功能指令值为 G00～G99，前导 0 可以不输入，G 指令分为 18 个组别。除 01 与 00 组代码不能共段外，同一个程序段中可以输入几个不同组的 G 指令，如果在同一个程序段中输入了两个或两个以上的同组 G 指令，则最后一个 G 指令有效。没有共同参数的不同组 G 指令可以在同一程序段中，功能同时有效并且与先后顺序无关。系统不同，G 指令也不全相同。如果使用了表 5-2 以外的 G 指令或选配功能的 G 指令，系统将出现报警。

表 5-2 G 指令（准备功能指令）

G 指令	分组	功 能	G 指令	分组	功 能
G00	01	快速定位（快速移动）	G56	12	选用 3 号工件坐标系
G01	01	直线插补（进给速度）	G57	12	选用 4 号工件坐标系
G02	01	顺时针圆弧插补	G58	12	选用 5 号工件坐标系
G03	01	逆时针圆弧插补	G59	12	选用 6 号工件坐标系
G04	00	暂停	G60	00	单一方向定位
G09	00	准停检验	G61	13	精确停止方式
G10	00	偏移量设定	G64	13	切削方式
G15	17	极坐标指令取消	G68	16	坐标系旋转
G16	17	极坐标指令	G69	16	坐标系旋转取消
G17	02	选择 *XY* 平面	G73	09	高速深孔钻削固定循环（断屑式）
G18	02	选择 *ZX* 平面	G74	09	左螺纹攻丝固定循环
G19	02	选择 *YZ* 平面	G76	09	精镗固定循环
G20	06	英制尺寸	G80	09	取消固定循环
G21	06	公制尺寸	G81	09	点钻、钻孔固定循环
G27	00	返回参考点检验	G82	09	锪孔、钻阶梯孔固定循环
G28	00	返回参考点	G83	09	深孔往复排屑钻削固定循环
G29	00	从参考点返回	G84	09	右螺纹攻丝固定循环
G30	00	返回第二参考点	G85	09	精镗孔固定循环
G40	07	取消刀具半径补偿	G86	09	粗镗孔固定循环
G41	07	刀具半径左补偿	G87	09	反镗孔固定循环
G42	07	刀具半径右补偿	G88	09	镗孔固定循环
G43	08	刀具长度正补偿	G89	09	精镗阶梯孔固定循环
G44	08	刀具长度负补偿	G90	03	绝对坐标编程指令方式

续表

G 指令	分组	功　能	G 指令	分组	功　能
G49	08	取消刀具长度补偿	G91	03	增量坐标编程指令方式
G50	11	比例缩放取消	G92	00	设定工件坐标系
G51	11	比例缩放	G94	05	每分钟进给
G52	00	建立局部坐标系	G95	05	每转进给
G53	00	选择机床坐标系	G98	04	返回初始点平面
G54	12	选用 1 号工件坐标系	G99	04	返回 *R* 点平面
G55	12	选用 2 号工件坐标系			

G 指令有两种：模态指令与非模态指令。其中，00 组 G 指令为非模态 G 指令，其他组 G 指令为模态 G 指令，G00、G40、G49、G90、G94、G98 为初态 G 指令。

1. 模态指令

G 指令执行后，其定义的功能或状态保持有效，直到被同组的其他 G 指令取代为止，如 G01、G90 等。

2. 非模态指令

G 指令执行后，其定义的功能或状态一次性有效，每次执行该 G 指令时，必须重新输入该G 指令，如 G04 等。

另外，系统上电后，未经执行其功能或状态就有效的模态 G 指令称为初态 G 指令。上电后不输入 G 指令时，按初态 G 指令执行。

5.2　坐标尺寸指令

1. 平面选择指令

格式：

G17（*XY* 平面）

G18（*ZX* 平面）

G19（*YZ* 平面）

说明：

G17、G18、G19 为模态 G 指令，用 G 代码选择圆弧插补的平面和刀具半径补偿的平面，如图 5-2 所示。

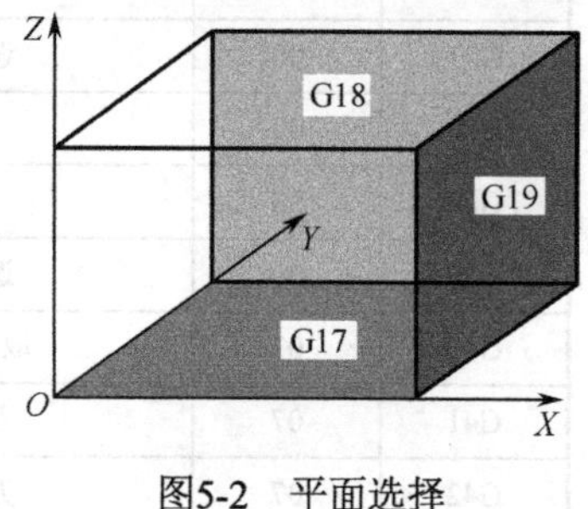

图5-2　平面选择

注意：

（1）平面选择指令可与其他组 G 指令共段。

（2）以后章节讲解的编程，多以立式加工中心编程为例，平面选择指令为初态 G17。

2. 英制与公制的转换

格式：

```
G20;
G21;
```

说明：

G20：英制输入制式。

G21：公制输入制式。

输入单位是英制还是公制，用 G 代码来选择。英制、公制切换的 G 代码要在程序的前头，坐标系设定之前，用单独的程序段指令。

注意：

（1）电源接通时英、公制切换的 G 代码与电源切断前相同。

（2）在程序中途，请不要变更 G20、G21。

3. 绝对坐标编程指令与增量坐标编程指令

编程时刀具运动的坐标点通常有两种表达方式：绝对坐标编程 G90 指令和增量坐标编程 G91 指令。

格式：

```
G90
G91
```

说明：

设定坐标输入方式。G90 指令建立绝对坐标编程方式，目标点的坐标值 *X*、*Y*、*Z* 表示刀具离开工件坐标系原点的距离；G91 指令建立增量坐标编程方式，目标点的坐标值 *X*、*Y*、*Z* 表示刀具离开当前点的坐标增量。

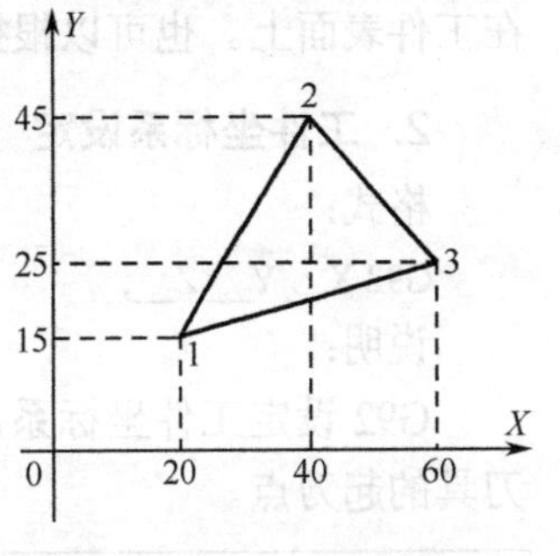

图5-3　G90、G91编程实例

1）绝对坐标编程指令 G90

如图 5-3 所示，加工轨迹 1 点—2 点—3 点—1 点，加工深度为 2mm（不考虑刀具直径问题）。

加工程序：

```
O3;
G54 G90 G00 X20. Y15.;
M03 S500;
Z10.;
G01 Z-2. F200;
X40. Y45.;
X60. Y25.;
X20. Y15.;
G00 Z100.;
M30;
```

2）增量坐标编程指令 G91

如图 5-3 所示，加工轨迹 1 点—2 点—3 点—1 点，加工深度为 2mm（不考虑刀具直径问题）。

加工程序：

```
O4;
G54 G90 G00 X0 Y0;
M03 S500;
Z10.;
G91 G00 X20. Y15.;
G01 Z-12. F200;
X20. Y30.;
X20. Y-20.;
X-40. Y-10.;
G00 G90 Z100.;
M30;
```

5.3 工件坐标系的设定

工件坐标系是由编程人员选择工件上的某一已知点为原点而建立的新的坐标系。工件坐标系原点的确定是通过对刀实现的。

1. 工件坐标系原点选择的原则

工件原点选在工件图样的尺寸基准上，也可以选择在尺寸精度高的表面上，以及对称工件的对称中心上。

总之，工件坐标系 *X*、*Y* 的原点一般设在工件对称中心线或轮廓的基准角上，*Z* 的原点设在工件表面上。也可以根据编程的需要设一个或多个工件坐标系。

2. 工件坐标系设定

格式：

```
G92 X__ Y__ Z__;
```

说明：

G92 设定工件坐标系，X、Y、Z 为刀具基准点在工件坐标系中的坐标值，是绝对值，即刀具的起刀点。

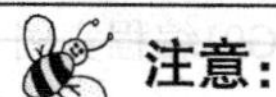 **注意：**

在现在生产实践中一般不用 G92 指令，多用 G54～G59 建立工件坐标系。

3. 工件坐标系的原点设置选择指令 G54～G59

格式：

```
G54;（G55～G59）
```

说明：

G54～G59 可以设定六个工件坐标系。通过对刀建立工件坐标系。

【例 5-1】 如图 5-4（a）所示，精镗ϕ32mm 的孔时，可以用 G54～G59 设置工件坐标系原点，根据工件坐标系选择原则、编程人员的习惯及编程方便考虑如何选择。工件原点数据值可通过对刀操作后，预先输入机床的偏置寄存器中，如图 5-4（b）所示，编程时写明运用的是哪个工件坐标系就可以了。

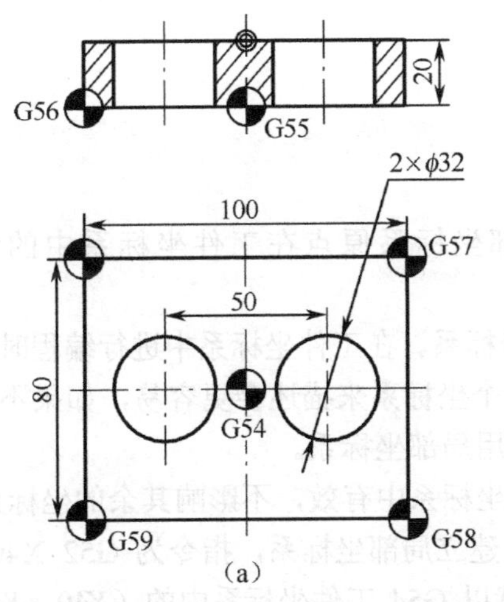

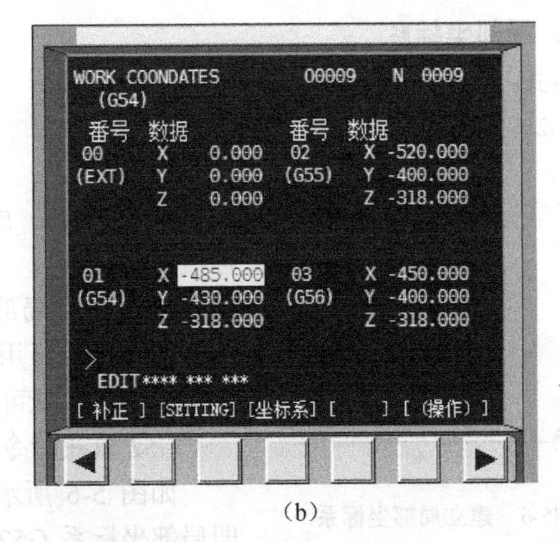

图5-4　工作坐标系G54～G59

注意：

对于对称图形，选择图形中心作为工件坐标系原点，如图 5-4（a）所示，即工件上表面为 G54，下表面为 G55。也可以根据编程习惯选择工件的上、下表面任一点作为工件坐标系原点。

【例 5-2】 如图 5-5 所示，写出各点的绝对坐标、相对坐标，要求刀具由 *A* 点按顺序移动到 *B*、*C*、*D*、*E*、*F*、*H*、*I* 点，坐标值如表 5-3 所示。

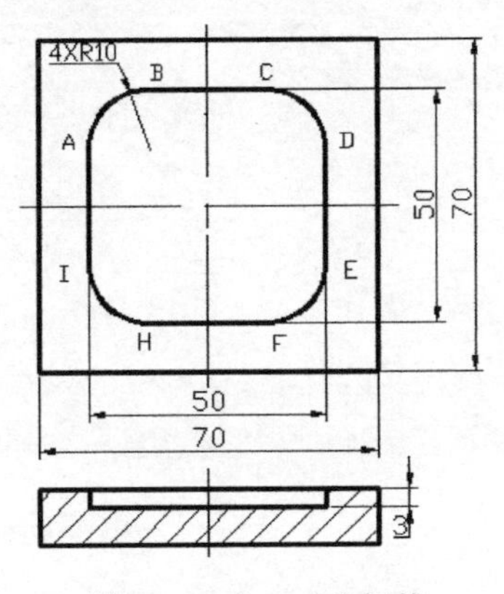

图5-5　G90/G91坐标值

表 5-3　坐标值

绝 对 坐 标	相 对 坐 标	混 合 坐 标
A(*X*28.,*Z*0.)	*A*(*X*28.,*Z*0.)	*A*(*X*28.,*Z*0.)
B(*X*32.,*Z*-20.)	*B*(*X*32.,*Z*-20.)	*B*(*X*32.,*Z*-20.)
C(*X*40.,*Z*-20.)	*C*(*X*40.,*Z*-20.)	*C*(*X*40.,*Z*-20.)
D(*X*28.,*Z*0.)	*D*(*X*28.,*Z*0.)	*D*(*X*28.,*Z*0.)
E(*X*32.,*Z*-20.)	*E*(*X*32.,*Z*-20.)	*E*(*X*32.,*Z*-20.)
F(*X*40.,*Z*-20.)	*F*(*X*40.,*Z*-20.)	*F*(*X*40.,*Z*-20.)
H(*X*28.,*Z*0.)	*H*(*X*28.,*Z*0.)	*H*(*X*28.,*Z*0.)
I(*X*32.,*Z*-20.)	*I*(*X*32.,*Z*-20.)	*I*(*X*32.,*Z*-20.)

4．局部坐标系

格式：

```
G52 X__Y__Z__;
```

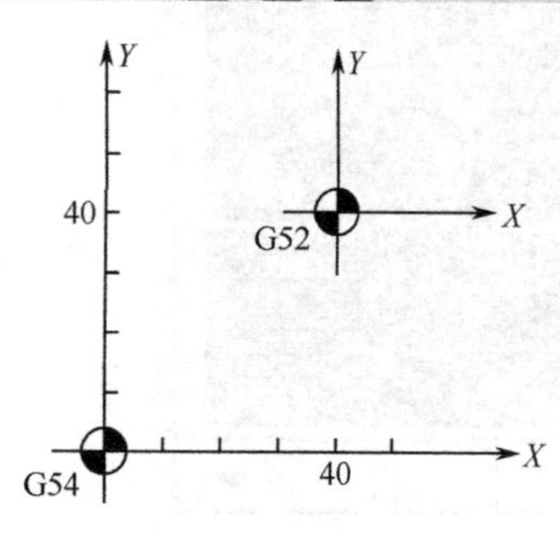

图5-6　建立局部坐标系

说明：

X、*Y*、*Z*：局部坐标系原点在工件坐标系中的绝对坐标值。

G52 建立局部坐标系。在工件坐标系中进行编程时，对于一些图形，若再用一个坐标系来描述会更容易，如果不想用原坐标系偏移，就可运用局部坐标系。

G52 只在指令的坐标系中有效，不影响其余的坐标系。

如图 5-6 所示，建立局部坐标系，指令为 G52 X40. Y40;即局部坐标系 G52 就以 G54 工件坐标系中的（*X*40., *Y*40.）位置为原点。取消局部坐标系指令为 G52 X0 Y0;. 即指令局部坐标系原点与工件坐标系原点重合。

【例 5-3】 如图 5-7（a）所示，运用 G52 局部坐标系编写两个矩形块的加工轨迹。

分析：图 5-7（a）所示为 1、2 两个矩形的加工轨迹，设其加工深度为 2mm，为了方便编程，运用局部坐标系加工图形 2（不考虑刀具直径问题）。

加工程序：

```
O8;                （第 1 图形）
G54 G90 G00 X0 Y0;
M03 S500;
Z20.;
G01 X20. Y10. F1000;
Z-2. F100;
Y80.;
X40.;
Y20.;
X10.;
Z20. F1000;
G00 X0 Y0;
G52 X40. Y0;      （第 2 图形）
G01 X20. Y10. F1000;
Z-2. F100;
Y80.;
X40.;
Y20.;
X10.;
Z20. F1000;
X0 Y0;
G52 X0 Y0;
G00 Z100.;
M30;
```

【例 5-4】 如图 5-7（b）所示，运用 G52 局部坐标系编写两个正方形块的加工轨迹。

分析：图 5-7（b）为①、②两个正方形块的加工轨迹，设其加工深度为 2 mm，为了方便编程，运用局部坐标系加工图形 2（不考虑刀具直径问题）。

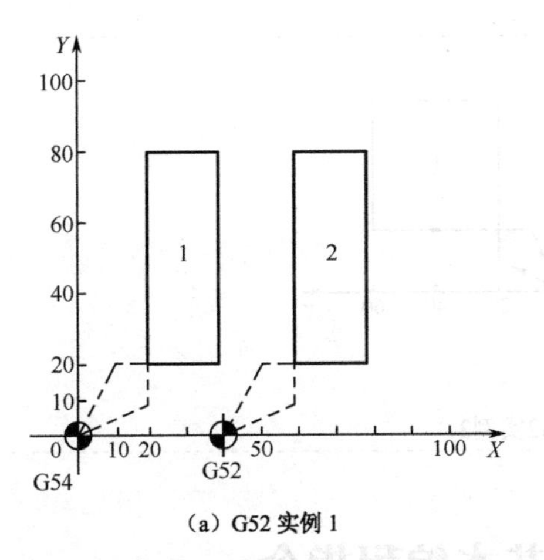

（a）G52 实例 1

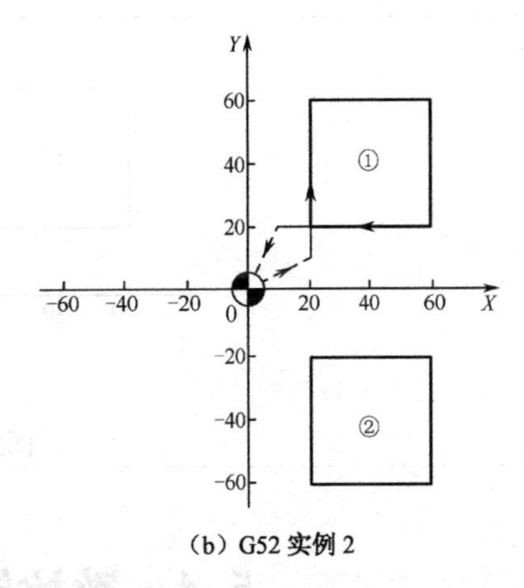

（b）G52 实例 2

图5-7　G52实例

加工程序：

```
O9;
G54 G90 G00 X0 Y0;
M06 T01;
M03 S600;
G00 Z50.;
G01 G91 X20. Y10. F1000;
G01 Z-52. F1000;
Y50. F100;
X40.;
Y-40.;
X-50.;
X-10.Y-20.;
G90 G00 Z5.;
G52 Y-80. X0;
G01 G91 X20. Y10. F1000;
G01 Z-7. F1000;
Y50. F100;
X40.;
Y-40.;
X-50.;
X-10. Y-20.;
G90 G00 Z5.;
G52 Y0 X0;
G00 Z100.;
M30;
```

思考题：

20. 如图 5-8 所示，运用 G52 局部坐标系编写两个正方形块的加工轨迹，加工深度为 2mm。

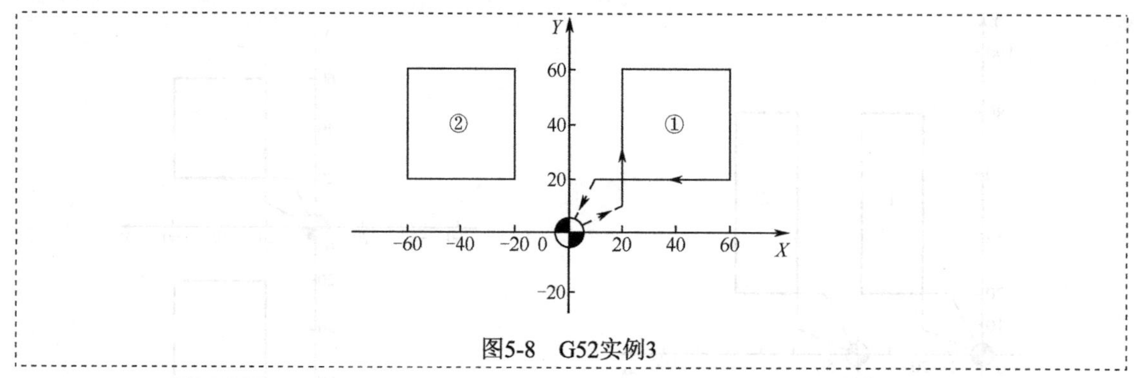

图5-8　G52实例3

5.4　数控铣削基本编程指令

1. 快速定位G00

格式：

```
G00 X__ Y__ Z__;
```

说明：

X、*Y*、*Z*：目标点的坐标值。

X、*Y*、*Z* 可省略一个或全部，当省略一个时，表示该轴的起点与终点坐标值一致；同时省略表示终点和始点是同一位置。

G00 可以与 G90 结合，*X*、*Y*、*Z* 为坐标系中目标点的绝对坐标值，也可与 G91 结合，*X*、*Y*、*Z* 为从当前点至目标点的相对坐标值。

G00 为初态 G 指令，*X* 轴、*Y* 轴、*Z* 轴同时从起点以各自的快速移动速度移动到终点。三轴是以各自独立的速度移动，短轴先到达终点，长轴独立移动剩下的距离，其合成轨迹不一定是直线。

> **注意：**
>
> 因为 G00 运动轨迹不一定是直线，所以在实际应用中，为了防止刀具与工件相撞，常采用三轴不同段编程的方法。

```
G00 X__ Y__;
    Z__;
```

2. 直线插补G01

格式：

```
G01 X__ Y__ Z__ F__;
```

说明：

X、*Y*、*Z*：目标点的坐标值。

F：进给速度。

G01 为模态 G 指令，运动轨迹为从起点到终点的一条直线。

X、*Y*、*Z* 可省略一个或全部，当省略一个时，表示该轴的起点和终点坐标值一致；同时

省略表示终点和始点是同一位置。F 指令值为 X 轴方向、Y 轴方向和 Z 轴方向的瞬时速度的矢量合成速度，实际的切削进给速度为进给倍率与 F 指令值的乘积。F 指令值执行后，此指令值一直保持，直至新的 F 指令值被执行。取值方式用 G94（毫米/分钟）或 G95（毫米/转）指令来确定。

假如机床有第四坐标轴 A 轴。

格式：

```
G01 X__ Y__ Z__A__ F__;
```

说明：

X、Y、Z：目标点的坐标值。

A：旋转轴坐标值（度）。

F：进给速度。对于 A 轴，采用 G94 时的进给速度单位为度/分钟。

【例 5-5】 如图 5-9 所示，加工深度为 1mm，运用 G01 编写程序（不考虑刀具直径的情况）。

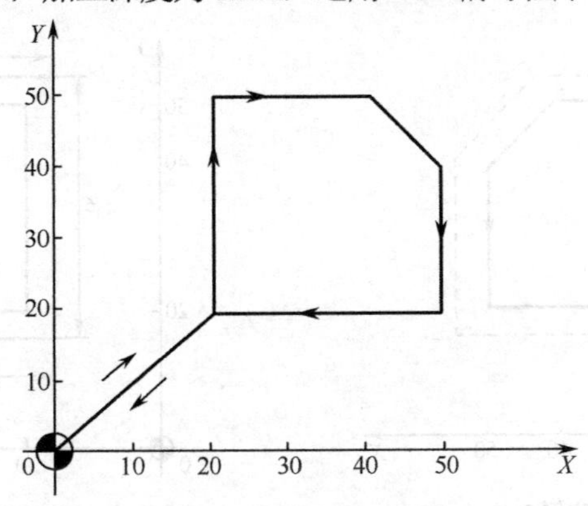

图5-9 G01编程实例1

加工程序：

```
O10;                绝对编程
G54 G90 G00 X0 Y0;
M06 T01;
M03 S500;
Z100.;
X20. Y20.;
G01 Z5. F2000;
Z-1. F100;
Y50.;
X40.;
X50. Y40.;
Y20.;
X20.;
X0 Y0;
G00 Z100.;
M30;
O11;                增量编程
G54 G90 G00 X0 Y0;
M03 S500;
Z100.;
X20. Y20.;
```

```
G01 Z5. F2000;
Z-1. F100;
G91 Y30.;
X20.;
X10. Y-10.;
Y-20.;
X-30.;
X-20. Y-20.;
G00 Z100.;
M30;
```

【例 5-6】 如图 5-10（a）所示，加工深度为 1mm，运用 G01 编写程序（考虑刀具直径问题）。

分析：为了对刀方便，铣刀的对刀点一般在刀具的中心，用直径 8mm 的铣刀加工，偏移一个刀具半径，其编程尺寸运用 CAD 绘图得出，如图 5-10（b）所示。

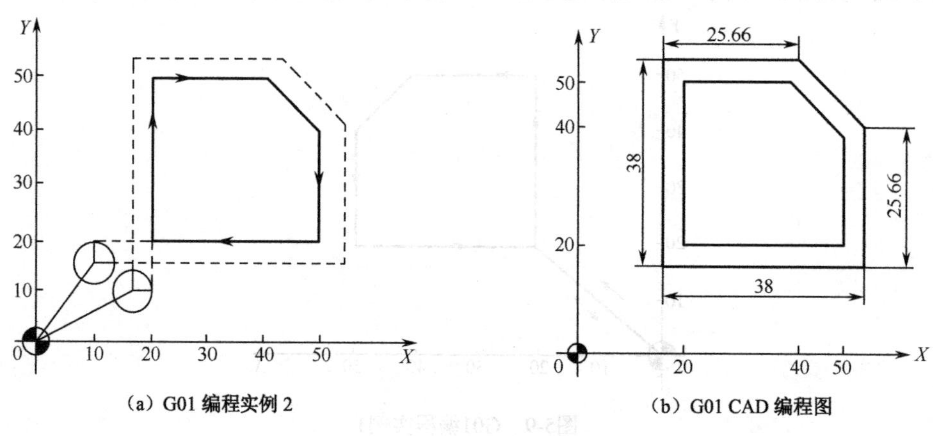

（a）G01 编程实例 2　　（b）G01 CAD 编程图

图5-10　例5-6的图

加工程序：

```
O12;                    绝对编程
G54 G90 G00 X0 Y0;
M06 T01;
M03 S500;
Z100.;
X16. Y16.;
G01 Z5. F2000;
Z-1. F100;
Y54.;
X41.66.;
X54. Y41.66.;
Y16.;
X16.;
G00 Z100.;
M30;
```

 **思考：**

这样的计算编程方式很麻烦，如何能让编程方便，沿着图纸的轮廓编写程序，刀具自动偏移一个刀具半径？

3. 圆弧及螺旋线插补G02、G03

1）圆弧

格式：

$$G17\begin{Bmatrix}G02\\G03\end{Bmatrix}X\_Y\_\begin{Bmatrix}I\_J\_\\R\_\end{Bmatrix}F\_$$

$$G18\begin{Bmatrix}G02\\G03\end{Bmatrix}X\_Z\_\begin{Bmatrix}I\_K\_\\R\_\end{Bmatrix}F\_$$

$$G19\begin{Bmatrix}G02\\G03\end{Bmatrix}Y\_Z\_\begin{Bmatrix}J\_K\_\\R\_\end{Bmatrix}F\_$$

说明：

G17、G18、G19：坐标平面选择。

G02：运动轨迹从起点到终点是顺时针的。

G03：运动轨迹从起点到终点是逆时针的。

X、*Y*、*Z*：圆弧终点的坐标值。

R：圆弧半径。

I：圆心相对于圆弧起点在 *X* 方向的增量值。

J：圆心相对于圆弧起点在 *Y* 方向的增量值。

K：圆心相对于圆弧起点在 *Z* 方向的增量值。

G02、G03 为模态 G 指令。圆弧编程中 *I*、*J*、*K* 的取值为：*I*=圆心坐标 *X*−圆弧起始点的 *X* 坐标；*J*=圆心坐标 *Y*−圆弧起始点的 *Y* 坐标；*K*=圆心坐标 *Z*−圆弧起始点的 *Z* 坐标。

所谓顺时针和逆时针，是指在右手直角坐标系中，对于 *XY* 平面（*ZX* 平面、*YZ* 平面）从 *Z* 轴（*Y* 轴、*X* 轴）的正方向往负方向看而言，顺时针及逆时针如图 5-11 所示。

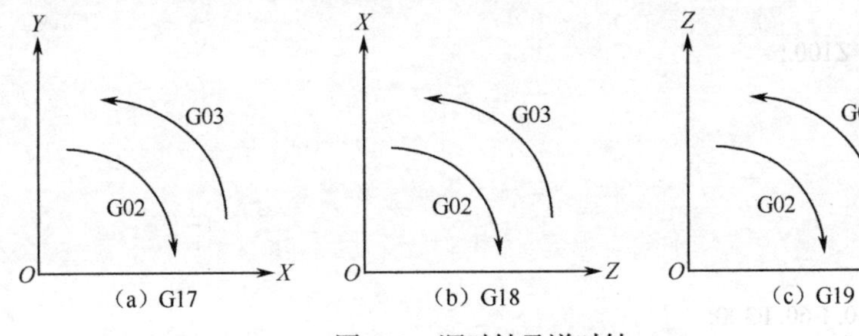

图5-11 顺时针及逆时针

注意：

对于小于等于 180° 的圆弧，半径用正值指定；对于大于 180° 的圆弧，半径用负值指定。

如图 5-12 所示圆弧①小于 180° 时，程序为 G91 G03 X-25. Y25. R25. F80。

如图 5-12 所示圆弧②大于 180° 时，程序为 G91 G03 X-25. Y25. R-25. F80。

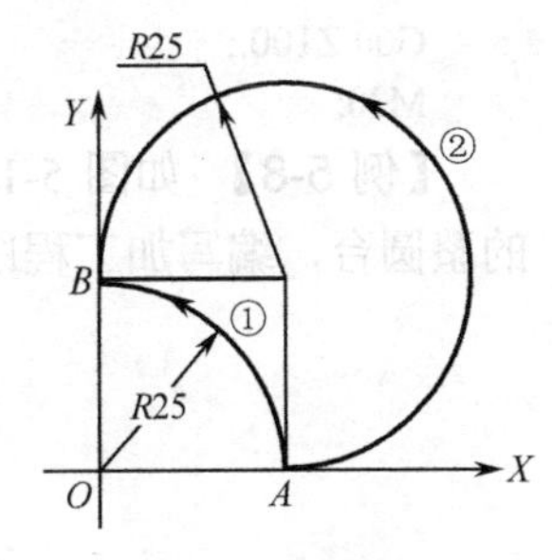

图5-12 圆弧实例1

【例 5-7】 如图 5-13 所示，加工轮廓为曲线，加工深度为 1mm，不考虑刀具直径编写加工程序。

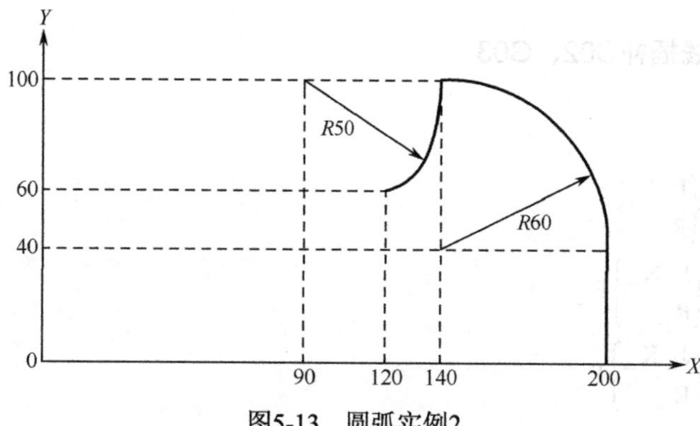

图5-13　圆弧实例2

如图 5-13 所示的轨迹，分别用绝对坐标编程方式和增量坐标编程方式编写程序。

绝对坐标编程方式程序：

```
O13;
G54 G17 G90 G00 Z100.;
M06 T01;
M03 S500;
X200. Y0;
G01 Z5. F1000;
Z-1. F100;
Y40.;
G03 X140. Y100. I-60. F300.;
G02 X120. Y60. I-50.;
G00 Z100.;
M30;
```

增量坐标编程方式程序：

```
O14;
G54 G17 G90 G00 Z100.;
M06 T01;
M03 S500;
X200. Y0;
G01 Z5. F1000;
Z-1. F100;
Y40.;
G91 G03 X-60. Y60. I-60. F300;
G02 X-20. Y-40. I-50.;
G00 Z100.;
M30;
```

【例 5-8】 如图 5-14 所示，用毛坯为直径 30mm 的棒料，加工深度为 2mm、直径 20mm 的整圆台，编写加工程序。

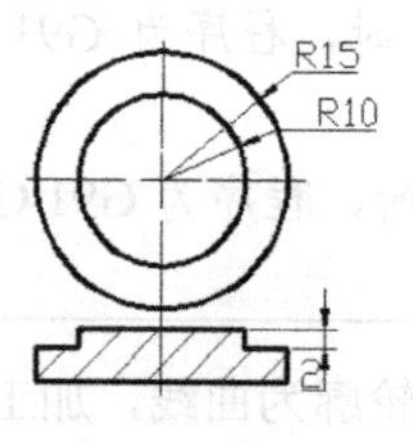

图5-14　圆弧实例3

分析：加工如图 5-14 所示的圆台，采用直径为 10mm 的立铣刀，编写程序如下。

```
O141;
G54 G17 G90 G00 Z100.;
M06 T01;
M03 S500;
X50. Y0;
G01 Z5. F1000;
X20. F300;
G03 I-20.;
G01 X50.;
G00 Z100.;
M30;
```

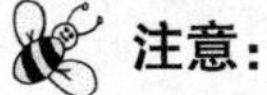

注意：

（1）*I*0、*J*0、*K*0 可以省略，但 *I*、*J*、*K* 或 *R* 必须至少输入一个，否则系统产生报警。

（2）整圆编程时不可以使用 *R*，只能用 *I*、*J*、*K*。整圆使用 *R* 时，表示 0° 的圆。

（3）*I*、*J*、*K* 和 *R* 同时指定时，*R* 有效，*I*、*J*、*K* 无效。

【例 5-9】 如图 5-15 所示，运用圆弧加工指令编写精加工凸台的程序。

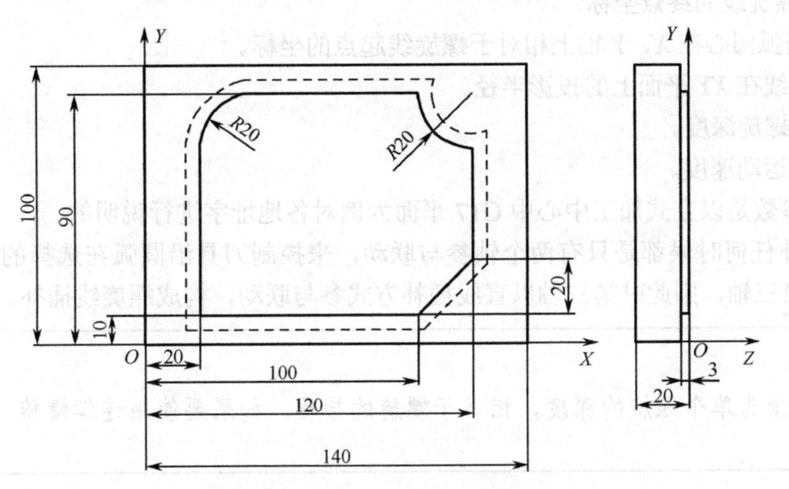

图5-15　G00、G01、G02编程实例

分析：因为有半径为 20mm 的凹圆弧，不能选用直径大于 40mm 的铣刀，现选用直径为 10mm 的立铣刀，加工深度为 2mm。

加工程序：

```
O15;
G56 G90 G00 Z100.;
M06 T01;
M03 S1000;
G00 X15. Y0;
Z5.;
G01 Z-2. F100;
Y70.;
G02 X40. Y95. R25. F80;
G01 X105.796;
```

```
G03 X125. Y76.037 R15.;
G01 Y27.804;
X102.071 Y5.;
X15.;
G00 Z100.;
M30;
```

2）螺旋线

格式：

$$G17\begin{Bmatrix} G02 \\ G03 \end{Bmatrix}X\_Y\_Z\_\begin{Bmatrix} I\_J\_ \\ R\_ \end{Bmatrix}F\_$$

$$G18\begin{Bmatrix} G02 \\ G03 \end{Bmatrix}X\_Z\_Y\_\begin{Bmatrix} I\_K\_ \\ R\_ \end{Bmatrix}F\_$$

$$G19\begin{Bmatrix} G02 \\ G03 \end{Bmatrix}Y\_Z\_X\_\begin{Bmatrix} J\_K\_ \\ R\_ \end{Bmatrix}F\_$$

说明：

G17、G18、G19：坐标平面选择。

G02/G03：螺旋线的旋向，定义同圆弧插补指令。

X、*Y*：螺旋线的终点坐标。

I、*J*：圆弧圆心在 *X*、*Y* 轴上相对于螺旋线起点的坐标。

R：螺旋线在 *XY* 平面上的投影半径。

Z：每次螺旋深度。

F：合成运动速度。

以上各参数是以立式加工中心中 G17 平面为例对各地址字进行说明的。

圆弧插补任何时候都是只有两个轴参与联动，来控制刀具沿圆弧在选择的平面中运动；若同时指定第三轴，则此时第三轴以直线插补方式参与联动，构成螺旋线插补。

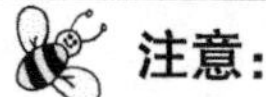

注意：

Z 的数值为单个螺旋的深度，相当于螺旋的导程。如果要使用连续螺旋，只需变化 *Z* 的数值。

螺旋线如图 5-16 所示，一部分螺旋线加工轨迹程序如下。

```
G00 X0 Y30.;
G01 Z10. F1000;
G03 X30. Y0 R30. Z0 F100;
```

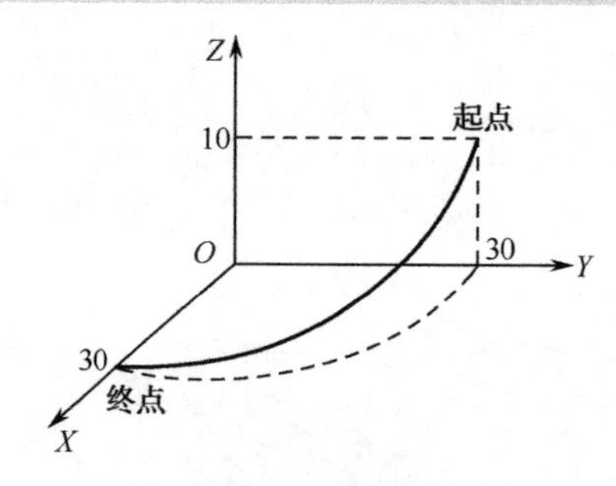

图5-16　螺旋线

【例 5-10】 如图 5-17 所示，加工的环形槽外直径是 60mm，槽宽为 10mm，加工深度为 15mm，编写加工程序。

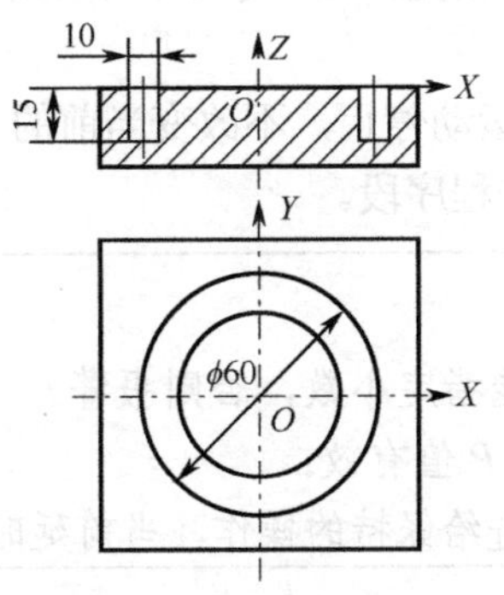

图5-17 槽加工实例1

分析：采用直径为 10mm 的键槽铣刀，运用 G02 螺旋插补指令加工，从 X 轴的正方向下刀，螺旋 Z 向每次吃刀深度为 5mm，加工深度为 15mm，螺旋线走了 3 圈，最后再用 G03 圆弧插补指令铣槽底。

加工程序：

```
O16;
G54 G90 G17;
M06 T01;
M03 S600;
G00 X25. Y0;
Z100.;
G01 Z0 F2000;
G02 I-25. Z-5. F100;
I-25. Z-10.
I-25. Z-15.
G03 I-25.;
G00 Z100.;
M05;
M30;
```

思考题：

21. 如图 5-17 所示，环形槽的外直径是 60mm，槽宽为 10mm，加工深度为 15mm，用直径为 8mm 的键槽铣刀，运用螺旋插补指令、G41 指令，编写环形槽的精加工程序。

22. 如图 5-18 所示，用直径为 8mm 的键槽铣刀，沿点画线加工距离工件上表面 4mm 深的凹槽，试选用不同的坐标原点来编写槽的加工程序。

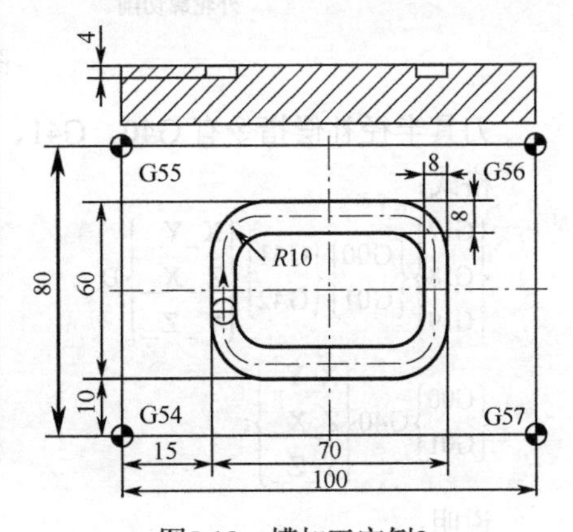

图5-18 槽加工实例2

4. 暂停指令G04

格式：

```
G04 P__;
G04 X__;
```

说明：

G04 延时时间由指令字 *P*、*X* 指定；指令字 *P*、*X* 用来指定延时的时间单位，*P* 值单位为 0.001 秒，*X* 值单位为秒。

G04 为非模态 G 指令。各轴运动停止，不改变当前的 G 指令模态和保持的数据、状态，延时给定的时间后，再执行下一个程序段。

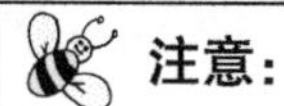
注意：

（1）*X* 可以指定小数，*P* 不能指定小数，否则报警。

（2）*P*、*X* 在同一程序段时，*P* 值有效。

（3）G04 指令执行中，进行进给保持的操作，当前延时的时间要执行完毕后方可暂停。

5.5 刀具补偿功能指令

5.5.1 刀具半径补偿

编程时假设刀具的半径为零，直接根据零件的轮廓形状进行编程，而实际的刀具半径不为零，加工前将刀具半径值手动输入数控机床，存放在刀具半径偏置寄存器中。在加工过程中，数控系统自动计算刀具中心运动轨迹，完成对零件的加工，当刀具半径变化时，无须修改零件程序，只修改存放在刀具半径偏置寄存器中的刀具半径值，内外轮廓切削如图 5-19 所示。

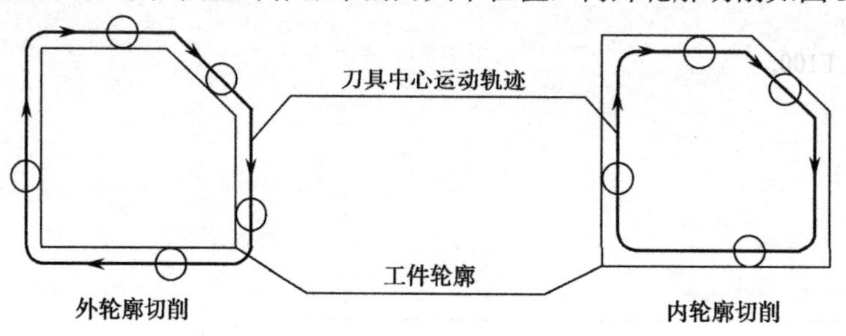

图5-19　内外轮廓切削

刀具半径补偿指令有 G40、G41、G42。

格式：

$$\begin{Bmatrix} \text{G17} \\ \text{G18} \\ \text{G19} \end{Bmatrix} \begin{Bmatrix} \text{G00} \\ \text{G01} \end{Bmatrix} \begin{Bmatrix} \text{G41} \\ \text{G42} \end{Bmatrix} \begin{Bmatrix} \text{X\_Y\_} \\ \text{Z\_X\_} \\ \text{Y\_Z\_} \end{Bmatrix} \text{D\_;}$$

$$\begin{Bmatrix} \text{G00} \\ \text{G01} \end{Bmatrix} \text{G40} \begin{Bmatrix} \text{X\_Y\_} \\ \text{Z\_X\_} \\ \text{Y\_Z\_} \end{Bmatrix} \text{;}$$

说明：

G17、G18、G19：坐标平面选择。

G00、G01：刀具移动指令。建立和取消刀具半径补偿的程序段必须与 G00 或 G01 指令组合完成，不能使用 G02 或 G03 圆弧插补指令。

G41：刀具半径左补偿。

G42：刀具半径右补偿。

G40：取消刀具半径补偿。

D：刀具补偿号，也称为刀具偏置代号地址字，后面常用两位数字表示代号，一般为D00～D99。

刀具半径左补偿 G41，即从垂直于所加工平面的坐标轴的正方向往负方向，并沿刀具进刀方向看去，刀具中心在零件轮廓的左侧，如图 5-20（a）所示。

刀具半径右补偿 G42，即从垂直于所加工平面的坐标轴的正方向往负方向，并沿刀具进刀方向看去，刀具中心在零件轮廓的右侧，如图 5-20（b）所示。

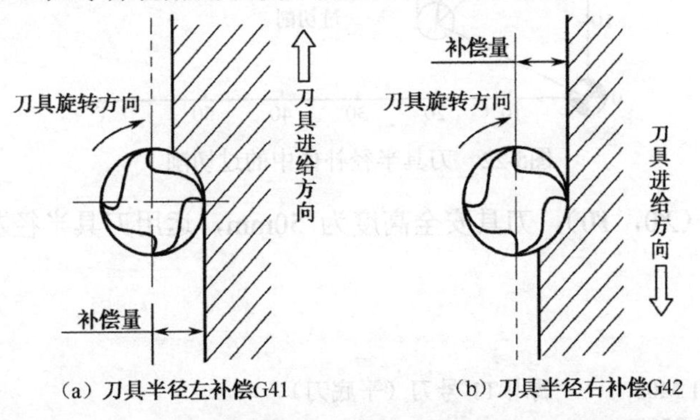

图5-20　刀具半径补偿

注意：

（1）刀具半径补偿的建立：刀具半径补偿的建立就是在刀具从起点接近工件时，刀具中心从与编程轨迹重合过渡到偏离一个偏置量的过程。

（2）刀具半径补偿的进行：在 G41、G42 程序段后，刀具中心始终与编程轨迹相距一个偏置量，直到刀具半径补偿取消。

（3）刀具半径补偿的取消：刀具离开工件，刀具中心轨迹要过渡到与编程路线重合的过程。

（4）刀具半径补偿通过减少或增加刀具的位移量建立起来，一定要在运动中建立或取消刀具半径补偿，并且应提前建立刀具半径补偿，即刀具在未接触工件前就已建立起刀具半径补偿。

（5）建立刀具半径补偿时应沿钝角或直角方向建立，即建立刀具半径补偿的轨迹和加工轨迹之间的夹角为钝角或直角，如图 5-21 所示。

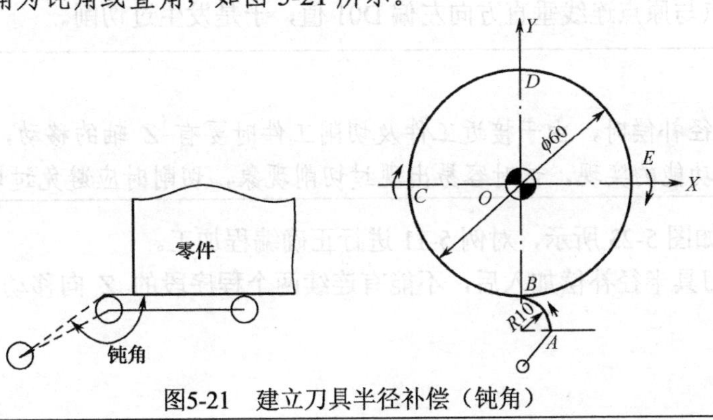

图5-21　建立刀具半径补偿（钝角）

【例5-11】 如图5-22所示，编写加工正方形外轮廓，加工深度为1mm的程序。

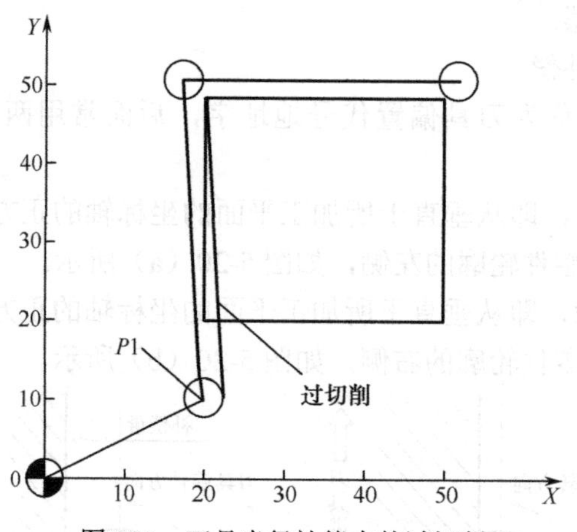

图5-22　刀具半径补偿中的过切削

分析：起始点在（X0，Y0），刀具安全高度为50mm，运用刀具半径左补偿进行外轮廓的精加工。

加工程序：

```
O17;
N5 G90 G54 G40 T01 M06;          调用T1号刀（平底刀）
N10 G00 X0 Y0 M03 S500;
N15 G00 Z50.;                    起始高度
N20 G41 X20. Y10. D01;           刀具半径补偿，D01为刀具半径补偿号
N25 Z10.;
N30 G01 Z-1. F50;   连续两句都是Z轴移动（只能有一句与刀具半径补偿无关的语句，此时会出现过切削）
N35 Y50.;
N40 X50.;
N45 Y20.;
N50 X10.;
N55 G00 Z50.;                    抬刀到安全高度
N60 G40 X0 Y0 M05;               取消刀具半径补偿
N65 M30;
```

当补偿从N20开始建立的时候，系统只能预读两句，而N25、N30都为Z轴的移动，没有X、Y轴移动，系统无法判断下一步补偿的矢量方向，这时系统不会报警，补偿照常进行，只是N20的目的点发生变化。刀具中心将会运动到P1点，其位置是N20的目标点，由目标点看原点，目标点与原点连线垂直方向左偏D01值，于是发生过切削。

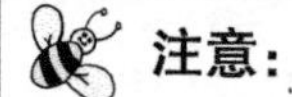
注意：

使用刀具半径补偿时，由于接近工件及切削工件时要有Z轴的移动，会影响后续程序的刀具半径补偿功能的实现，这时容易出现过切削现象，切削时应避免过切削现象。

【例5-12】 如图5-23所示，对例5-11进行正确编程加工。

分析：因为刀具半径补偿加入后，不能有连续两个程序段的Z向移动，所以刀具半径补偿加在工进以前。

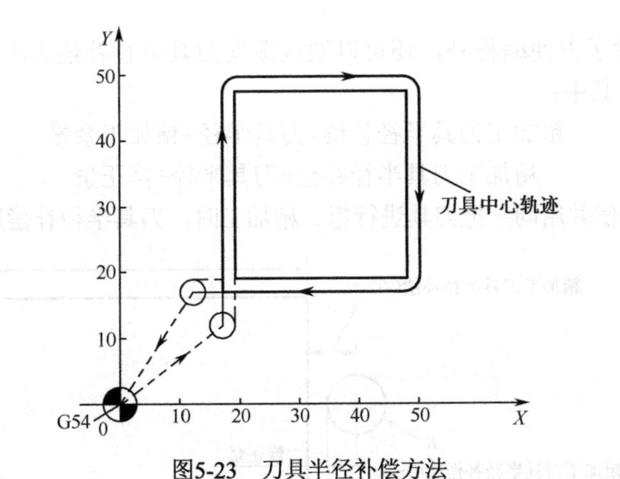

图5-23　刀具半径补偿方法

加工程序：

```
O18;
N5 G90 G54 G40 T01 M06;        调用 1 号刀
N10 G00 X0 Y0 M03 S800;
N15 G00 Z50.;                  起始高度
N20 Z10.;                      快进转工进的点
N25 G41 X20. Y10. D01;         刀具半径补偿，D01 为刀具半径补偿号
N30 G01 Z-1. F100;             切深 1mm
N35 Y50.;
N40 X50.;
N45 Y20.;
N50 X10.;
N55 G40 X0 Y0;                 取消刀具半径补偿
N60 G00 Z50.;                  抬刀到起始高度
N65 M05;
N70 M30;
```

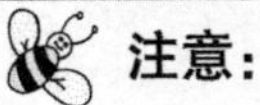
注意：

使用刀具半径补偿时应避免过切削现象。这又包括以下三种情况：

（1）使用刀具半径补偿和取消刀具半径补偿时，刀具必须在所补偿的平面内移动，移动距离应大于刀具补偿值。

（2）圆弧补偿中的过切削如图 5-24 所示。加工半径小于刀具半径的内圆弧时，进行半径补偿将产生过切削，如图 5-24（a）所示。只有在过渡圆角≥刀具半径+精加工余量的情况下才能正常切削。

（3）被铣削槽底宽小于刀具直径时将产生过切削，如图 5-24（b）所示。

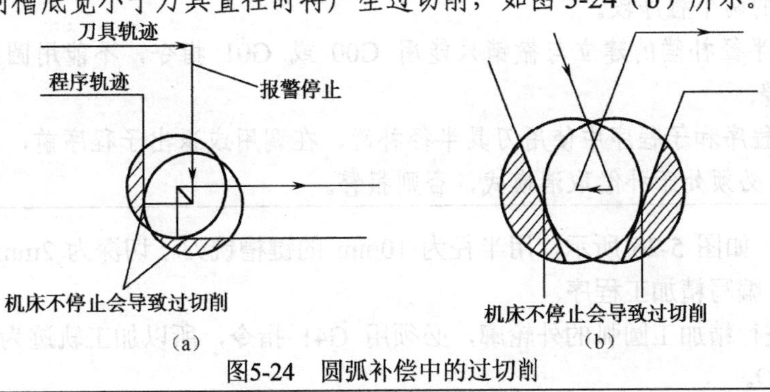

图5-24　圆弧补偿中的过切削

刀具半径补偿除了方便编程外，还可以通过改变刀具半径补偿大小的方法，利用同一程序实现粗、精加工。其中：

粗加工刀具半径补偿=刀具半径+精加工余量

精加工刀具半径补偿=刀具半径+修正量

利用刀具半径补偿并用同一把刀具进行粗、精加工时，刀具半径补偿原理如图 5-25 所示。

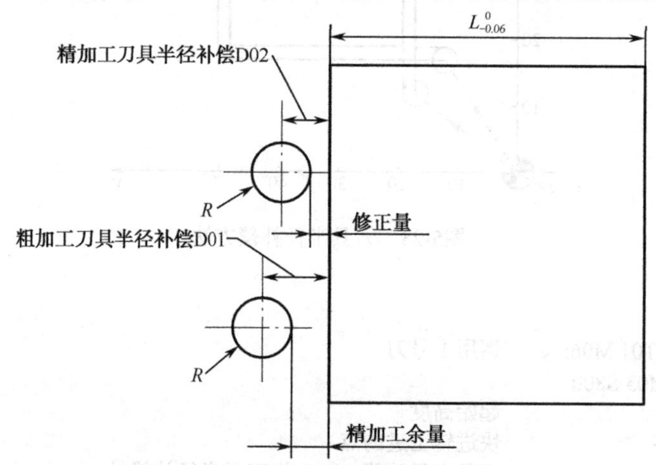

图5-25　刀具半径补偿原理

【例 5-13】 如图 5-25 所示，刀具为ϕ20mm 立铣刀，现零件粗加工后给精加工留单边余量为 1.0mm，则粗加工刀具半径补偿 D01 的值为：

$$R_{补}=R_{刀}+1.0=10.0+1.0=11.0$$

如果粗加工后实测尺寸为 L+0.87，则精加工刀具半径补偿 D02 的值应为：

$$R_{补}=11.0-\frac{0.87+\frac{0.06}{2}}{2}=10.55$$

则加工后工件实际值为 L−0.03。

注意：

（1）初始状态 CNC 处于刀具半径补偿取消方式，再执行 G41 或 G42 指令，CNC 开始建立刀具半径补偿偏置方式。在补偿开始时，CNC 预读两个程序段，执行一程序段时，下一程序段存入刀具半径补偿缓冲存储器中。在单段运行时，读入两个程序段，执行第一个程序段终点后停止。在连续执行时，预先读入两个程序段，因此在 CNC 中的是正在执行的程序段和其后的两个程序段。

（2）刀具半径补偿的建立与撤销只能用 G00 或 G01 指令，不能用圆弧指令 G02 或 G03，否则报警。

（3）在主程序和子程序中使用刀具半径补偿，在调用或退出子程序前，即执行 M98 或 M99 前，CNC 必须处于补偿取消模式，否则报警。

【例 5-14】 如图 5-26 所示，用半径为 10mm 的键槽铣刀，切深为 2mm，完成工件外轮廓的铣削加工，编写精加工程序。

分析：要进行精加工圆弧的外轮廓，必须用 G41 指令，所以加工轨迹为 O→A→B→C→D→E→B→F→O。

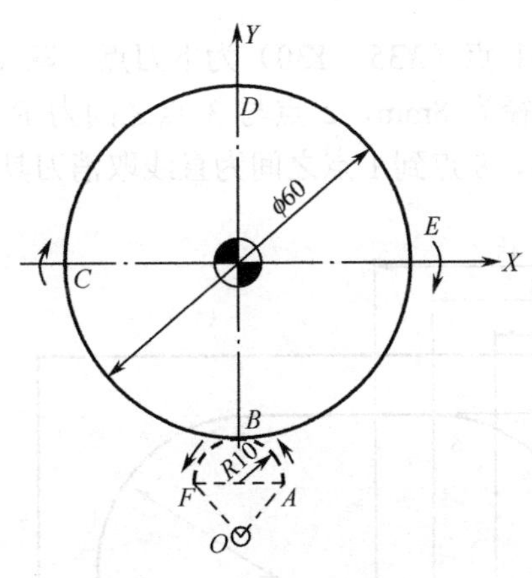

图5-26　半径补偿圆弧导入

加工程序：

```
O19;
G90 G54 G40 M06 T01;
M03 S500;
G00 X0 Y-50.;
Z100.;
G01 Z2. F1000;
G01 Z-2. F50;
G41 X10. Y-40. D01;          调入一号刀具半径补偿（O→A）
G03 X0 Y-30. R10.;           圆弧切入（A→B）
G02 J30.;                    铣削整圆（B→C→D→E→B）（外轮廓铣运用 G41 与 G02，顺铣）
G03 X-10. Y-40. R10.;        圆弧切出（B→F）
G01 G40 X0 Y-50.;            取消刀具半径补偿（F→O）
G00 Z100.;
M05;
M30;
```

【例 5-15】　如图 5-27 所示，编写内腔的精加工程序，刀具选用直径为 8mm 的立铣刀。

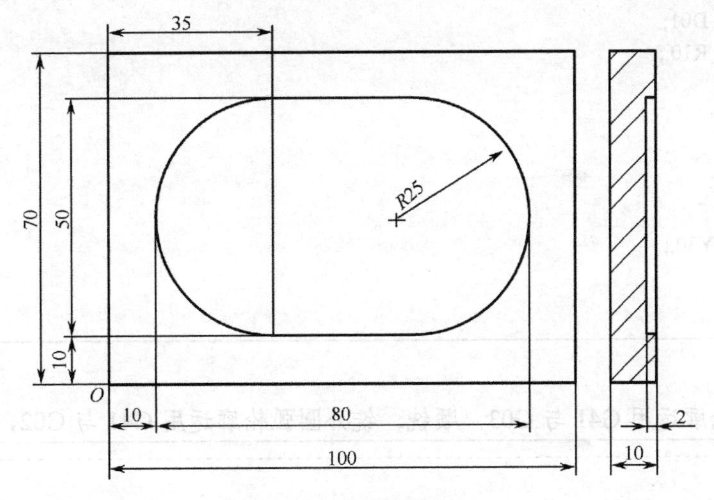

图5-27　内腔铣削加工

分析：加工图 5-27 所示的内轮廓，拟定如图 5-28 所示的内腔加工半径补偿导入图，加工路线为 1 点—2 点—3 点—4 点—5 点—6 点—3 点—8 点—1 点。精加工内腔刀具半径补偿用

G41，加工指令用 G03，选择 1 点（*X*35，*Y*30）为下刀点，取 1 点与 2 点（*X*25，*Y*20）之间加入刀具半径补偿，又刀具直径为 8mm，2 点与 3 点之间为 *R*=10mm 的圆弧导入，3 点与 8 点之间为 *R*=10mm 的圆弧导出，8 点到 1 点之间为直线取消刀具半径补偿。

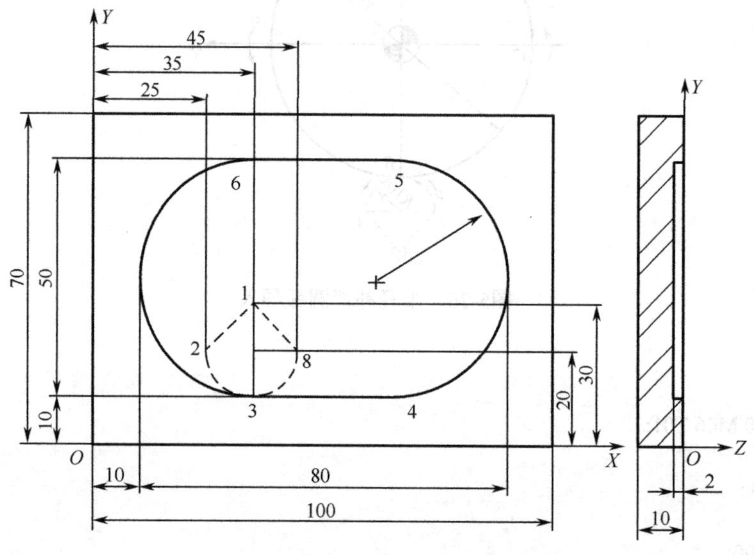

图5-28 内腔加工半径补偿导入图

加工程序：

```
O20;
G90 G54 G40;
M06 T01;
M03 S500;
G00 X35. Y30.;
Z100.;
G01 Z2. F1000;
Z-2. F100;
G41 X25. Y20. D01;
G03 X35. Y10. R10.;
G01 X65. ;
G03 Y60. R25.;
G01 X35.;
G03 Y10. R25.;
X45. Y20. R10.;
G40 G01 X35. Y30.;
G00 Z100.;
M30;
```

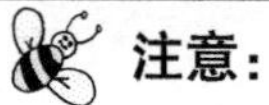

注意：

铣内圆弧轮廓运用 G41 与 G03，顺铣；铣外圆弧轮廓运用 G41 与 G02，顺铣。

思考题：

23. 如图 5-29 所示，运用 G41 指令进行编程，与程序 O10、O11 及 O12 进行对比。

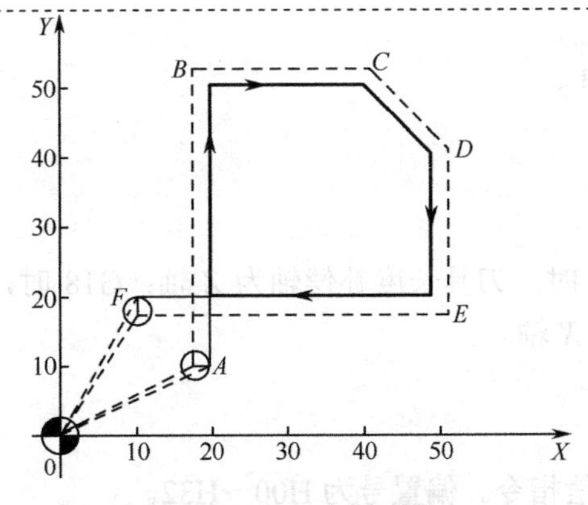

图5-29　G41编程实例1

24. 如图 5-30 所示，用 G41 指令编写精加工程序，与程序 O15 进行对比。

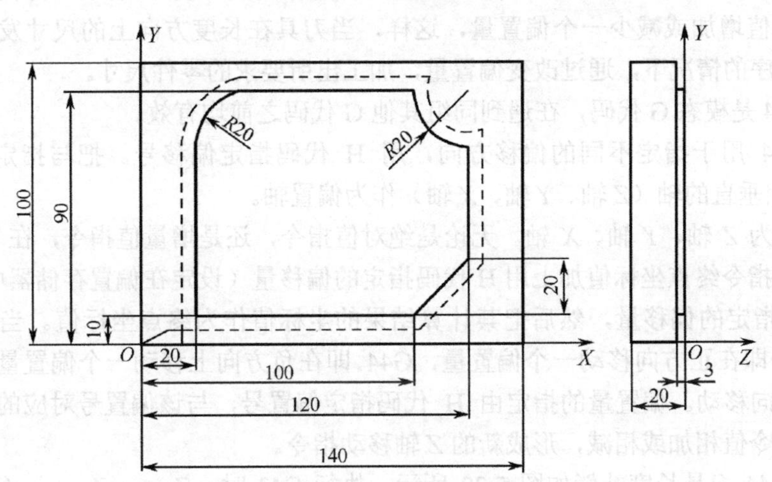

图5-30　G41编程实例2

25. 如图 5-31 所示，运用 G41 指令编写精加工程序。

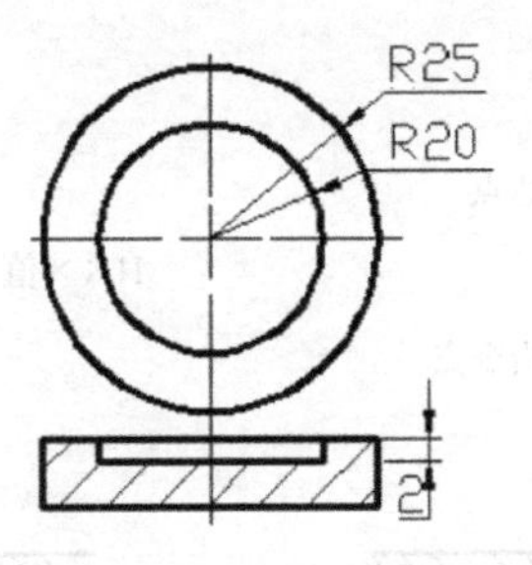

图5-31　G41编程实例3

5.5.2　刀具长度补偿

刀具长度补偿指令有 G43、G44、G49。

格式:

$$\begin{Bmatrix}G17\\G18\\G19\end{Bmatrix}\begin{Bmatrix}G43\\G44\end{Bmatrix}\begin{Bmatrix}G00\\G01\end{Bmatrix}\begin{Bmatrix}Z\_\\Y\_\\X\_\end{Bmatrix}H\_;$$

G49;

说明：

G17、G18、G19：G17 时，刀具长度补偿轴为 Z 轴；G18 时，刀具长度补偿轴为 Y 轴；G19 时，刀具长度补偿轴为 X 轴。

G43：正向补偿。

G44：负向补偿。

G49：取消刀具长度补偿指令。偏置号为 H00～H32。

H：与半径补偿指令中的 D 一样，H 为刀具长度补偿偏置号（H00～H99）。

刀具长度补偿一般用于刀具在轴向（Z 方向）的补偿，它使刀具在 Z 方向上的实际位移量比程序给定值增加或减少一个偏置量，这样，当刀具在长度方向上的尺寸发生变化时，可以在不改变程序的情况下，通过改变偏置量，加工出所要求的零件尺寸。

G43、G44 是模态 G 代码，在遇到同组其他 G 代码之前均有效。

G43、G44 用于指定不同的偏移方向，用 H 代码指定偏移号。把与指定平面（G17、G18、G19）相垂直的轴（Z 轴、Y 轴、X 轴）作为偏置轴。

补偿轴可为 Z 轴、Y 轴、X 轴。无论是绝对值指令，还是增量值指令，在 G43 时，把程序中 Z 轴移动指令终点坐标值加上用 H 代码指定的偏移量（设定在偏置存储器中）；G44 时，减去 H 代码指定的偏移量，然后把其计算结果的坐标值作为终点坐标值。当偏置量是正值时，G43 指令即在正方向移动一个偏置量，G44 即在负方向上移动一个偏置量。当偏置量是负值时，反方向移动。偏置量的指定由 H 代码指定偏置号，与该偏置号对应的偏置量与程序中 Z 轴移动指令值相加或相减，形成新的 Z 轴移动指令。

G43 与 G44 刀具长度补偿如图 5-32 所示，执行 G43 时，$Z_{实际值}=Z_{指令值}+$（H××）；执行 G44 时：$Z_{实际值}=Z_{指令值}-$（H××）。式中，（H××）是指编号为××寄存器中的补偿量。

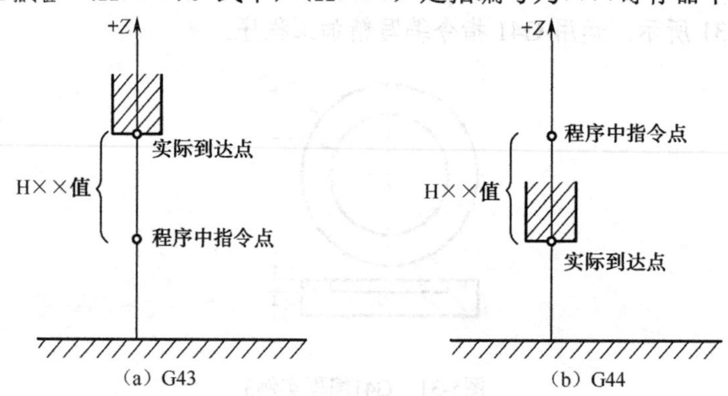

图5-32　G43与G44刀具长度补偿

在实际生产中，为了防止出错，有时只用 G43 指定刀具长度补偿，当使用刀具比基准刀具长时，刀具长度补偿值为正；当使用刀具比基准刀具短时，刀具长度补偿值为负。

【例 5-16】 如图 5-33 所示，用刀具长度补偿编写ϕ10mm 孔的加工程序。

分析：如图 5-33 所示，选用的刀具 T01 为中心钻、T02 为ϕ10mm 的钻头，长度分别为 32mm、108mm，所用基准刀长为 100mm，则当前刀具长度减去基准刀为：

H01=32-100=-68mm

H02=108-100=8mm

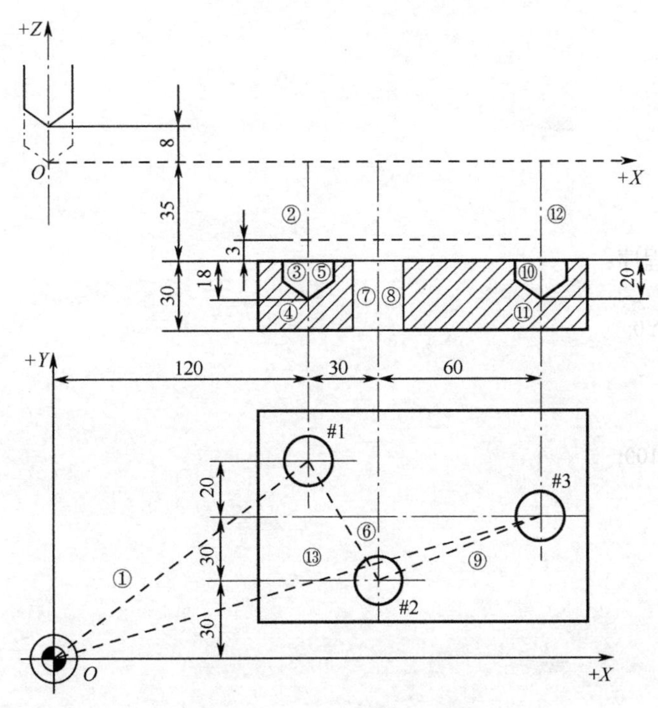

图5-33　刀具长度补偿实例1

加工程序：

```
O21;
G54 G90 G49 G00 X0 Y0;
M06 T01;
M03 S1000;
Z35.;
G91 G01 X120. Y80. F100;
G43 Z-32. H01;
G01 Z-6. F120;
G00 Z6.;
X30. Y-50.;
G01 Z-6. F120;
G00 Z6.;
X60. Y30.;
G01 Z-6. F120;
G00 Z6.;
G49 Z100.;
X-210. Y-60.;
M06 T02;
M03 S600;
G90 G00 Z35.;
G91 G01 X120. Y80. F100;
G43 Z-32. H02;
G01 Z-21. F120;
G04 P1000;
```

```
G00 Z21.;
X30. Y-50.;
G01 Z-36. F120;
G00 Z36.;
X60. Y30.;
G01 Z-23. F120;
G04 P1000;
G49 G00 Z100.;
X-210. Y-60.;
M30;
```

绝对编程加工程序：

```
O22;
G54 G90 G00 X0 Y0;
M06 T01;
M03 S1000;
Z35.;
G01 X120. Y80. F100;
G43 Z3. H01;
Z-3. F120;
G00 Z3.;
X150. Y30.;
G01 Z-3. F120;
G00 Z3.;
X210. Y60.;
G01 Z-3. F120;
G49 G00 Z100.;
M06 T02;
M03 S600;
Z35.;
G01 X120. Y80. F100;
G43 Z3. H02;
Z-18. F120;
G04 P1000;
G00 Z3.;
X150. Y30.;
G01 Z-33. F120;
G00 Z3.;
X210. Y60.;
G01 Z-20. F120;
G04 P1000;
G49 G00 Z100.;
X0 Y0;
M30;
```

思考题：

26. 如图5-34所示，加工直径为20mm的盲孔与直径为10mm的通孔，用刀具长度补偿指令编程。

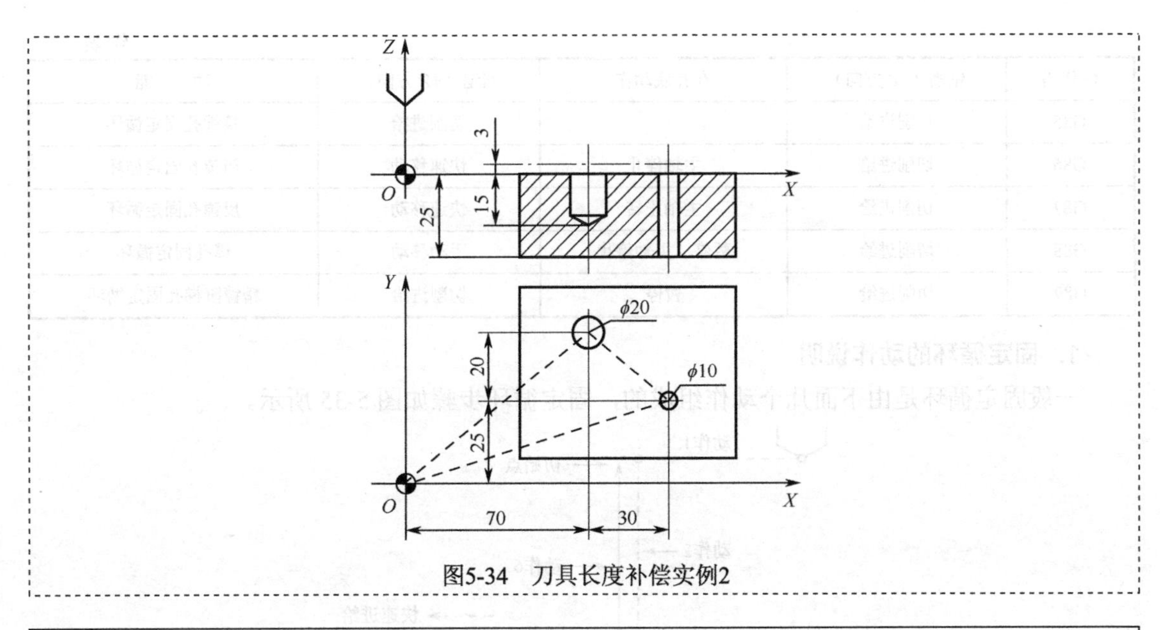

图5-34　刀具长度补偿实例2

注意：

取消刀具长度补偿时可用指令 G49 或 H00。如果用 G49，则所有轴补偿都被取消。用 H00 只是取消与当前指定平面相垂直的轴的补偿量。执行 G49 或 H00 指令后，立刻进行取消动作。

5.6　孔加工的固定循环指令

5.6.1　孔的固定循环概述

固定循环通常是用含有 G 功能的一个程序段完成用多个程序段指令才能完成的加工动作，简化了编程工作。通过孔固定循环 G 功能单程序段指令完成频繁进行的孔加工操作，缩短了程序，节省了存储空间。

FANUC 系统固定循环指令功能如表 5-4 所示。

表 5-4　FANUC 系统固定循环指令功能

G 代码	钻削（$-Z$ 方向）	在孔底动作	回退（$+Z$ 方向）	功　能
G73	间歇进给	—	快速移动	高速深孔钻削固定循环
G74	切削进给	暂停、主轴正转	切削进给	左螺纹攻丝固定循环
G76	切削进给	主轴定向停止	快速移动	精镗固定循环
G80	—	—	—	取消固定循环
G81	切削进给	—	快速移动	点钻、钻孔固定循环
G82	切削进给	暂停	快速移动	锪孔、钻阶梯孔固定循环
G83	间歇进给	—	快速移动	深孔往复排屑钻削固定循环
G84	切削进给	暂停、主轴反转	切削进给	右螺纹攻丝固定循环

续表

G代码	钻削（-Z方向）	在孔底动作	回退（+Z方向）	功　能
G85	切削进给	—	切削进拾	精镗孔固定循环
G86	切削进给	主轴停止	快速移动	粗镗孔固定循环
G87	切削进给	主轴正转	快速移动	反镗孔固定循环
G88	切削进给	暂停、主轴停止	手动移动	镗孔固定循环
G89	切削进给	暂停	切削进给	精镗阶梯孔固定循环

1. 固定循环的动作说明

一般固定循环是由下面几个动作组成的，固定循环步骤如图5-35所示。

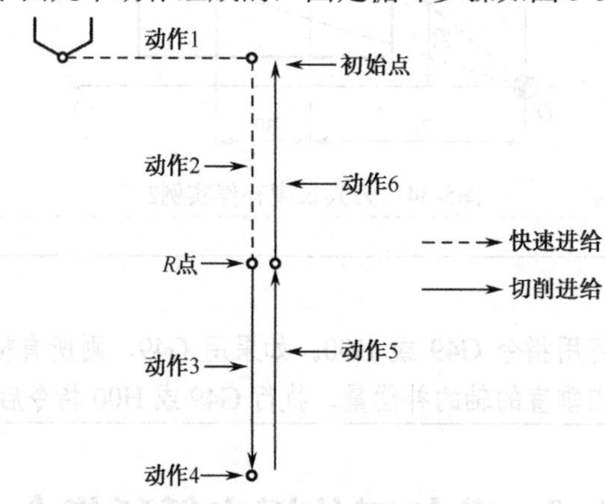

图5-35　固定循环步骤

动作1：*X*、*Y*定位。

动作2：快速定位到*R*点。

动作3：孔加工。

动作4：孔底的动作。

动作5：退回到*R*点。

动作6：快速返回至初始点平面。

初始点平面：初始点平面是为了安全下刀而规定的一个平面。初始点平面到零件表面的距离可以任意设定在一个安全的高度上，当使用同一把刀具加工若干孔时，只有孔间存在障碍需要跳跃或全部孔加工完了时，才使刀具返回到初始点平面上的初始点处。

*R*点平面：又叫作*R*参考平面，这个平面是刀具下刀时自快进转为工进的高度平面，距工件表面的距离主要考虑工件表面尺寸的变化，一般可取2～5mm。

孔底平面：加工盲孔时，孔底平面就是孔底的*Z*轴高度；加工通孔时，一般刀具还要伸出工件底平面一段距离，主要是保证全部孔深都加工到尺寸，这是因为钻削加工时还应考虑钻头钻尖对孔深的影响。

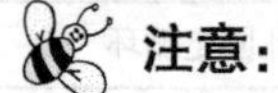

注意：

（1）*R*、*Z*值的确定方法如图5-36所示。当用绝对坐标编程G90指令时，指令的*R*值和*Z*值分别为*R*点平面和要加工的孔底的绝对位置，如图4-36（a）所示。

（2）当用增量坐标编程G91指令时，指令的*R*值是从初始点平面到*R*点平面的距离，

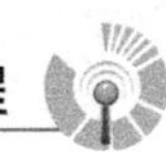

Z 值则是从 *R* 点平面到孔底平面的距离，如图 5-36（b）所示。

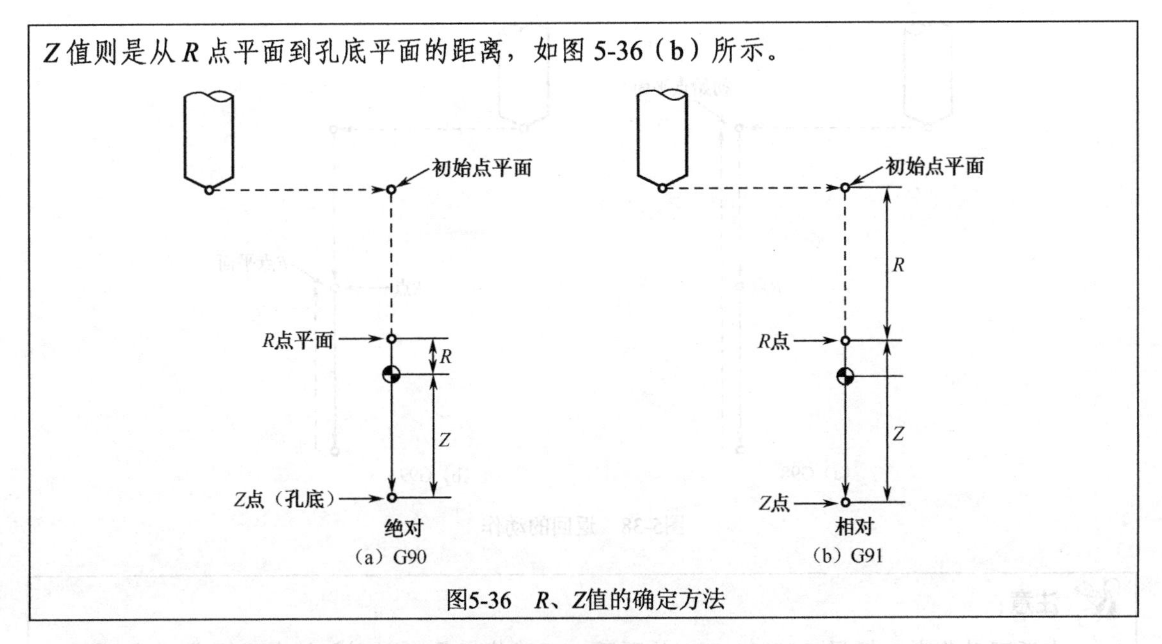

图5-36　*R*、*Z*值的确定方法

【例 5-17】 如图 5-37 所示，刀具的初始点定位在 *Z*25 高度，求 *R*、*Z* 的值。

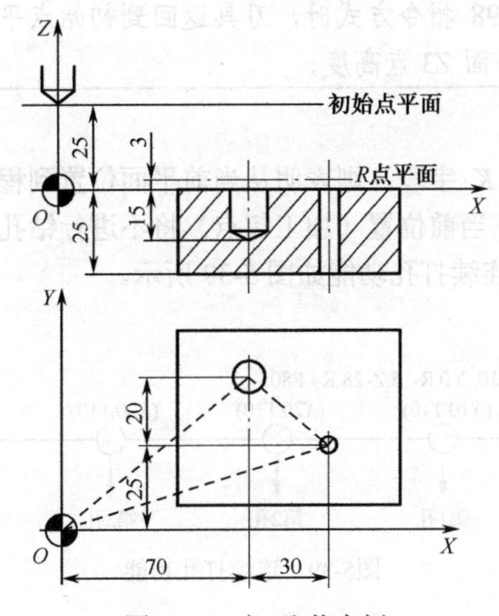

图5-37　*R*与*Z*取值实例

分析：用 G90 绝对坐标编程指令方式加工盲孔时，*R*、*Z* 分别为 *R* 点平面和要加工的孔底的绝对坐标值，故 *R* 值为 *R*3，*Z* 值为 *Z*−15；用 G91 增量坐标编程指令方式加工盲孔时，指令的 *R* 值是从初始点平面到 *R* 点平面的距离，*Z* 值则是从 *R* 点平面到孔底平面的距离，故 *R* 值为−22，*Z* 值为 *Z*−18。

相同的方法：加工通孔时，用 G90 绝对坐标编程指令方式时，*R* 值为 *R*3，*Z* 值为 *Z*−28；用 G91 增量坐标编程指令方式时，*R* 值为 *R*−22，*Z* 值为 *Z*−31。

2. 返回点平面 G98/G99

在返回动作中，根据 G98 和 G99 的不同，可以使刀具返回到初始点平面或 *R* 点平面。指令 G98 和 G99 返回的动作如图 5-38 所示。

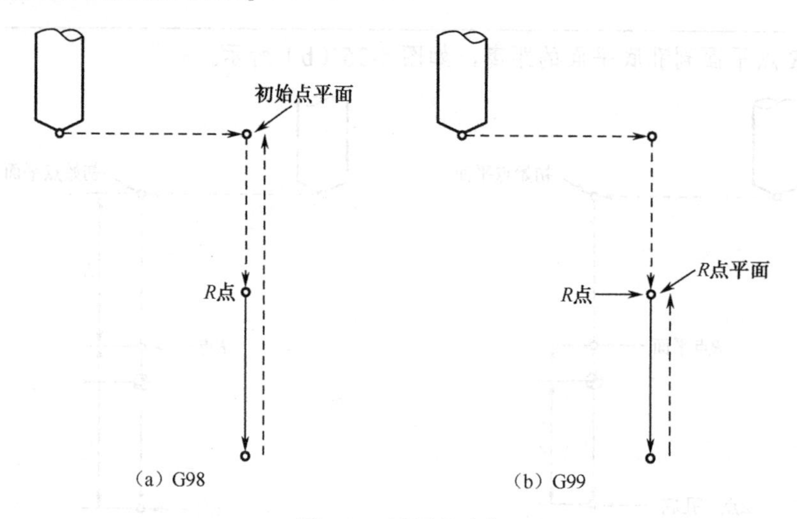

图5-38　返回的动作

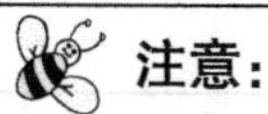

注意：

在返回动作中，根据 G98 和 G99 的不同，可以使刀具返回到初始点平面或 *R* 点平面。以图 5-37 为例，即采用 G98 指令方式时，刀具返回到初始点平面 *Z*25 点高度；采用 G99 指令方式时，刀具返回 *R* 平面 *Z*3 点高度。

3. 连续打孔

若在固定循环中指令有 *K* 字段，则表明从当前平面位置到程序段中给定的这一线段上，要进行 *K* 个孔的加工循环，当前位置（加工起点）将不进行钻孔，而终点作为最后一个孔的位置，这些孔是等距离的，连续打孔功能如图 5-39 所示。

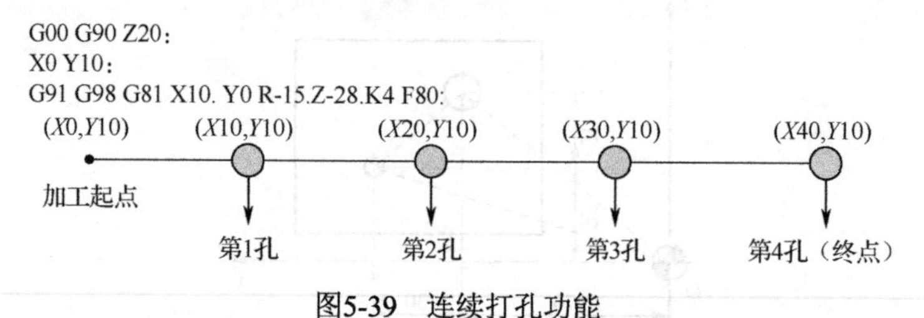

图5-39　连续打孔功能

K 的最大指令值为 9999。*K* 指令负值无效，即使指令为负值，符号也无效。

没有指令 *K* 则孔的个数等于 1，为正常加工，即只加工一次；如果 *K* 等于 0，则不执行钻孔，刀具不动作，但保存相关固定循环模态数据。

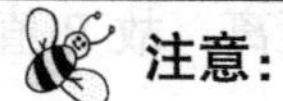

注意：

（1）指令字 *K* 只在当前程序段有效。

（2）在连续打孔过程中，返回的平面都为 *R* 点平面，只有当加工完最后一个孔后才根据程序段中的指令 G98/G99 返回相应的平面。

4. 固定循环的取消

取消固定循环有以下两种方式：

（1）用指令 G80 来取消固定循环。

（2）用指令 01 组的 G00、G01、G02、G03 来取消固定循环。

当用指令 G80 取消固定循环时，若程序中没有指令 01 组中的 G00、G01、G02、G03 指令，则使用固定循环前保存的模态指令（G00 或 G01）来进行动作。

例如：

```
N0010 G01 X0 Y0 Z10. F800;          进入固定循环前的模态指令为G01
N0020 G81 X10. Y10. R5. Z-50.;      进入固定循环
N0030 G80 X100. Y100. Z100.;        取固定循环前保存的模态指令 G01 进行切削进给
```

如果上述程序 N0010 段中的指令不是 G01，而是 G00，则 N0030 段是以 G00 进行快速定位的。

5. 固定循环的一般指令格式

固定循环中的孔加工数据，一旦在固定循环中被指定，便一直保持到取消固定循环为止。因此，在固定循环开始，需将必要的孔加工数据全部指定出来，在其后的固定循环中只需指定变更的数据。

固定循环的一般指令格式：

```
G_X_Y_R_Z_Q_P_F_K_;
```

固定循环所包含的所有指令地址说明如表 4-5 所示，但并不表示在每个固定循环都要指定上述格式。例如，只要指定了固定循环 G 指令（孔加工方式）和 *X*、*Y*、*Z*、*R* 中的任意一个数据，就可进行固定循环。另外，在某些固定循环 G 指令（孔加工方式）下，*Q* 或 *P* 是不可用的，无须指定（指定无效），即使指定了这些数据，也只作为模态数据存储。

表 5-5 指令地址说明

指定内容	地址	指令地址说明
孔加工方式	G	请参照表 4-3
孔位置数据	*X*，*Y*	用绝对值或增量值指定孔的位置，其控制方式与 G00 定位相同，单位为 mm
孔加工数据	*R*	用增量值指定的从初始点平面到 *R* 点距离，或者用绝对值指定 *R* 点的坐标值，单位为 mm
	Z	孔深。用增量值指定从 *R* 点到孔底的距离或者用绝对值指定孔底的坐标值，单位为 mm
	Q	指定 G73、G83 中每次切入量或者 G76、G87 中的平移量，单位为 ms
	P	指定在孔底的暂停时间，该时间和指定数值的关系与 G04 的指定方式相同，单位为 mm
	K	表示从起点（程序段执行的起始位置）到坐标位置这一线段上进行 *K* 个孔的加工循环
	F	指定切削进给速度，在 G74、G84 中表示牙距

5.6.2 固定循环

1. 点钻、钻孔固定循环指令 G81

格式：

```
G98/G99 G81 X_Y_R_Z_F_K_;
```

说明：

X、*Y*：指定要加工孔的位置坐标。

Z：指定加工孔底平面的位置，即要加工孔的深度坐标。

R：指定 *R* 点平面的位置，即刀具返回 *R* 点平面的坐标值。

F：进给量。

K：重复加工的次数。

该循环用于一般孔的钻削或中心孔的钻削。钻削进给执行到孔底，然后刀具从孔底快速移动退回。

循环过程：

（1）快速定位到 XY 平面的位置。

（2）快速下至 R 点平面。

（3）钻削进给至孔底。

（4）根据 G98 或 G99 快速返回到初始点平面或 R 点平面。

如图 5-40 所示为 G81 指令加工轨迹。

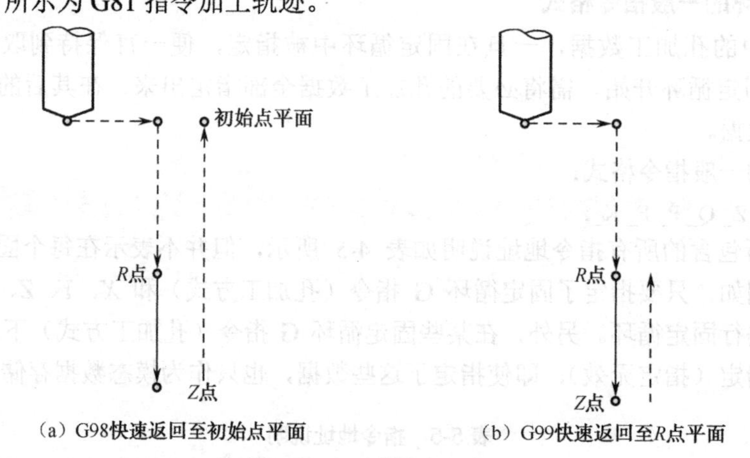

（a）G98快速返回至初始点平面　（b）G99快速返回至R点平面

图5-40　G81指令加工轨迹

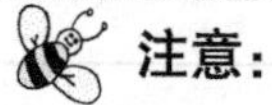

注意：

该循环指令一般用于加工通孔或者精度要求不高的孔。

【例 5-18】 如图 5-41 所示，编写加工 ϕ13mm 通孔的加工程序。

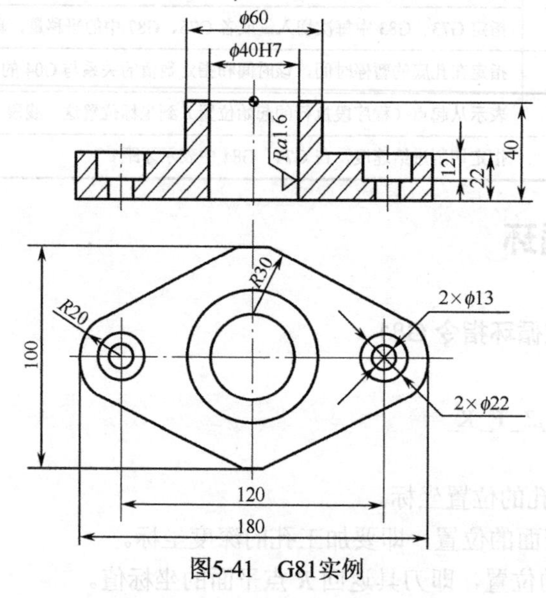

图5-41　G81实例

分析：如图 5-41 所示，ϕ13mm 的通孔没有精度要求，所以选用的 1 号刀为ϕ5mm 中心钻，打定位孔，2 号刀为ϕ13mm 的钻头，钻孔。

加工程序：

```
O23;
G54 G90 G00 X0 Y0;
Z100.;
M06 T01;
M03 S1000;
G00 G43 Z20. H01;
G98 G81 X60. Y0 Z-21. R-13. F80;
X-60.;
G00 G49 Z100.;
M06 T02;
M03 S500;
G00 G43 Z20. H02;
G98 G81 X60. Y0 Z-44. R-13. F60;
X-60.;
G00 G49 Z100.;
M30;
```

2. 锪孔、钻阶梯孔固定循环指令 G82

格式：

```
G98/G99 G82 X_ Y_ R_ Z_ P_ F_ K_;
```

说明：

X、*Y*：指定要加工孔的位置坐标。

Z：指定加工孔底平面的位置，即要加工孔的深度坐标。

R：指定 *R* 点平面的位置，即刀具返回 *R* 点平面的坐标值。

P：刀具在孔底暂停的时间（秒）。

F：进给量。

K：重复加工的次数。

此循环切削进给执行到孔底，进给暂停，然后刀具从孔底快速移动退回。

循环过程：

（1）快速定位到 *XY* 平面的位置。

（2）快速下至 *R* 点平面。

（3）切削进给至孔底。

（4）若指定 *P*，则暂停 *P* 时间。

（5）根据 G98 或 G99 快速返回到初始点平面或 *R* 点平面。

如图 5-42 所示为 G82 指令加工轨迹。

注意：

（1）G82 与 G81 指令动作基本相同，只是在孔底暂停后上升（暂停时间由 *P* 指定，若没有指定，即不暂停，指令动作与 G81 相同）。

（2）该循环主要用于加工盲孔、阶梯孔、锪孔。

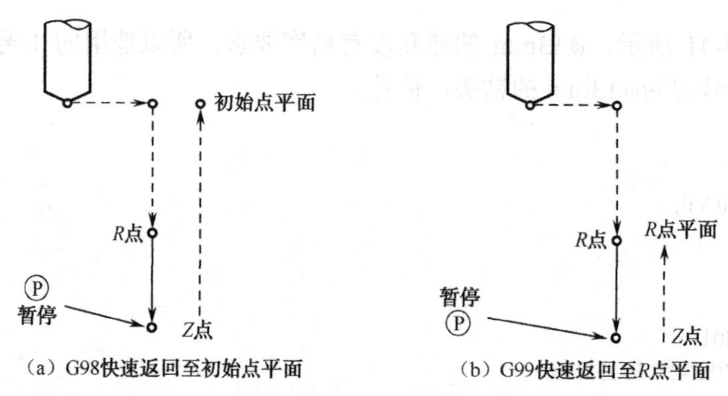

（a）G98快速返回至初始点平面　　（b）G99快速返回至R点平面

图5-42　G82指令加工轨迹

【例 5-19】 如图 5-43 所示，编写加工ϕ10mm 盲孔的程序。

分析：如图 5-43 所示，要加工ϕ10mm 的盲孔，选用的 1 号刀具为ϕ5mm 的中心钻、3 号刀具为ϕ10mm 的钻头，运用 G82 指令编程，使刀具在进给到孔底后停留 1s，以达到表面质量和尺寸精度。

加工程序：

```
O24;
G54 G90 G00 X0 Y0;
Z100.;
M06 T01;
M03 S1500;
G00 G43 Z20. H01;
G98 G81 X100. Y40. Z-3. R5. F80;
G00 G49 Z100.;
M06 T03;
M03 S500;

G00 G43 Z50. H03;
G98 G82 X100. Y40. Z-41. R5. P1000 F50;
G00 G49 Z100.;
M30;
```

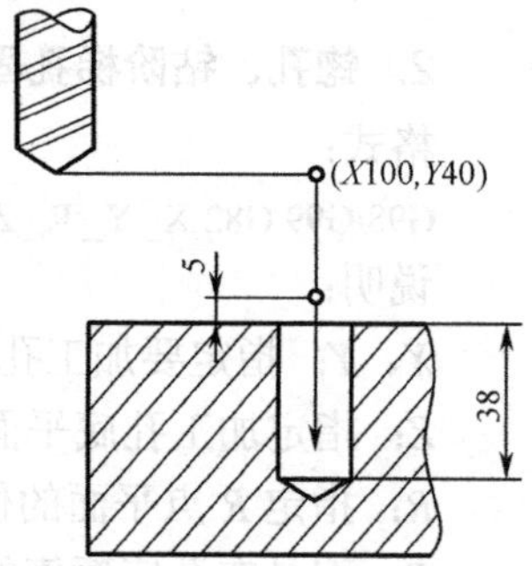

(X100,Y40)　5　38

图5-43　G82实例1

【例 5-20】 如图 5-44 所示，编写ϕ22mm 沉孔的加工程序。

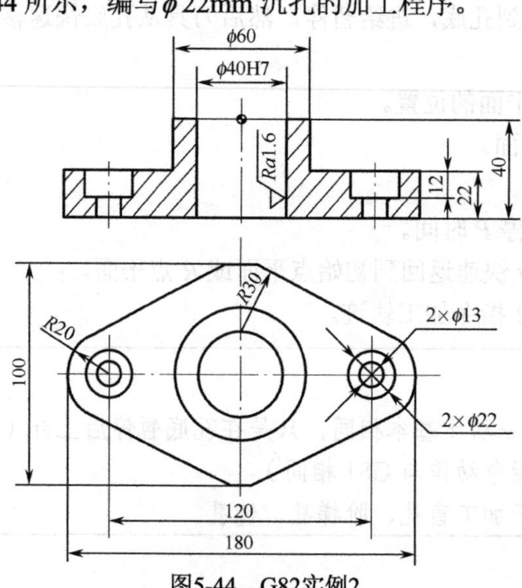

图5-44　G82实例2

分析：如图 5-44 所示，编写加工ϕ22mm 沉孔的程序，即ϕ13mm 的已经加工完成，选用ϕ22mm 的锪钻；为了获得较好的表面质量和尺寸精度，运用 G82 指令，刀具进给到孔底停留 1s，再快速返回。

加工程序：

```
O25;
G54 G90 G00 X0 Y0;
Z100.;
M06 T03;
M03 S500;
G00 G43 Z50. H03;
G98 G82 X60. Y0 Z-30. R-13. P1000 F50;
X-60.;
G00 G49 Z100.;
M30;
```

思考题：

27. 如图 5-45 所示，用 G81、G82 指令编写各孔加工程序。

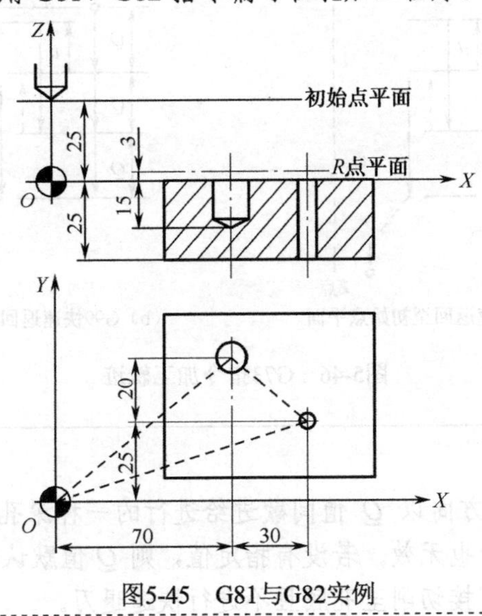

图5-45　G81与G82实例

3. 高速深孔钻削固定循环指令 G73

格式：

```
G98/G99 G73 X_ Y_ R_ Z_ Q_ F_ K_;
```

说明：

X、*Y*：指定要加工孔的位置坐标。

Z：指定加工孔底平面的位置，即要加工孔的深度坐标。

R：指定 *R* 点平面的位置，即刀具返回 *R* 点平面的坐标值。

Q：钻头每次进给深度。

F：进给量。

K：重复加工的次数。

该循环执行高速深孔加工，它执行间歇切削进给直到孔的底部，同时从孔中排除切屑。

循环过程：

（1）快速定位到 *XY* 平面的位置。

（2）快速下至 *R* 点平面。

（3）切削进给 *Q* 距离。

（4）快速退刀 *d* 距离。

（5）切削进给（*Q*+*d*）距离。

（6）循环（4）、（5）直至加工到孔底。

（7）根据 G98 或 G99 快速返回初始点平面或 *R* 点平面。

如图 5-46 所示为 G73 指令加工轨迹。

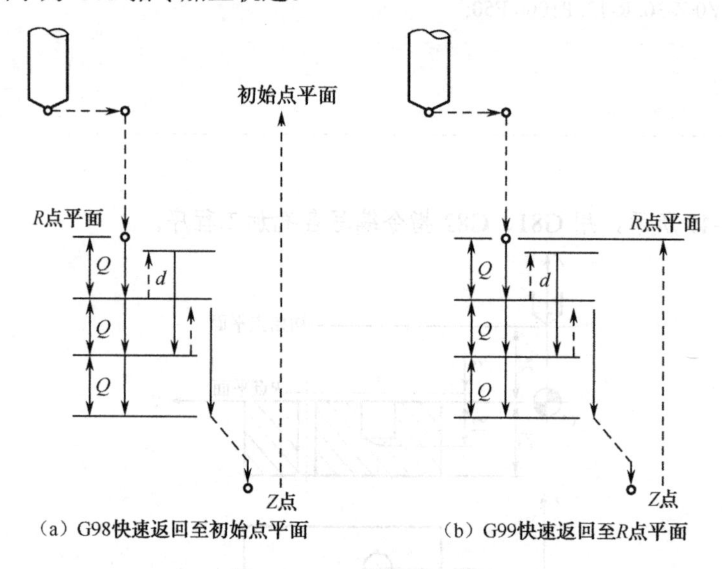

图5-46　G73指令加工轨迹

注意：

（1）该循环是在 *Z* 轴方向以 *Q* 值间歇进给进行的一种深孔加工方式。*Q* 值必须为正值，即使指定了负值，符号也无效。若没有指定值，则 *Q* 值默认等于 0.1mm。若 *Q* 值大于要切削的深度，则第一次直接切削至孔底且不进行快速退刀。

（2）为使深孔加工容易排屑，退刀量可设定为微小量，这样可以提高工效。退刀是用快速进给的，退刀量 *d* 用参数 No.51 设定，默认值为 1000，单位为 0.001mm。

【例 5-21】 如图 5-47 所示，加工ϕ10mm 的通孔，运用 G73 指令编写程序。

分析：如图 4-47 所示，工件坐标系建立于工件上表面中心，则初始点的高度为 *Z*48，*R* 点的高度为 *Z*5，孔底位置的坐标为（*X*50，*Y*20，*Z*−35），用高速深孔钻削指令加工；选用的 1 号刀为ϕ5mm 的中心钻、2 号刀为ϕ10mm 的钻头。

加工程序：

```
O26;
G54 G90 G00 Z100.;
M06 T01; ;
M03 S1000;
G00 G43 Z48. H01;
```

```
G99 G81 X50. Y20. Z-3. R5. F50;
G00 G49 Z100.;
M06 T02; ;
M03 S600;
G00 G43 Z48. H02;
G99 G73 X50. Y20. Z-35. R5. Q5. F50;
G00 G49 Z100.;
M30;
```

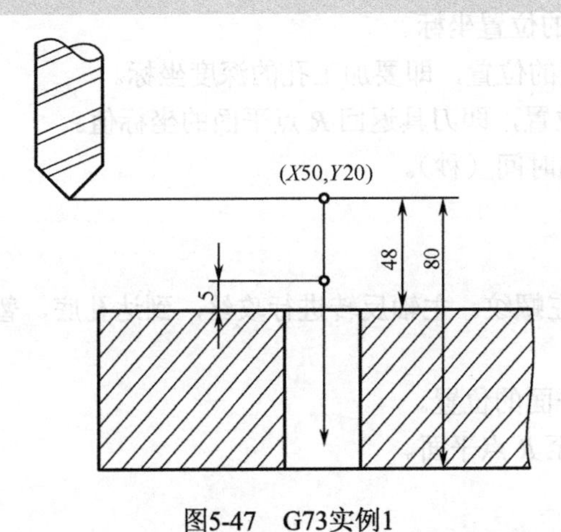

图5-47 G73实例1

【例 5-22】 如图 5-48 所示，加工ϕ20mm、深度为 62mm 的通孔，编写加工程序。

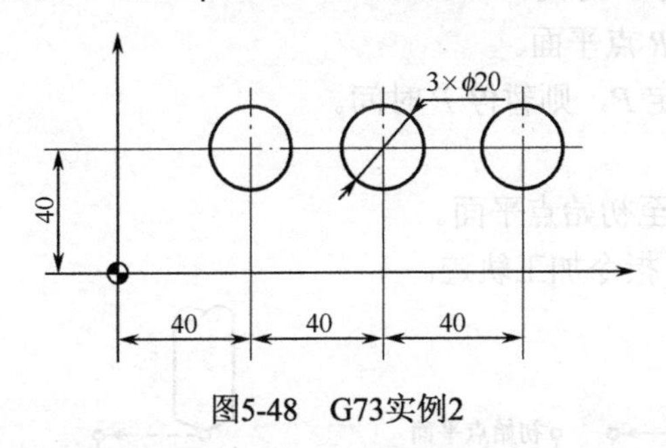

图5-48 G73实例2

分析：如图 5-48 所示，加工 3 个ϕ20mm、深度为 62mm 的通孔，用 G73 指令加工；其 *X* 向的坐标依次增加 40mm，所以可以用 *K*3 循环加工；选用的 1 号刀为ϕ5mm 的中心钻、2 号刀为ϕ20mm 的钻头。

加工程序：

```
O27;
G54 G90 G00 X0 Y40.;
Z100.;
M06 T01;
M03 S1000;
G00 G43 Z50. H01;
G98 G91 G81 X40. Y0 Z-8. R-45. K3. F50;
G00 G49 Z100.;
M06 T02;
M03 S600;
G00 G43 Z50. H02;
G98 G91 G73 X40. Y0 Z-73. R-45. Q5. K3. F50;
```

```
G00 G49 Z100.;
M30;
```

4. 左螺纹攻丝固定循环指令 G74

格式：

```
G98/G99 G74 X_ Y_ R_ Z_ P_ F_ K_;
```

说明：

X、*Y*：指定要加工孔的位置坐标。

Z：指定加工孔底平面的位置，即要加工孔的深度坐标。

R：指定 *R* 点平面的位置，即刀具返回 *R* 点平面的坐标值。

P：刀具在孔底暂停的时间（秒）。

F：进给量。

K：重复加工的次数。

此循环用于加工一个左螺纹。主轴反转进行攻丝，到达孔底，暂停后正转返回。

循环过程：

（1）快速定位到 *XY* 平面的位置。

（2）主轴反转快速下至 *R* 点平面。

（3）攻丝至孔底。

（4）主轴停止。

（5）若指定 *P*，则暂停 *P* 时间。

（6）主轴正转返回至 *R* 点平面。

（7）主轴停止；若指定 *P*，则暂停 *P* 时间。

（8）主轴反转。

（9）若为 G98 则返回至初始点平面。

如图 5-49 所示为 G74 指令加工轨迹。

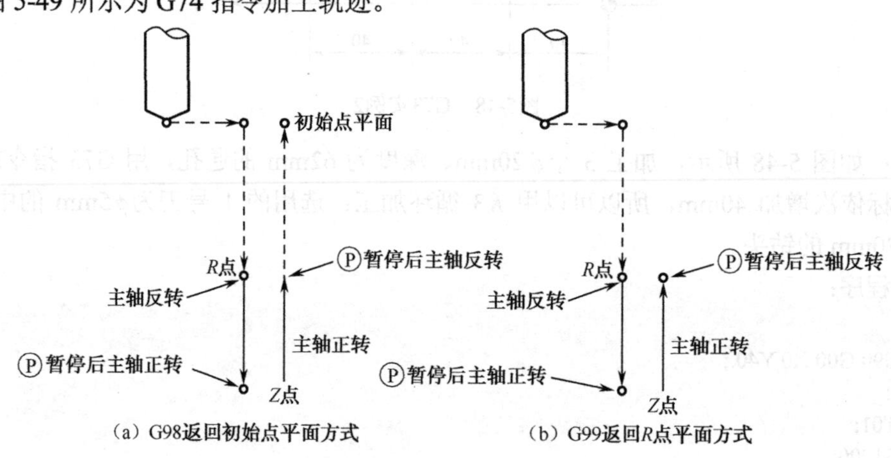

图5-49　G74指令加工轨迹

注意：

（1）该循环中即使 *P* 值省略或为 0 时，攻丝到孔底后也不会立即返回，还是会暂停一小段时间（2s）再返回，这段时间由系统内置。

（2）F 值为攻丝模态值，省略时取上次攻丝的 F 值，若不存在则报警。
（3）F 值的英/公制由 G20（英制尺寸）/G21（公制尺寸）决定。
（4）主轴转速和进给量要符合与螺距的关系：F/S=螺距。

【例 5-23】 如图 5-50 所示，运用 G74 指令编写该螺纹加工程序。

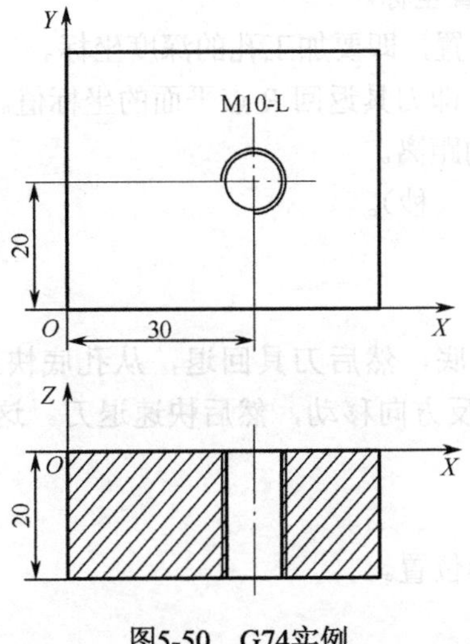

图5-50　G74实例

分析：如图 5-50 所示为左螺纹，其螺距为 1.5mm，主轴转速为 100r/min，则每分钟进给量为 150mm，计算公式为 F=主轴转速×导程。螺纹底径的计算公式为 $d=D-1.1P=10-1.1\times1.5=10-1.65=8.35$；选用的 1 号刀为$\phi$5mm 的中心钻、2 号刀为$\phi$8.5mm 的钻头、3 号刀为 M10mm 的左螺纹丝锥。

加工程序：

```
O28;
G54 G90 G00 X0 Y0;
Z100.;
M06 T01;
M03 S1000;
G00 G43 Z20. H01;
G98 G81 X30. Y20. Z-3. R5. F50;
G00 G49 Z100.;
M06 T02;
M03 S600;
G00 G43 Z20. H02;
G98 G81 X30. Y20. Z-23. R5. F50;
G00 G49 Z100.;
M06 T03;
M04 S100;
G00 G43 Z50. H03;
G98 G74 X30. Y20. Z-22. R7. P1000 F150;
G00 G49 Z100.;
M30;
```

5. 精镗固定循环指令 G76

格式：

G98/G99 G76 X_ Y_ R_ Z_ P_ Q_ F_ K_;

说明：

X、*Y*：指定要加工孔的位置坐标。

Z：指定加工孔底平面的位置，即要加工孔的深度坐标。

R：指定 *R* 点平面的位置，即刀具返回 *R* 点平面的坐标值。

Q：刀具到达孔底后回退的距离。

P：刀具在孔底暂停的时间（秒）。

F：进给量。

K：重复加工的次数。

此循环切削进给执行到孔底，然后刀具回退，从孔底快速移动退回。当刀具到达孔底时，主轴定向停止后，向刀尖反方向移动，然后快速退刀。这种带有让刀的退刀不会划伤已加工表面，保证了镗孔精度。

循环过程：

（1）快速定位到 *XY* 平面的位置。

（2）快速下至 *R* 点平面。

（3）切削进给至孔底。

（4）主轴定向停止后，向刀尖反方向移动。

（5）根据 G98 或 G99 快速返回到初始点平面或 *R* 点平面。

如图 5-51 所示为 G76 指令加工轨迹。

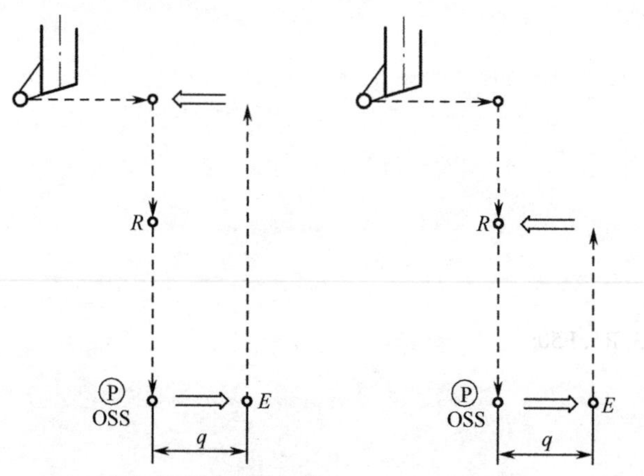

图5-51　G76指令加工轨迹

【例 5-24】 如图 5-52 所示，用 G76 编写加工ϕ40H7 的孔的加工程序。

分析：因为ϕ40H7 孔的粗糙度为 *Ra*1.6，所以此种孔加工时的工序分为：钻—扩—铰，但从图 5-52 看，此工件是一种压盖，生产批量大，一般为铸件，有毛坯孔，这里只考虑精加工。

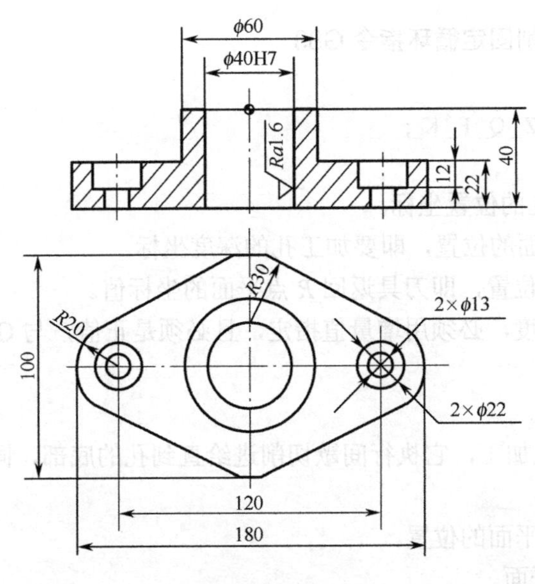

图5-52　G76实例1

加工程序：

```
O29;
G54 G90 G00 X0 Y0;
Z100.;
M06 T03;
M03 S500;
G00 G43 Z50. H03;
G99 G76 X0 Y0 Z-41. R5. P1000 Q0.2 F50;
G00 G49 Z100.;
M30;
```

思考题：

28. 如图 5-53 所示，编写精镗各孔的加工程序。

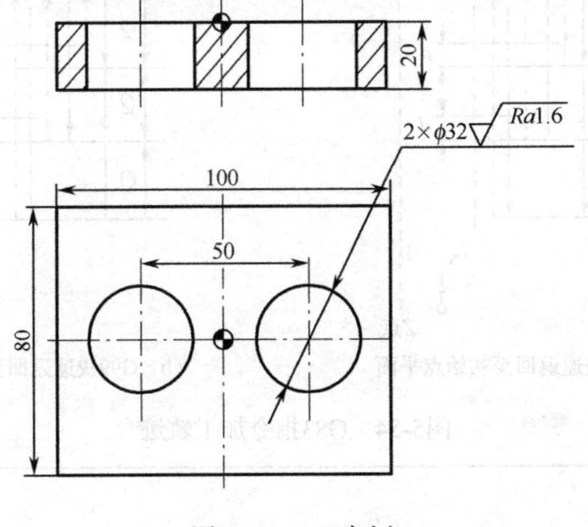

图5-53　G76实例2

6. 深孔往复排屑钻削固定循环指令 G83

格式：

```
G98/G99 G83 X_ Y_ R_ Z_ Q_ F_ K_;
```

说明：

X、*Y*：指定要加工孔的位置坐标。

Z：指定加工孔底平面的位置，即要加工孔的深度坐标。

R：指定 *R* 点平面的位置，即刀具返回 *R* 点平面的坐标值。

Q：指定每次加工深度，必须用增量值指定，且必须是正值，与 G90、G91 选择无关。

F：进给量。

K：重复加工的次数。

该循环执行高速深孔加工，它执行间歇切削进给直到孔的底部，同时从孔中排除切屑。

循环过程：

（1）快速定位到 *XY* 平面的位置。

（2）快速下至 *R* 点平面。

（3）切削进给 *Q* 距离。

（4）快速退回至 *R* 点高度距离。

（5）快速进刀至到未加工面 *d* 距离处。

（6）切削进给（*Q*+*d*）距离。

（7）循环（4）、（5）、（6）直至加工到孔底。

（8）根据 G98 或 G99 快速返回至初始点平面或 *R* 点平面。

如图 5-54 所示为 G83 指令加工轨迹。

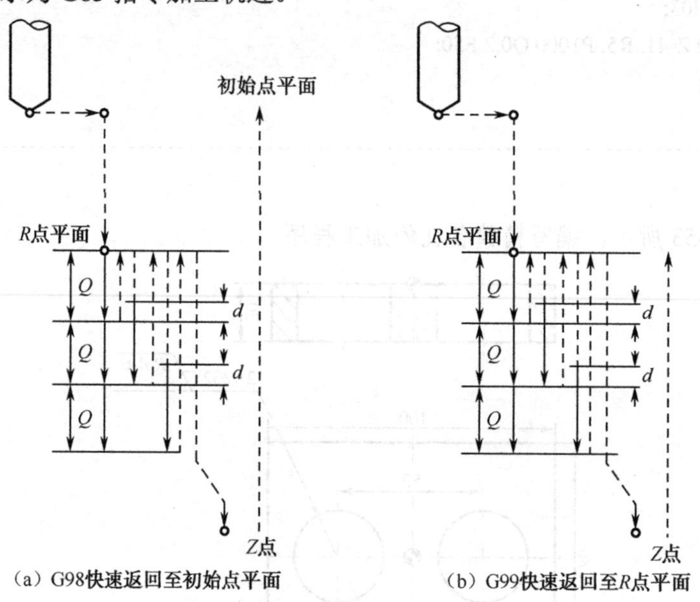

图5-54　G83指令加工轨迹

注意：

（1）与 G73 相同，只是进给 *Q* 值后，先快速退回至 *R* 点高度距离，再快速进给至到未加工面 *d* 毫米处，然后变为切削进给，依次循环。*Q* 值必须为正值，即使指定了负值，符

号也无效。若 Q 值大于要切削的深度，则第一次直接切削至孔底且不进行快速退刀。

（2）该循环下指定 P 无效，但会保留其值作为固定循环模态数值。

【例 5-25】 如图 5-55 所示，运用 G83 指令编写 ϕ10mm 的通孔的加工程序。

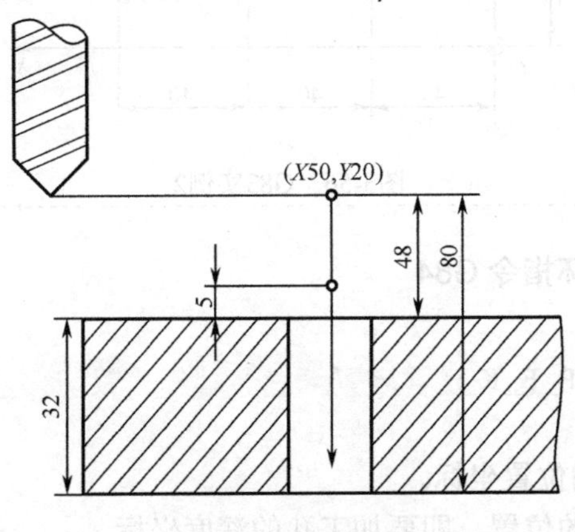

图5-55 G83实例1

分析：如图 5-55 所示的孔直径为 10mm，孔深为 32mm，工件坐标系建立于工件上表面中心，则初始点的高度为 Z48，R 点的高度为 Z5，孔底的坐标为（X50，Y20，Z−35），用 G83 指令加工，选用的 1 号刀为 ϕ5mm 的中心钻、2 号刀为 ϕ10mm 的钻头。

加工程序：

```
O30;
G54 G90 G00 Z100.;
M06 T01;
M03 S1000;
G00 G43 Z48. H01;
G99 G81 X50. Y20. Z-3. R5. F50;
G00 G49 Z100.;
M06 T02;
M03 S600;
G00 G43 Z48. H02;
G99 G83 X50. Y20. Z-35. R5. Q5. F50;
G00 G49 Z100.;
M30;
```

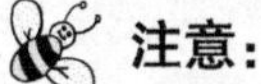

注意：

如图 5-55 所示为通孔加工，循环指令可以用 G83 也可以用 G73 指令，G83 指令为深孔往复排屑钻，G73 指令为高速深孔断屑钻。两个指令的特点分别是 G83 排屑功能强，G73 加工效率高。

思考题：

29. 如图 5-56 所示，加工ϕ20mm、深度为 62mm 的通孔，用 G83 指令编写孔加工程序。

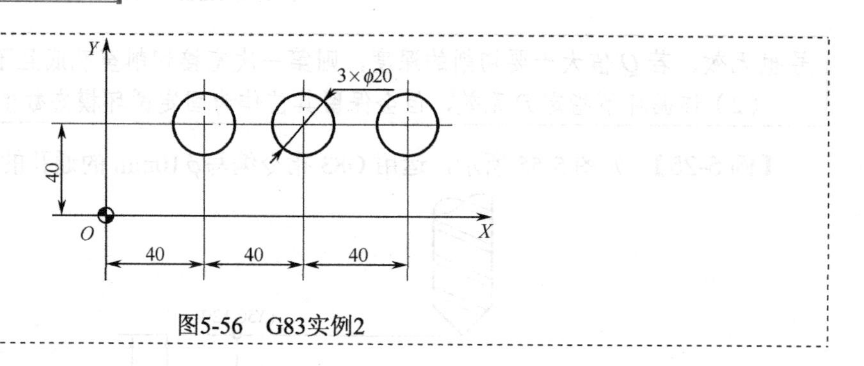

图5-56　G83实例2

7. 右螺纹攻丝固定循环指令 G84

格式：

```
G98/G99 G84 X_ Y_ R_ Z_ P_ F_ K_;
```

说明：

X、*Y*：指定要加工孔的位置坐标。

Z：指定加工孔底平面的位置，即要加工孔的深度坐标。

R：指定 *R* 点平面的位置，即刀具返回 *R* 点平面的坐标值。

P：刀具在孔底暂停的时间（秒）。

F：进给量。

K：重复加工的次数。

此循环用于加工右螺纹。主轴正转进行攻丝，到达孔底后反转返回。

其中，*F* 表示牙距。其取值范围：0.001～500.00 牙/mm（公制），0.06～25400 牙/in（英制）。

循环过程：

（1）快速定位到 *XY* 平面的位置。

（2）快速下至 *R* 点平面。

（3）攻丝至孔底。

（4）主轴停止。

（5）暂停 *P* 时间。

（6）主轴反转返回至 *R* 点平面。

（7）主轴停止，暂停 *P* 时间。

（8）主轴正转。

（9）若指令为 G98，则返回至初始点平面。

如图 5-57 所示为 G84 指令加工轨迹。

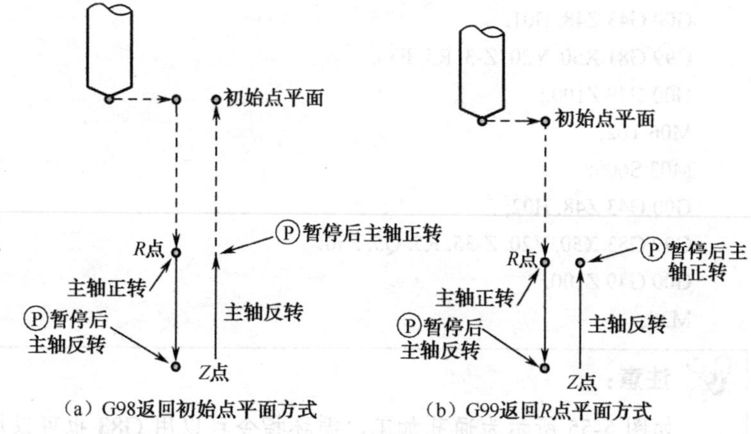

图5-57　G84指令加工轨迹

【例 5-26】 加工如图 5-58 所示的 8 个 M12-R 的内螺纹，通孔深度为 20mm，编写加工程序。

分析：图示为右螺纹孔，其螺距为 1.75mm，主轴转速为 100r/min，则每分钟进给量为 175mm，计算公式为 *F*=主轴转速×导程。螺纹底径的计算公式为 $d=D-1.1P=12-1.1\times1.75=12-1.925=10.075$，选用的刀具 T1 为$\phi$5mm 的中心钻，T2 为$\phi$10.2mm 的钻头，T3 为 M12mm 的右螺纹丝锥。

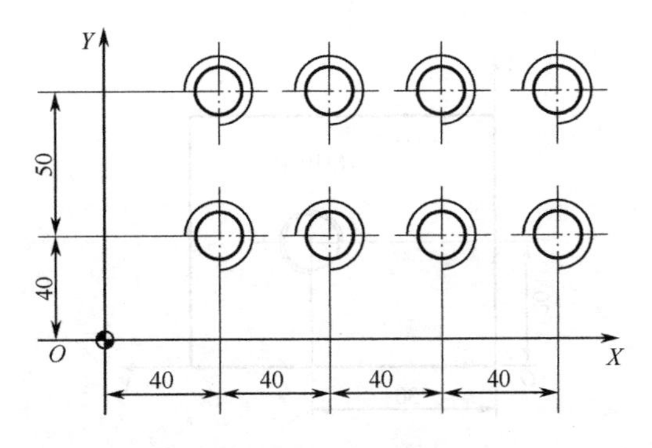

图5-58 G84实例1

加工程序：

```
O31;
G54 G90 G00 X0 Y40;
Z100.;
M06 T01;
M03 S1000;
G00 G43 Z50. H01;
G98 G91 G81 X40. Y0. R-45. Z-8. K4. F50;
G90 G00 X0 Y90.;
G98 G91 G81 X40. Y0. R-45. Z-8. K4. F50;
G00 G90 G49 Z100.;
M06 T02;
M03 S600;
G00 G43 Z50. H02;
G00 X0 Y40.
G98 G91 G81 X40. Y0. R-45. Z-29. K4. F50;
G90 G00 X0 Y90.;
G98 G91 G81 X40. Y0. R-45. Z-29. K4. F50;
G00 G90 G49 Z100.;
M06 T03;
M03 S100;
G00 G43 Z50. H03;
G00 X0 Y40.
G98 G91 G84 X40. Y0. R-43. Z-28. P1000 F175 K4.;
G90 G00 X0 Y90.;
G98 G91 G84 X40. Y0. R-43. Z-28. P1000 F175 K4.;
G00 G90 G49 Z100.;
M30;
```

【例 5-27】 如图 5-59 所示，加工 M10mm 的右螺纹孔，编写其加工程序。

分析：图示为右螺纹孔，其螺距为 1.5mm，主轴转速为 100r/min，则每分钟进给量为 150mm，计算公式为 F=主轴转速×导程。螺纹底径的计算公式为 $d=D-1.1P=10-1.1\times1.5=10-1.65=8.35$mm，选用的刀具 T1 为$\phi$5mm 中心钻，T2 为$\phi$8.5mm 的钻头，T3 为 M10mm 的右螺纹丝锥。

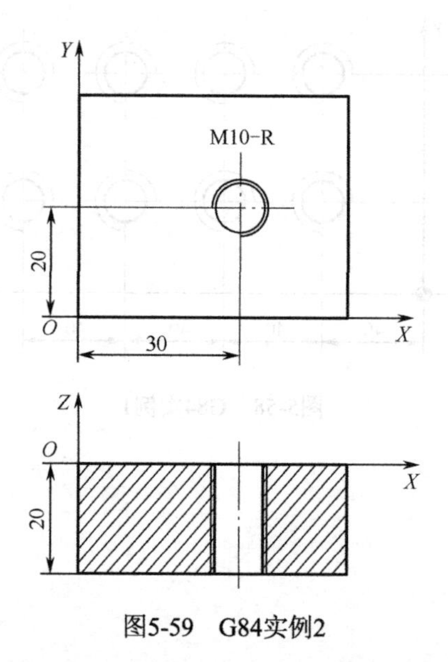

图5-59　G84实例2

加工程序：

```
O32;
G54 G90 G00 X0 Y0;
Z100.;
M06 T01;
M03 S1000;
G00 G43 Z50. H01;
G98 G81 X30. Y20. Z-3. R5. F50;
G00 G49 Z100.;
M06 T02;
M03 S600;
G00 G43 Z50. H02;
G98 G81 X30. Y20. Z-23. R5. F50;
G00 G49 Z100.;
M06 T03;
M03 S100;
G00 G43 Z50. H03;
G98 G84 X30. Y20. Z-22. R7. P1000 F150;
G00 G49 Z100.;
M30;
```

8. 精镗孔固定循环指令 G85

格式：

```
G98/G99 G85 X_ Y_ R_ Z_ F_ K_;
```

说明：

X、*Y*：指定要加工孔的位置坐标。

Z：指定加工孔底平面的位置，即要加工孔的深度坐标。

R：指定 *R* 点平面的位置，即刀具返回 *R* 点平面的坐标值。

F：进给量。

K：重复加工的次数。

此循环指令是沿着 *X*、*Y* 轴定位以后快速移动到 *R* 点，然后从 *R* 点到 *Z* 点执行镗孔，当到达孔底后以切削进给速度返回到 *R* 点平面。

循环过程：

（1）快速定位到 *XY* 平面的位置。

（2）快速下至 *R* 点平面。

（3）切削进给至孔底。

（4）以切削进给速度近回到 *R* 点平面。

（5）若为 G98，则以进给速度返回到初始点平面。

如图 5-60 所示为 G85 指令加工轨迹。

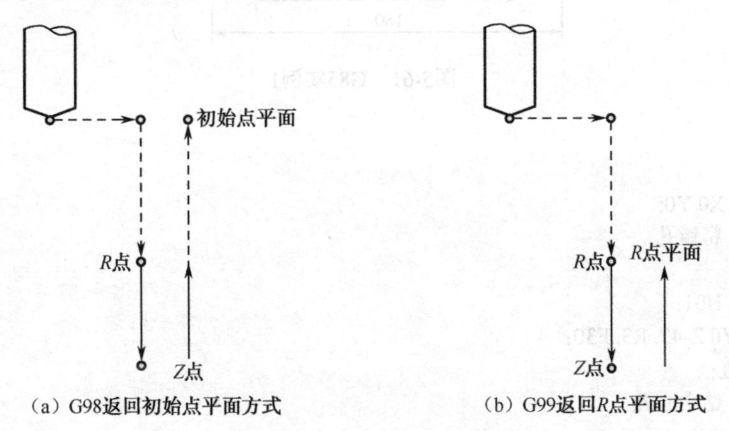

图5-60　G85指令加工轨迹

注意：

（1）该循环用于镗孔。该指令动作与 G81 指令动作基本相同，唯一区别在于当切削进给到达孔底后，G81 是以快速进给速度返回至 *R* 点平面的，而 G85 是以切削进给速度返回至 *R* 点平面的。

（2）该循环下指定 *Q*、*P* 无效，但会保留其值作为固定循环模态数值。

（3）精镗孔固定循环指令 G76 比 G85 加工效率高，但运用 G76 指令时主轴必须有定向准停功能。

【例 5-28】 如图 5-61 所示，工件材料为 HT200 的铸件，有直径为 39mm 的毛坯孔。试采用固定循环方式编写ϕ40mm、ϕ22mm、ϕ13mm 孔的加工程序。

分析：因为ϕ40H7 孔的粗糙度为 *Ra*1.6，毛坯孔直径为 39mm，所以进行精加工。ϕ22mm 的、ϕ13mm 的孔没有粗糙度要求，只进行粗加工。选用的刀具 T1 为镗孔刀，T2 为ϕ5mm 中心钻，T3 为ϕ13mm 钻头，T4 为锪钻。

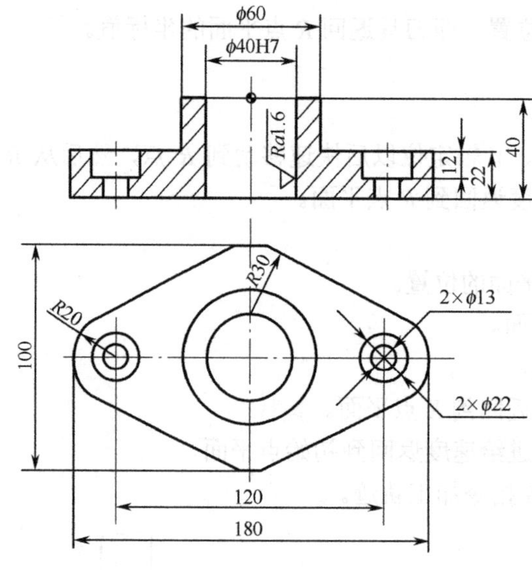

图5-61　G85实例1

加工程序：

```
O33;
G00 G90 G54 X0 Y0;
T01 M06;        精镗孔
M03 S100;
G43 G00 Z30. H01;
G98 G85 X0 Y0 Z-42. R3. F30;
G00 G49 Z100.;
M06 T02;        钻中心孔
M03 S600;
G00 X-60. Y0;
G43 G00 Z30. H02;
G98 G81 X-60. Y0 R-15. Z-21. F80;
X60.;
G00 G49 Z100.;
M06 T03;        钻通孔
M03 S600;
G00 X-60. Y0;
G43 G00 Z30. H03;
G98 G81 X-60. Y0 R-15. Z-44. F80;
X60.;
G00 G49 Z100.;
M06 T04;        锪沉孔
M03 S300;
G00 X-60. Y0;
G43 G00 Z50. H04;
G98 G82 X-60. Y0 R-15. Z-30. P1000 F50;
X60.;
G00 G49 Z100.;
M05;
M30;
```

9. 粗镗孔循环指令 G86

格式：

```
G98/G99 G86 X_ Y_ R_ Z_ F_ K_;
```

说明：

X、*Y*：指定要加工孔的位置坐标。

Z：指定加工孔底平面的位置，即要加工孔的深度坐标。

R：指定 *R* 点平面的位置，即刀具返回 *R* 点平面的坐标值。

F：进给量。

K：重复加工的次数。

此循环沿着 *X*、*Y* 轴定位以后快速移动到 *R* 点，然后从 *R* 点到 *Z* 点执行镗孔，当主轴在孔底停止时，刀具快速移动退回并主轴正转。

循环过程：

（1）快速定位到 *XY* 平面的位置。

（2）快速下至 *R* 点平面。

（3）切削进给至孔底。

（4）主轴停止。

（5）根据 G98 或 G99 快速返回到初始点平面或 *R* 点平面。

（6）主轴正转。

如图 5-62 所示为 G86 指令加工轨迹。

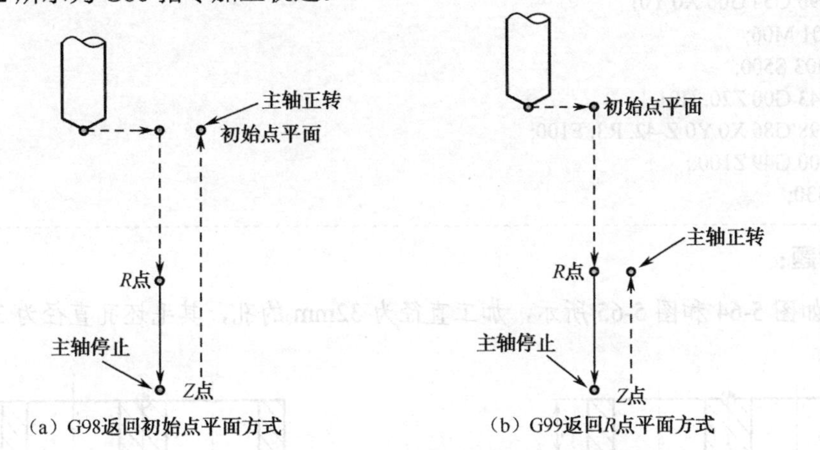

图5-62　G86指令加工轨迹

注意：

（1）该循环用于镗孔。该指令动作与 G81 指令动作基本相同，唯一的区别在于主轴的旋转状态。无论当前主轴旋转是什么状态，也无论在固定循环前指令要求正转还是反转，该循环都是切削进给至孔底后，执行 M05 指令（主轴停止），然后快速返回至 *R* 点平面，执行 M03 指令（主轴正转）。

（2）该循环下指定 *Q*、*P* 无效，但会保留其值作为固定循环模态数值。

【例 5-29】 G86 实例 1 如图 5-63 所示，工件材料为 HT200 的铸件，粗加工ϕ40H7 孔，毛坯孔直径为 39mm，编写加工程序（与图 5-61 对比）。

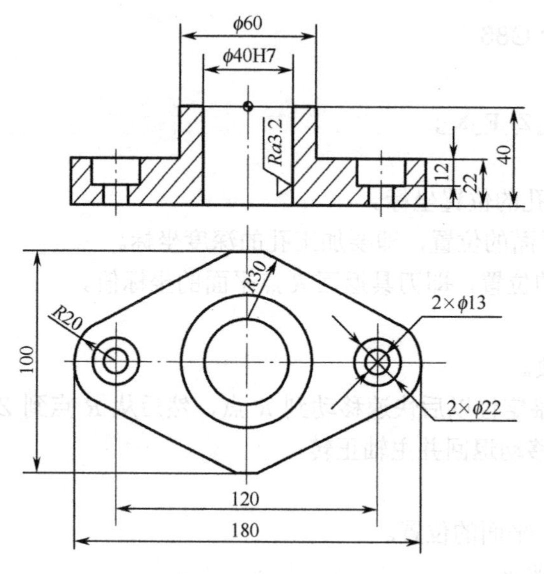

图5-63　G86实例1

分析：因为ϕ40mm 孔的粗糙度为 *Ra*3.2，毛坯孔直径为 39mm，所以进行粗加工。选用ϕ40mm 粗镗孔刀。

加工程序：

```
O34;
N010 G90 G54 G00 X0 Y0;
N020 T01 M06;
N030 M03 S500;
N035 G43 G00 Z20. H01;
N040 G98 G86 X0 Y0 Z-42. R3. F100;
N050 G00 G49 Z100.;
N055 M30;
```

思考题：

30. 如图 5-64 和图 5-65 所示，加工直径为 32mm 的孔，其毛坯孔直径为 30mm，编写加工程序。

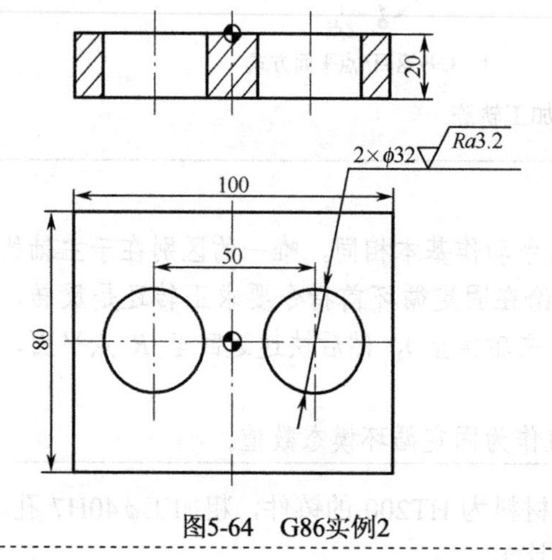

图5-64　G86实例2

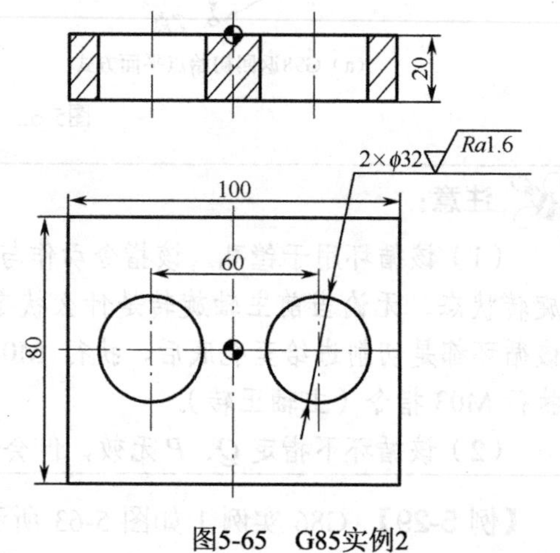

图5-65　G85实例2

10. 镗孔固定循环指令 G88

格式：

```
G98/G99 G88 X_ Y_ R_ Z_ P_ F_ K_;
```

说明：

X、*Y*：指定要加工孔的位置坐标。

Z：指定加工孔底平面的位置，即要加工孔的深度坐标。

R：指定 *R* 点平面的位置，即刀具返回 *R* 点平面的坐标值。

P：刀具在孔底暂停的时间（秒）。

F：进给量。

K：重复加工的次数。

此循环在孔底暂停，主轴停止后变为停止状态。所以此时转换成手动状态，可以手动移出刀具，无论进行什么样的手动操作，都要以刀具从孔中安全退出为好。再开始自动加工时，快速返回 *R* 点平面或初始点平面后，主轴停止，G88 指令执行完毕。

循环过程：

（1）快速定位到 *XY* 平面的位置。

（2）快速下至 *R* 点平面。

（3）切削进给至孔底。

（4）主轴停止。

（5）若指定 *P*，则延时 *P* 时间。

（6）执行暂停，此时等待手动操作。

（7）恢复自动方式，根据 G98 或 G99 快速返回到初始点平面或 *R* 点平面。

（8）主轴正转。

如图 5-66 所示为 G88 指令加工轨迹。

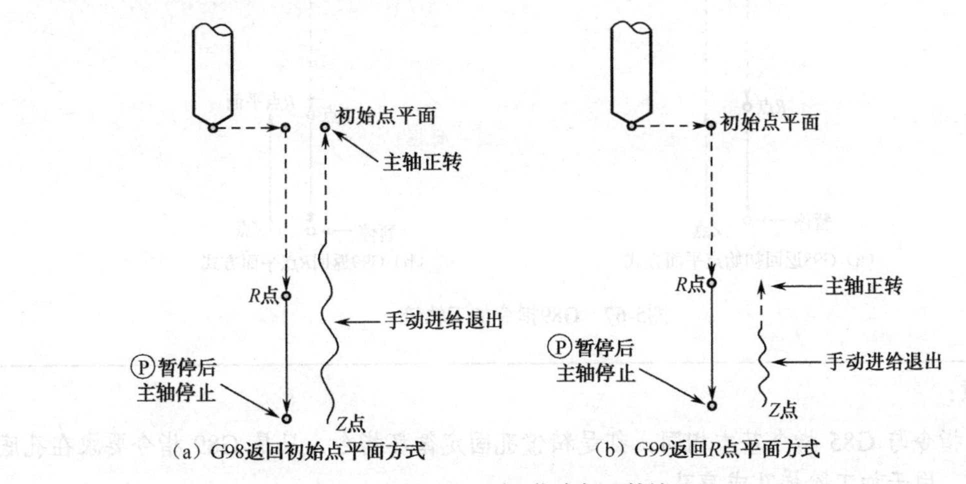

图5-66 G88指令加工轨迹

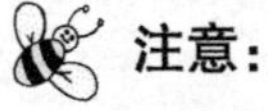

注意：

该循环下指定 *Q* 无效，但会保留其值作为固定循环模态数值。

11．精镗阶梯孔固定循环指令 G89

格式：

```
G98/G99 G89 X_ Y_ R_ Z_ P_ F_ K_;
```

说明：

X、*Y*：指定要加工孔的位置坐标。

Z：指定加工孔底平面的位置，即要加工孔的深度坐标。

R：指定 *R* 点平面的位置，即刀具返回 *R* 点平面的坐标值。

P：刀具在孔底暂停的时间（秒）。

F：进给量。

K：重复加工的次数。

该循环用作精镗阶梯孔。切削进给执行到孔底，执行暂停，然后刀具从孔底切削退回。

循环过程：

（1）快速定位到 *XY* 平面的位置。

（2）快速下至 *R* 点平面。

（3）切削进给至孔底。

（4）若指定 *P*，则暂停 *P* 时间。

（5）切削进给至 *R* 点平面。

（6）根据 G98 或 G99 指令快速返回到初始点平面或 *R* 点平面。

如图 5-67 所示为 G89 指令加工轨迹。

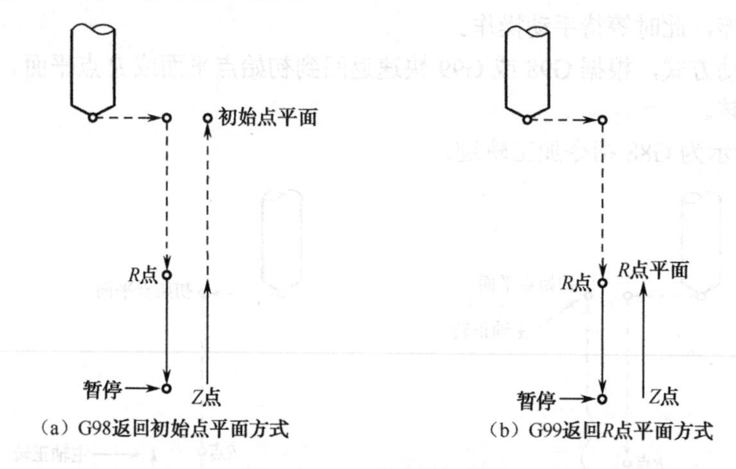

图5-67　G89指令加工轨迹

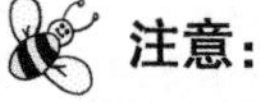

注意：

G89 指令与 G85 指令基本相同，都是精镗孔固定循环指令，只是 G89 指令要求在孔底进行暂停，用于加工阶梯孔或盲孔。

5.6.3　固定循环中的注意事项

指令固定循环时，在其前面需要用辅助功能 M 代码先使主轴旋转起来（G74、G84 必须

指定正确的 M 代码，否则报警。G74 为 M04，G84 为 M03）。

当使用控制主轴回转的固定循环指令（G74，G84）时，如果孔的定位（*X*，*Y*）或者从初始点平面到 *R* 点平面的距离较短，并要连续加工时，在进入孔加工动作前，有时主轴不能达到指定的转速。这时，把 G04 暂停程序段加入各孔加工动作之间，延长时间，G04 的运用如图 5-68 所示。

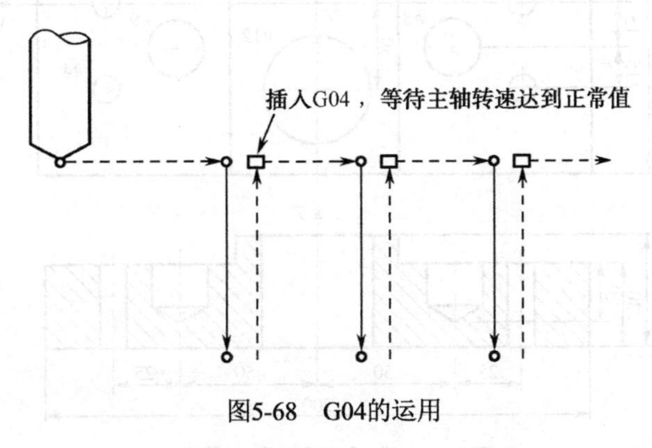

图5-68　G04的运用

程序：

```
G86 X_ Y_ Z_ R_ F_;
G04 P_;            暂停 P 时间，不进行孔加工
X_ Y_;             加工下一个孔
G04 P_;            暂停 P 时间，不进行孔加工
X_ Y_;             加工下一个孔
G04 P_;            暂停 P 时间，不进行孔加工
```

根据不同的机床，有时此问题也可以不考虑，详细情况请参照机床厂家发行的说明书。

如前所述，用 G00～G03 也可以取消固定循环。当读取 G00～G03 代码时，才进行取消固定循环，因此当它们与固定循环 G 代码在同一程序段时会出现下述两种情况（#表示 0～3，□□表示固定循环代码）。

```
G# G□□ X_ Y_ Z_ R_ Q_ P_ F_ L_;进行固定循环
G□□ G# X_ Y_ Z_ R_ Q_ P_ F_ L_;按 G#进行 X、Y、Z 轴移动，R、P、Q、L 无效，F 被存储下来。
```

上述两种情况满足在同一组 G 代码同时指令在同一程序段时，后一个有效的原则。

5.6.4　孔循环综合加工实例

【例 5-30】 如图 5-69 所示，运用孔加工循环指令及长度补偿指令编写程序。

其中#1～6 是ϕ10mm 的孔；#7～10 是ϕ20mm 的孔；#11～12 是ϕ40mm 的孔。

所用刀具如图 5-70 所示，其中 T11 是ϕ20mm 的钻头，T15 是ϕ10mm 的钻头，T31 是ϕ40mm 的镗刀。以 T11 为基准刀，分别设定偏移量。刀具偏置号 H11 的值为 0，偏置号 H15 的值为-10，偏置号 H31 的值为-50。

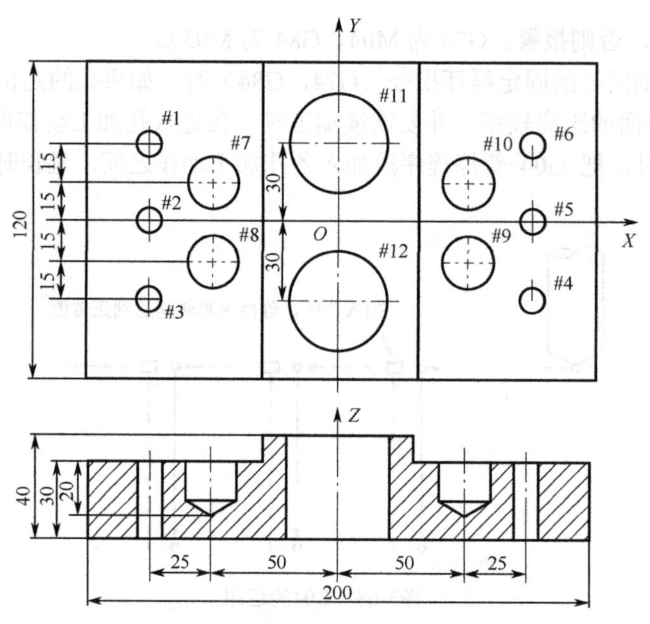

图5-69　孔循环综合加工实例

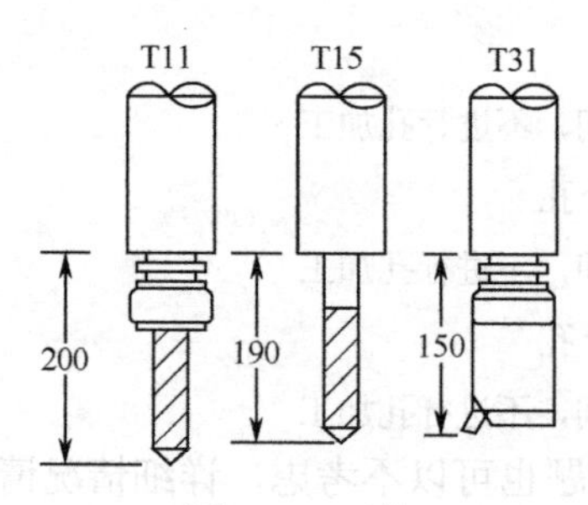

图5-70　刀具

加工程序：

```
O35;
N01 G54 G00 X0 Y0;
N02 G90 G00 Z100.;
N03 M06 T15;
N04 M03 S800;
N05 G43 Z20. H15;                        定位初始点平面加长度补偿
N06 G99 G81 X-75. Y30. Z-43. R-5. F50;   定位后加工#1 孔
N07 Y0;                                  定位后加工#2 孔，返回 R 点平面
N08 G98 Y-30.;                           加工#3 孔，返回初始点平面
N09 G99 X75.;                            加工#4 孔，返回 R 点平面
N10 Y0;                                  加工#5 孔，返回 R 点平面
N11 G98 Y30.;                            加工#6 孔，返回初始点平面
N13 G00 G49 Z100.;                       取消刀具长度补偿
N14 M06 T11;
N15 M03 S500;                            主轴启动
N16 G00 Z20.;                            初始点平面
```

N17 G99 G82 X-50. Y15. Z-30. R-5. P1000 F70;	加工#7 孔，返回 *R* 点平面
N18 G98 Y-15.;	加工#8 孔，返回初始点平面
N19 G99 X50.;	加工#9 孔，返回 *R* 点平面
N20 G98 Y15.;	加工#10 孔，返回初始点平面
N22 G00 G49 Z100.;	取消刀具长度补偿
N23 M06 T31;	
N24 M03 S100;	主轴启动
N25 G43 Z20. H31;	初始点平面刀长补偿
N26 G85 G99 X0 Y30. Z-41. R5. F50;	定位后加工#11 孔，返回 *R* 点平面
N28 Y-30.;	定位后加工#12 孔，返回 *R* 点平面
N29 G00 G49 Z100.;	取消刀具长度补偿
N30 M30;	程序结束

思考题：

31. 如图 5-71 所示，编写孔加工程序。

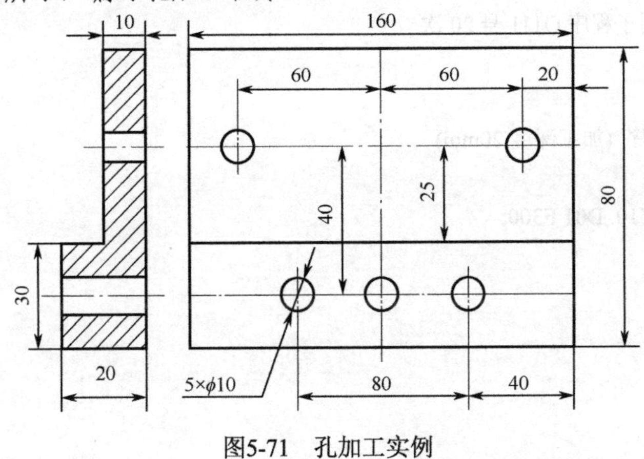

图5-71　孔加工实例

5.7　子程序的运用

在编制加工程序中，有时会遇到一组程序段在一个程序中多次出现，或者在几个程序中都要使用它，为了简化编程，把这些程序段单独抽出，按照一定的格式编写并加以命名，由主程序来调用，这个被调用的程序就称为子程序。

格式：

```
M98 P○○○××××;
M99;
```

说明：

M98 是调用子程序指令，P 后面的○为重复调用的次数，后面的×为子程序号。只调用一次可以省略不写。M98 在主程序内运用，用于调用子程序。M99 返回主程序，用于子程序的结束。M98 的使用可以减少不必要的编程重复，从而达到简化编程的目的。其作用相当于一个固定循环。

加工如图 5-72 所示凸台，只编写加工深度的程序。

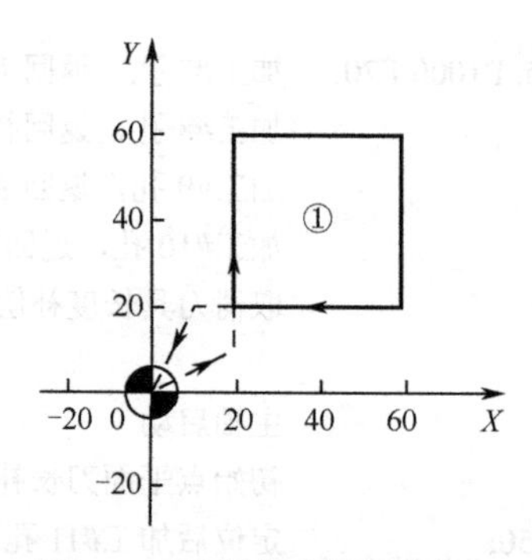

图5-72　子程序应用深度加工

```
O573;
G54 G90 G00 X0 Y0;
M03 S500;
Z100.
G01Z5.F2000
M98P200111；调用子程序 O111 号 20 次
G90G00Z100.
M30;
O111;          子程序 (加工深度 20mm)
G91Z-6.F100;
G01G90G41 X20. Y10. D01 F300;
Y60.;
X60.;
Y20.;
X10.;
G40 X0. Y0. ;
G91G00Z5.
M99;
```

【例 5-31】 观察 8 号程序，加工如图 5-73 所示两个矩形块，程序中有部分程序段是重复的，运用子程序简化编程。

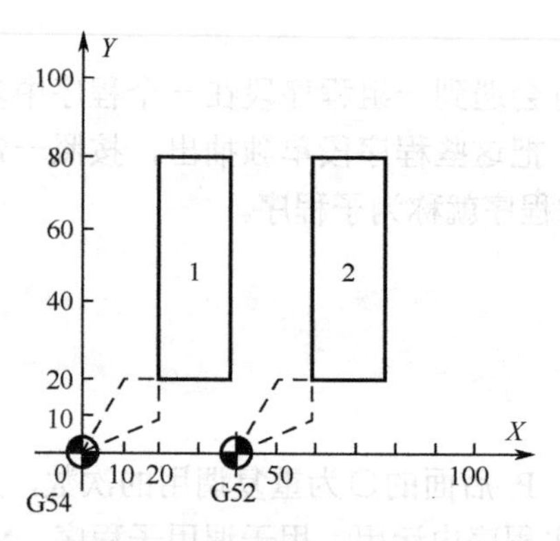

图5-73　子程序简化实例

```
O8;            图形 1
G54 G90 G00 X0 Y0;
```

```
M03 S500;
Z20.;
G01 X20. Y10. F1000;
Z-2. F100;
Y80.;
X40.;
Y20.;
X10.;
Z20. F1000;
G52 X40. Y0;     图形 2
G01 X20. Y10. F1000;
Z-2. F100;
Y80.;
X40.;
Y20.;
X10.;
Z20. F1000;
G52 X0 Y0;
G00 Z100.;
M30;
```

分析：其中图形 1 与图形 2 的加工程序是相同，根据子程序调用功能，把相同的程序段抽取，并单独命名，将之作为子程序。加工程序如下。

```
O36;                        主程序
G54 G90 G00 X0 Y0;
M03 S500;
Z20.;
M98 P200;
G52 X40. Y0;
M98 P200;
G52 X0 Y0;
G00 Z100.;
M30;
O200;                       子程序
G01 X20. Y10. F1000;
Z-2. F100;
Y80.;
X40.;
Y20.;
X10.;
Z20. F1000;
M99;
```

【例 5-32】 如图 5-74 所示，选用直径为 6mm 的键槽铣刀加工 8 个槽，槽深为 3mm。

分析：如图 5-74 所示，尺寸相同的 8 个槽，运用增量编程，先编写左边上下两个槽的加工程序为子程序，调用四次子程序即可完成 8 个槽的加工。

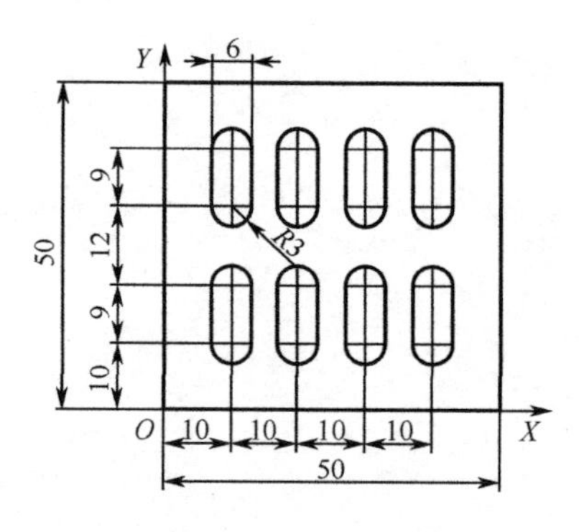

图5-74　槽加工实例1

加工程序：

```
O37;                    主程序
G54 G90 G00 X0 Y0;
M03 S500;
G01 Z5. F2000;
M98 P40100;
G00 G90 Z100.;
M30;
O100;                   子程序
G91 G01 X10. Y10. F1000;
Z-8. F100;
Y9.;
Z8. F1000;
Y12.;
Z-8. F100;
Y9.;
Z8.F5000;
Y-40.;
M99;
```

【例 5-33】 如图 5-75 所示，槽深为 2mm，选用直径为 6mm 的键槽铣刀，运用子程序和局部坐标系编写加工程序。

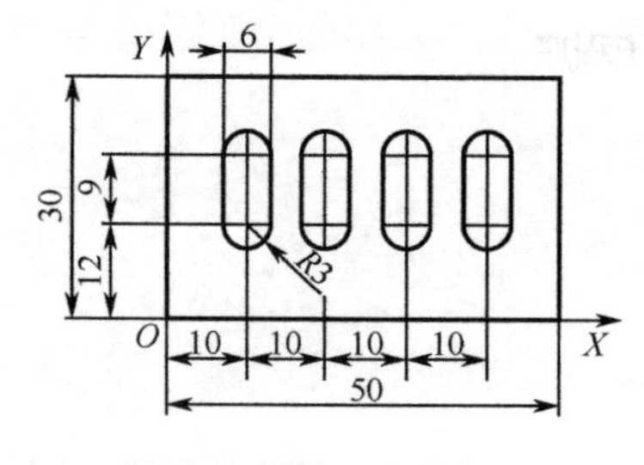

图5-75　槽加工实例2

分析：如图 5-75 所示，以坐标原点为基准加工左边的两个槽，为了加工方便，以（*X*20,*Y*0）为坐标原点加工右边的两个槽，即运用局部坐标系与子程序调用达到简化编程的效果。

加工程序：

```
O38;                          主程序
G54 G90 G00 X0 Y0;
M03 S800;
G00 Z100.;
G01 Z5. F1000;
M98 P300;
G52 X20. Y0;
M98 P300;
G52 X0 Y0;
G00 Z100.;
M30;
O300;                         子程序
G91 G01 X10. Y12. F1000;
Z-7. F100;
Y9.;
Z7. F1000;
X10.;
Z-7. F100;
Y-9.;
Z7. F1000;
Y-12.;
G90 G00 Z5.;
M99;
```

思考题：

32. 如图 5-76 所示，两图形加工深度为 2mm，选用直径为 10mm 的端铣刀，运用子程序、刀具半径补偿、局部坐标系，编写加工程序。

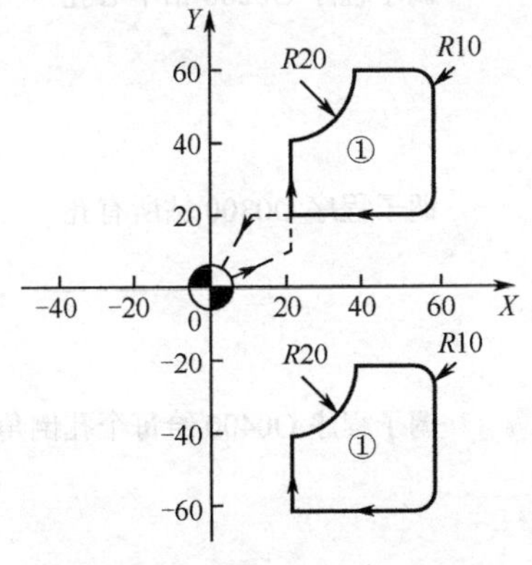

图5-76　子程序与G52的运用

注意：

在输入仿真或实际机床时，子程序像主程序一样，以独立的程序输入机器中。

【例 5-34】 如图 5-77 所示，应用孔循环与子程序进行编程。

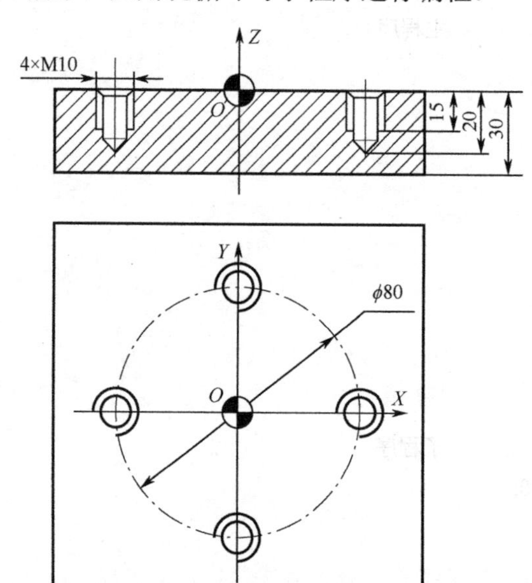

图5-77 孔循环与子程序的结合应用

分析：螺纹螺距为 1.5mm，主轴转速为 100r/min，则每分钟进给量为 150mm，计算公式为 F=主轴转速×导程。螺纹底径的计算公式为 $d=D-1.1P=10-1.1\times1.5=10-1.65=8.35$，选用的刀具 T1 为$\phi$5mm 的中心钻，T2 为$\phi$8.5mm 的钻头，T3 为 90° 的倒角器，T4 为 M10mm 的右螺纹丝锥。

加工程序：

```
O39;                          主程序
N10 T01 M06;
N20 G54 G90 G00 X0 Y0;
N30 M03 S1000 M08;
N35 G43 G00 Z100. H01;
N40 M98 P0200;                调子程序 O0200 钻中心孔
N50 T02 M06;
N55 G43 G00 Z100. H02;
N60 M03 S1000 M08;
N70 M98 P0300;                调子程序 O0300 钻所有孔
N80 T03 M06;
N85 G43 G00 Z100. H03;
N90 M03 S1000 M08;
N100 M98 P0400;               调子程序 O0400 给每个孔倒角
N110 T04 M06;
N115 G43 G00 Z100. H04;
N120 M03 S100 M08;
N130 M98 P0500;               调子程序 O0500 攻螺纹
N140 M05;
N150 M30;
O0200;                        钻中心孔子程序
```

```
N10 G99 G81 X-40. Y0 R5. Z-3. F50;
N20 M98 P0100;
N30 M99;
O0300;                                    钻孔子程序
N10 G99 G82 X-40. Y0 R5. Z-20. P2000 F50;
N20 M98 P0100;
N30 M99;
O0400;                                    倒角子程序
N10 G99 G82 X-40. Y0 R5. Z-5. P2000 F50;
N20 M98 P0100;
N30 M99;
O0500;                                    攻螺纹子程序
N10 G99 G84 X-40. Y0 R7. Z-15. F150;
N20 M98 P0100;
N30 M99;
O0100;                                    钻孔位置子程序
N10 X0 Y40.;
N20 X40. Y0;
N30 X0 Y-40.;
N40 G00 Z100.;
N50 G80 G00 X0 Y0;
N60 M99;
```

5.8　坐标变换编程指令

5.8.1　极坐标指令

通常采用直角坐标系编程时，*X_Y_Z_*是指从原点到终点在各坐标轴方向的垂直距离，当工件的轮廓尺寸以半径和角度来标注时，要用数学方法来计算其坐标点的值，这时可使用另一种坐标点指定方式，即极坐标系，通过指定 G16 极坐标指令，可直接以半径和角度的方式进行编程。

格式：

```
G17 ┐
G18 ├ G16;
G19 ┘
G15;
```

说明：

指定 G17 平面时为 *X_Y_*，其中 *X* 表示极半径，*Y* 表示极角。

指定 G18 平面时为 *Z_X_*，其中 *Z* 表示极半径，*X* 表示极角。

指定 G19 平面时为 *Y_Z_*，其中 *Y* 表示极半径，*Z* 表示极角。

G16：极坐标指令打开。

G15：极坐标指令取消。

极角是指终点至极坐标原点的连线与所在平面中的横坐标轴之间的夹角，该角度可以是正角，也可以是负角。极角的零度方向为第一轴的水平正方向，在工作平面内的水平轴逆时针旋转为正，顺时针旋转为负。

【例 5-35】 如图 5-78 所示，用极坐标指令编写外接圆半径为 18mm 的正三角形轨迹图。（不考虑刀具半径的问题）

分析：如图 5-78 所示，工件原点设在工件中，编程路线：*A*—*B*—*C*—*A*。

当以 G90 绝对坐标编程指令编程时，极坐标系的极点为工件坐标原点 *O*，则各点的坐标如下。

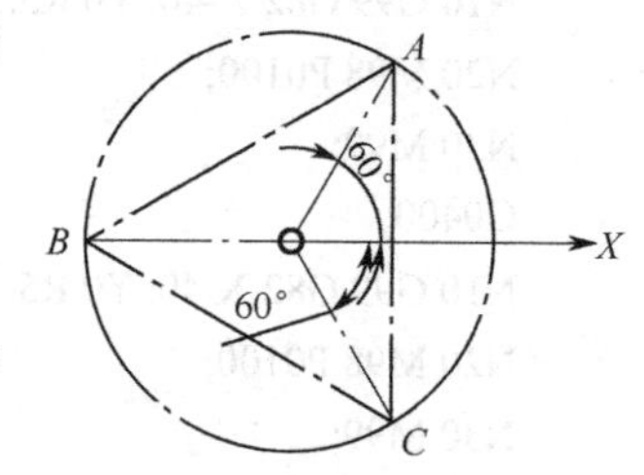

图5-78　极坐标编程实例1

A：（*X*18,*Y*60），极半径为 *OA*=18，极角为水平 *X* 轴与 *OA* 的逆时针方向的 60° 夹角。

B：（*X*18,*Y*180），极半径为 *OB*=18，极角为水平 *X* 轴与 *OB* 的逆时针方向的 180° 夹角。

C：（*X*18,*Y*-60），极半径为 *OC*=18，极角为水平 *X* 轴与 *OC* 的顺时针方向的 60° 夹角。

加工程序：

```
O40;
G54 G90 G17 G40 G15;
G00 X0 Y0 Z10.;
M03 S800;
G90 G17 G16;
G00 X18. Y60.;
Z2.;
G01 Z-5. F150;
X18. Y180.;
X18. Y-60.;
X18. Y60.;
G15;
Z5.;
G00 X100. Y100. Z50.;
M05;
M30;
```

【例 5-36】 如图 5-79 所示，利用极坐标指令编写 3×ϕ10mm 深 30mm 的孔的加工程序。

分析：如图 5-79 所示，三个点的极坐标分别为（*X*50,*Y*30）、（*X*50,*Y*150）、（*X*50,*Y*270）。刀具选用ϕ10mm 的钻头，运用 G81 指令及极坐标方式编写加工程序。

加工程序：

```
O41;
N1 G54 G17 G90 G00 Z50.;
N2 G16 M03 S500;                      设定极坐标指令
N3 G99 G81 X50. Y30. Z-33. R5. F200;  极半径 50mm，极角 30°
N4 X50. Y150.;                        极半径 50mm，极角 150°
N5 X50. Y270.;                        极半径 50mm，极角 270°
N6 G15;                               极坐标取消
```

```
N7 G00 Z100.;                    固定循环取消
N8 M30;
```

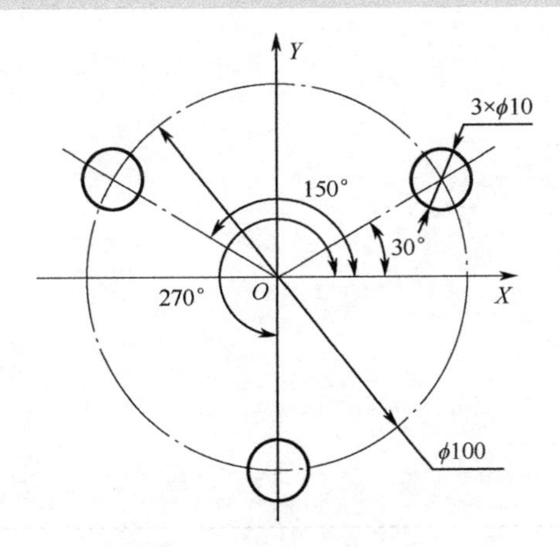

图5-79　极坐标编程实例2

【例 5-37】 如图 5-80 所示，用极坐标指令编写正六边形凸台的加工程序。

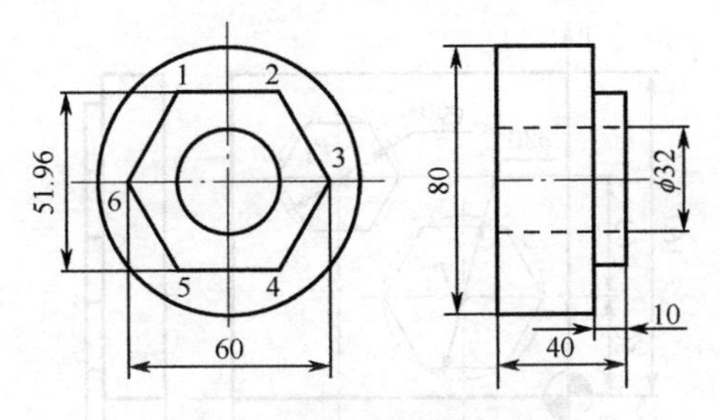

图5-80　极坐标编程实例3

分析：如图 5-80 所示，加工正六边形凸台，以工件上表面中心点为极坐标的极点，六个点的极坐标为 1 点（*X*30,*Y*120）、2 点（*X*30,*Y*60）、3 点（*X*30,*Y*0）、4 点（*X*30,*Y*-60）、5 点（*X*30,*Y*-120）、6 点（*X*30,*Y*-180）。刀具选用ϕ20mm 的立铣刀，每次吃刀深度为 2mm，运用极坐标、增量编程、子程序调用编写程序。

加工程序：

```
O42;                          主程序
G54 G00 G90;
M06 T01;
M03 S1000;
G00 Z100.;
X-60. Y0;
Z5.;
M98 P50400;
G00 G90 Z100.;
M30;
O0400;                        子程序
G01 G91 Z-7. F1000;
G90 G41 X-45. Y-15. F100 D01;
```

```
G03 X-30. Y0 R15.;
G16;
G01 X30. Y120.;
Y60.;
Y0;
Y-60.;
Y-120.;
Y-180.;
G15;
G03 X-45. Y15. R15.;
G01 G40 X-60. Y0 F1000;
G91 Z5.;
M99;
```

思考题：

33. 如图 5-81 所示，运用极坐标、局部坐标系编写加工程序。

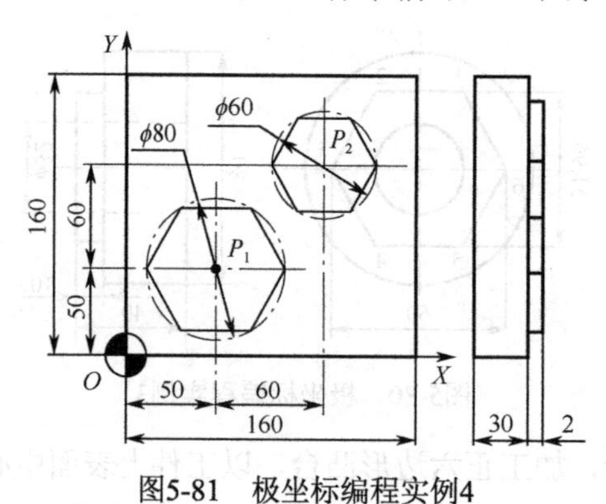

图5-81 极坐标编程实例4

5.8.2 镜像加工指令

加工一些对称图形时，为了简化编程，可采用镜像加工功能。也就是工件相对于某一轴具有对称形状，可以利用镜像功能与子程序，只对工件的一部分进行编程，加工出工件的对称部分。只是其运行轨迹是相反的。

格式：

```
G51.1 X_ Y_;
G50.1 X_ Y_;
```

说明：

G51.1：建立镜像。

G50.1：取消镜像。

X、*Y*：对称轴。

G51.1X0 以 *Y* 轴为对称轴。G51.1X0Y0 先以 *Y* 轴为对称轴，再以 *X* 轴为对称轴，最终图形就是以原点对称。

【例 5-38】 如图 5-82 所示，用直径为 10mm 的键槽铣刀，加工深度为 12mm，运用镜像

功能编写加工程序。

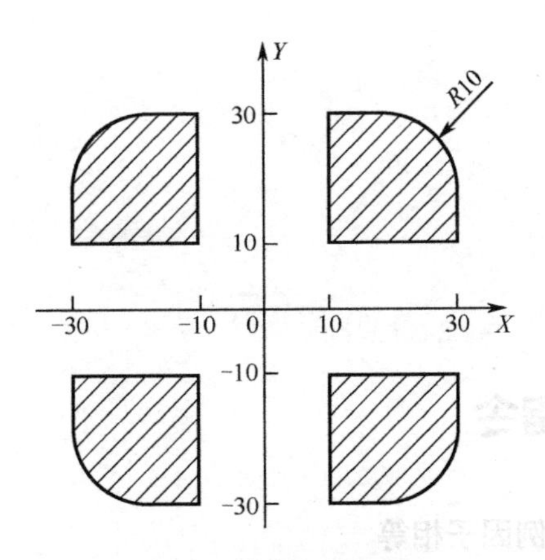

图5-82　镜像编程实例1

分析：先编写第 1 象限图形的加工程序，作为子程序。第 2 象限图形是第 1 象限图形关于 *Y* 轴对称后的图形，第 3 象限图形是第 1 象限图形关于 *X*、*Y* 轴对称的，第 4 象限图形是第 1 象限图形关于 *X* 轴对称的，所以运用镜像指令与子程序调用可完成图外轮廓的加工。加工深度为 12mm，背吃刀量为 2mm，分六次吃刀，运用增量编程与子程序调用可完成深度的加工。

加工程序：

```
O43;                          主程序
G90 G54 G00 X0 Y0;
M06 T02;
M03 S1000;
G00 Z100.;
G01 Z5. F1000;
M98 P60500;                   加工第 1 象限图形
G90 G00 Z5.;
G51.1 X0;                     Y 轴镜像
M98 P60500;                   加工第 2 象限图形
G50.1 X0;
G90 G00 Z5.;
G51.1 X0 Y0;                  X、Y 轴镜像
M98 P60500;                   加工第 3 象限图形
G50.1 X0 Y0;
G90 G00 Z5.;
G51.1 Y0;                     X 轴镜像
M98 P60500;                   加工第 4 象限图形
G50.1 Y0;                     取消比例缩放
G00 G90 Z100.;
M30;
O500;                         子程序
G41 G00 G91 X10. Y5. D01;
G01 Z-7. F100;
```

```
Y25.;
X10.;
G02 X10. Y-10. R10.;
G01 Y-10.;
X-25.;
G40 G00 X-5. Y-10.;
G00 Z5.;
M99;
```

5.8.3 比例缩放指令

1. 比例缩放功能各轴比例因子相等

格式：

```
G51 X_ Y_ Z_ P_;
G50;
```

说明：

X、*Y*、*Z*：比例缩放中心，以绝对值指定。

P：比例因子，指定范围为0.001～999.999倍，即*P*=2时缩放2倍。

比例缩放由G50指令取消。

> **注意：**
>
> （1）一定要注意*Z*值（加工深度）的变化，如果*Z*值不需缩放，必须在G51指令段之前执行下刀动作。
>
> （2）比例因子*P*的取值，有的FANUC数控系统用μm为单位，如P2000为缩放2倍。

【例5-39】 如图5-83所示，运用比例缩放功能编写三角形*ABC*及三角形*A'B'C'*的加工轨迹程序。

分析：三角形*ABC*顶点为*A*（30,40）、*B*（70,40）、*C*（50,80），若比例缩放中心为*D*（50,50），则缩放程序为G51 X50. Y50. P2.，执行该程序，将自动计算*A'*、*B'*、*C'*三点坐标数据为*A'*（10,30）、*B'*（90,30）、*C'*（50,110），从而获得放大一倍的△*A'B'C'*。三角形*ABC*及三角形*A'B'C'*的加工深度分别为4mm、6mm，背吃刀量为2mm，运用增量编程与子程序调用可完成深度的加工。

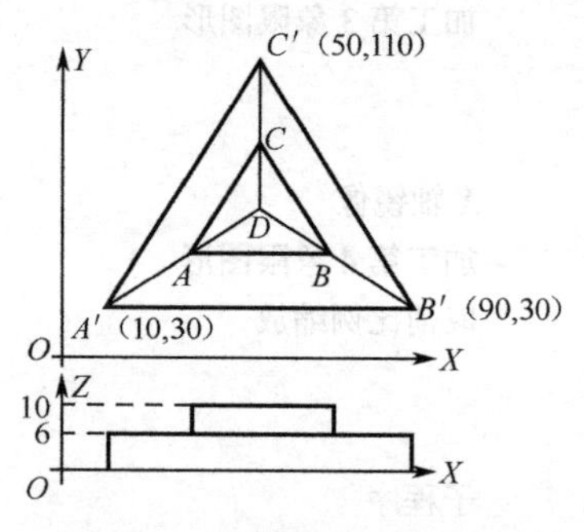

图5-83 比例缩放编程实例1

加工程序：

```
O44;                        主程序
G90 G54 G00 Z100.;
M06 T02;
M03 S600;
G00 X0 Y0;
G01 Z15. F1000;
M98 P20600;                 加工三角形 ABC
G01 G90 Z11. F1000;
G51 X50. Y50. P2.;          比例缩放中心（50,50），比例因子为 2
M98 P30600;                 加工三角形 A'B'C'
G50;                        取消比例缩放
G00 G90 Z100.;
M30;
O600;                       子程序（三角形 ABC 的加工程序）
G01 G91 Z-7. F100;
G41 G01 G90 X30. Y40. D01;
X70. Y40.;
X50. Y80.;
X30. Y40.;
G40 X0 Y0;
G00 G91 Z5.;
M99;
```

思考题：

34. 如图 5-84 所示，毛坯是 100mm×100mm×40mm 的方料，铣 100mm×100mm×20mm 与 50mm×50mm×3mm 的外轮廓，试编写加工程序。

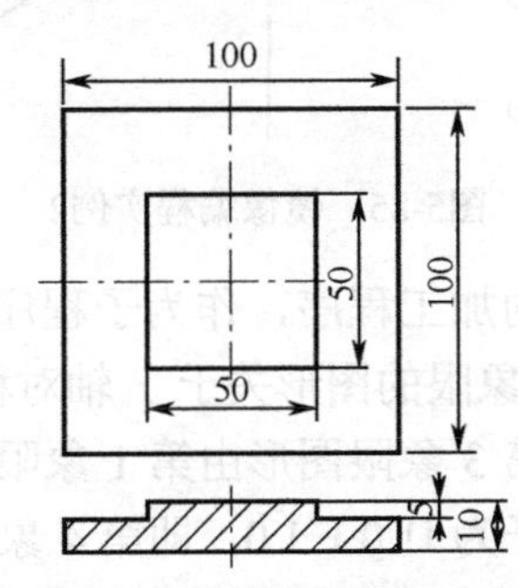

图5-84　比例缩放编程实例2

2. 比例缩放各轴比例因子单独指定

格式：

```
G51 X_Y_Z_I_J_K_;
G50;
```

说明：

X、*Y*、*Z*：比例缩放中心，以绝对值指定。

I、*J*、*K*：*X*、*Y*、*Z* 轴的比例因子，指定范围为±0.001～±999.999 倍，即 *I*、*J*、*K*=1 时缩放 1 倍。

比例缩放由 G50 取消。

注意：

比例因子 *I*、*J*、*K* 的取值，有的 FANUC 系统用μm 为单位，如 *I*、*J*、*K*=1000 时缩放 1 倍。

3. 镜像功能

格式：

```
G51 X_ Y_ Z_ I_ J_ K_;
G50;
```

说明：

当各轴比例因子为负值，且 *I*、*J*、*K*=−1 时，则执行镜像加工，以比例缩放中心为镜像对称中心。

镜像功能由 G50 指令取消。

【例 5-40】 如图 5-85 所示，走出四个三角形轨迹，其深度为 10mm，利用镜像功能编写加工程序。

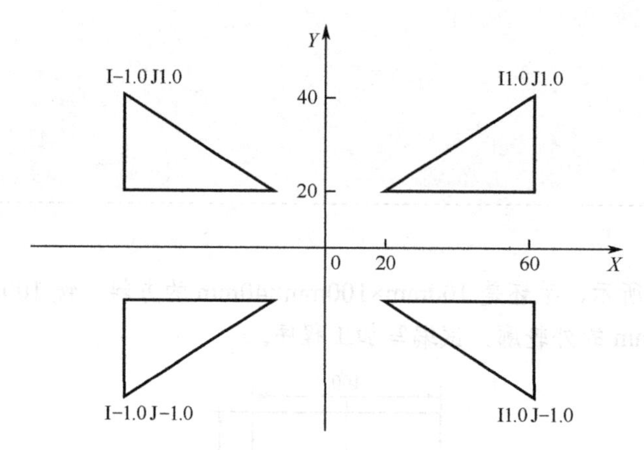

图5-85 镜像编程实例2

分析：先编程第 1 象限图形的加工程序，作为子程序。第 2 象限图形比例缩放因子为 I−1.0 J1.0，即第 2 象限图形由第 1 象限的图形关于 *Y* 轴对称且缩放 1 倍而得到，第 3 象限图形比例缩放因子为 I−1.0 J−1.0，即第 3 象限图形由第 1 象限图形关于 *X*、*Y* 轴对称且缩放 1 倍而得到，第 4 象限图形比例缩放因子为 I1.0 J−1.0，即第 4 象限图形由第 1 象限图形关于 *X* 轴对称且缩放 1 倍而得到，所以运用镜像指令与子程序调用可完成图示轮廓的加工。其加工深度为 10mm，分五次吃刀，背吃刀量为 2mm，运用增量编程与子程序调用可完成深度的加工。

加工程序：

```
O45;                                  主程序
G90 G54 G00 X0 Y0;
M06 T02;
M03 S500;
Z100.;
```

```
G01 Z5. F1000;
M98 P59000;                    加工第 1 象限图形
G00 G90 Z5.;
G51 X0 Y0 I-1.0;               Y 轴镜像
M98 P59000;                    加工第 2 象限图形
G50;
G00 G90 Z5.;
G51 X0 Y0 I-1.0 J-1.0;         X、Y 轴镜像
M98 P59000;                    加工第 3 象限图形
G50;
G00 G90 Z5.;
G51 X0 Y0 J-1.0;               X 轴镜像
M98 P59000;                    加工第 4 象限图形
G50;                           取消比例缩放
G00 G90 Z100.;
M30;
O9000;                         子程序：第 1 象限图形
G91 G01 Z-7. F100;
G41 X20. Y20. D01;
X40. Y20.;
Y-20.;
X-40.;
G40 X-20. Y-20.;
Z5.;
M99;
```

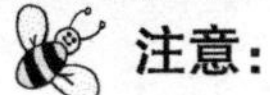

注意：

如果 *I*、*J* 为负值，且不等于-1.0，则执行该指令时，既进行缩放又进行镜像。

5.8.4　坐标系旋转功能指令

坐标系旋转指令 G68 能够将程序中指定的轮廓加工轨迹以某点为中心旋转指定的角度，从而得到旋转后的加工图形。还可以应用子程序，通过多次旋转，加工出多个不同角度位置的相同轮廓零件，大大简化了编程。

格式：

$$\begin{Bmatrix} G17 \\ G18 \\ G19 \end{Bmatrix} G68 \begin{Bmatrix} X\_Y\_ \\ Z\_X\_ \\ Y\_Z\_ \end{Bmatrix} R\_;$$

G69;

说明：

X、*Y*：旋转中心点坐标值（绝对值指定）。旋转中心的两个坐标轴与 G17、G18、G19 坐标平面一致。G17 平面为 *XY* 轴，G18 平面为 *ZX* 轴，G19 为 *YZ* 轴。

R：旋转角度，单位为度（°）。零度方向为第一坐标轴的正方向，逆时针方向为角度方

向的正方向，不足 1° 的角度以小数点表示，如 10° 54′ 在程序中用 10.9° 表示。旋转角度的指令范围为±360°。

G68：坐标系旋转功能开。

G69：坐标系旋转功能关。

若省略 *X*、*Y*，则 G68 指令执行时的刀具位置被设定为旋转中心。

注意：

（1）对程序指令进行坐标系旋转之后，再进行刀具偏置（如刀具半径补偿、刀具长度补偿）。

（2）如果在比例缩放方式（G51）下执行坐标系旋转，则旋转中心的坐标值也将按比例缩放，但是旋转角度不按比例缩放。

（3）编程时，应首先使用比例缩放，然后进行坐标系旋转。

【例 5-41】 如图 5-86 所示，运用坐标系旋转功能编写加工程序。

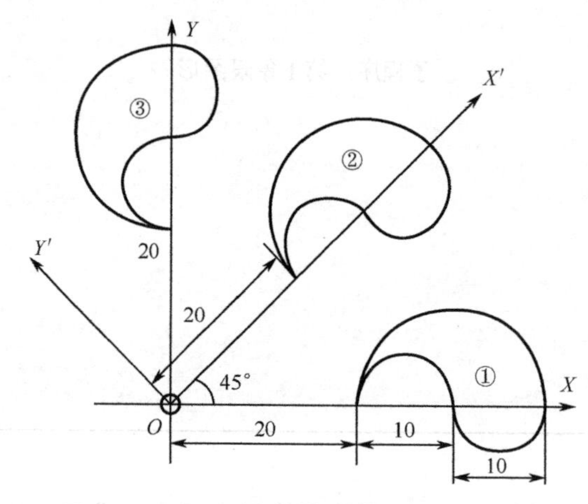

图5-86　坐标系旋转实例1

分析：如图 5-86 所示，图形①以坐标原点 *O* 为基准点，旋转 45° 得到图形②，旋转 90° 得到图形③，加工深度为 2mm，运用坐标系旋转功能编写加工程序。

加工程序：

```
O46;                        主程序
G90 G54 G17 G00 X0 Y0;
Z100.;
M03 S500;
G01 Z5. F1000;
M98 P700;                   加工图形①
G68 X0 Y0 R45.;             旋转 45°
M98 P700;                   加工图形②
G69;                        取消旋转
G68 X0 Y0 R90.;             旋转 90°
M98 P700;                   加工图形③
G69;                        取消旋转
```

```
G00 Z100.;
M30;
O700;                              子程序
G01 Z-2. F100;
G90 G01 X20. Y0 F100;
G02 X30. Y0 I5.;
G03 X40. Y0 I5.;
 X20. Y0 I-10.;
G00 X0 Y0;
Z5.;
M99;
```

思考题：

35. 如图 5-87 所示，加工两个环形槽，其加工深度为 4mm，运用键槽铣刀加工，试编写程序。

36. 如图 5-88 所示，加工两个环形槽，运用极坐标、坐标系旋转试编写程序。

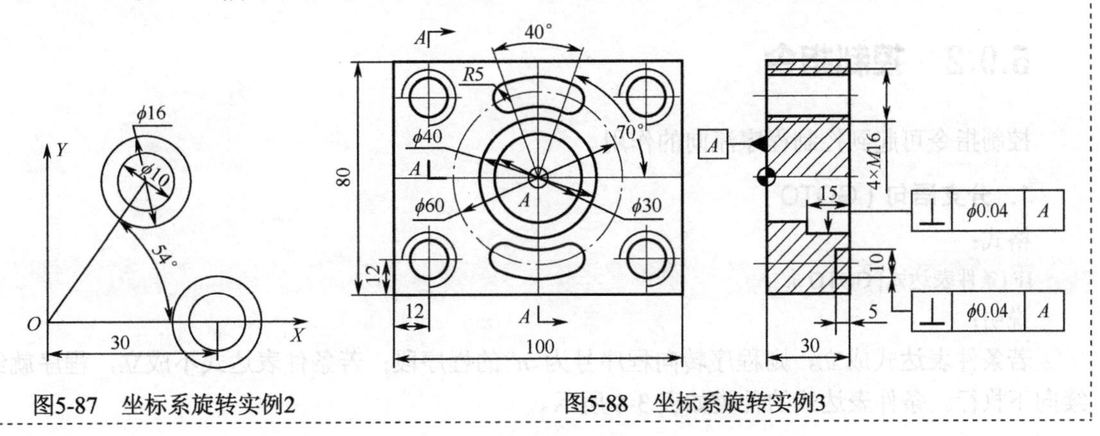

图5-87 坐标系旋转实例2　　　图5-88 坐标系旋转实例3

5.9 B类宏指令

5.9.1 变量

1. 变量的表示

变量可以用“#”和跟随其后的变量序号来表示，即#*i*（*i*=1,2,3,…），如#5、#109、#501。也可以用表达式来表示变量，即#[(表达式)]，如#[#50]、#[2001-1]、#[#1+#2-12]。在地址号后可使用变量，例如：

F#9	若#9=200.0，则表示 F200
Z#26	若#26=10.0，则表示 Z10.0
G#13	若#13=3.0，则表示 G03
M#5	若#5=8.0，则表示 M08

2. 变量的种类

变量有局部变量、公用变量（全局变量）和系统变量三种。

（1）局部变量#1～#33。局部变量是在宏程序中局部使用的变量。例如，当宏程序A调用宏程序B而且都有#1变量时，因为它们服务于不同局部，所以A中的#1与B中的#1不是同一个变量，互不影响。

（2）公用变量（全局变量）#100～#149、#500～#509。公用变量贯穿整个程序执行过程，包括多重调用。上例中，若A与B同时调用全局变量#100，则A中的#100与B中的#100是同一个变量。

（3）系统变量。宏程序能够对机床内部变量进行读取和赋值，从而完成复杂的任务。

3. 未定义变量

当变量的值未定义时，这样的一个变量被看作“空”变量。变量#0总是“空”变量。

4. 变量的各种运算

宏程序具有赋值、算术运算、逻辑运算、函数运算等功能，表3-7列出了变量的各种运算方式。

5.9.2 控制指令

控制指令可起到控制程序流向的作用。

1. 分支语句（GOTO）

格式：

```
IF [条件表达式] GOTO n;
```

说明：

若条件表达式成立，则程序转向程序号为 *n* 的程序段；若条件表达式不成立，程序就继续向下执行。条件表达式的种类如表3-8所示。

2. 循环指令

格式：

```
WHILE [条件表达式] DO m (m=1,2,3…)；
…;
END m;
```

说明：

当条件满足时，就循环执行WHILE与END之间的程序段 *m* 次；若条件不满足，就执行END m的下一个程序段。

5.9.3 椭圆轮廓铣削实例

【例5-42】 如图5-89所示，编写精加工椭圆的外轮廓程序，加工深度为5mm。

分析：椭圆的形成是离心角从0°旋转到360°形成的，所以取离心角α为自变量#1，长半径与短半径为变量#2与#3，运用WHILE循环语句编程。选用的刀具为ϕ10mm的立铣刀。

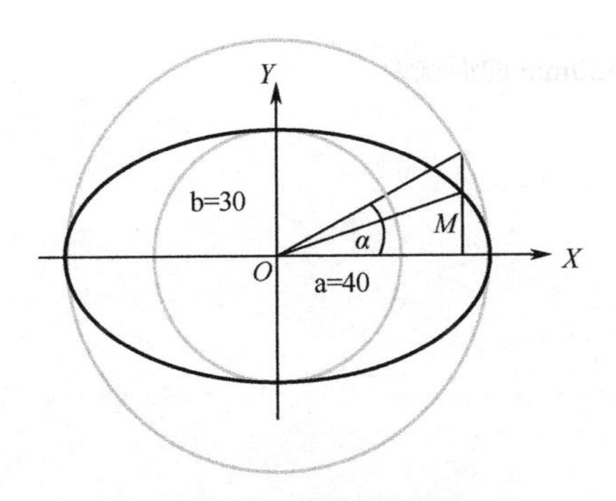

图5-89　椭圆实例1

加工程序：

```
O47;
G54 G00 Z100.;
M06 T02;
M03 S800;
G00 X45. Y-30.;
Z5.;
G01 Z-5. F100;
#1=0; 给角度α赋初始值为 0
WHILE [#1 LE -360] DO 1;
#2=40*COS[#1];
#3=30*SIN[#1];
G01 X#2 Y#3;
#1=#1-0.1;
END 1;
X45. Y30.;
G00 Z30.;
M30;
```

【例 5-43】 椭圆实例 2 如图 5-90 所示，运用宏程序及子程序编写粗、精加工椭圆的外轮廓程序。

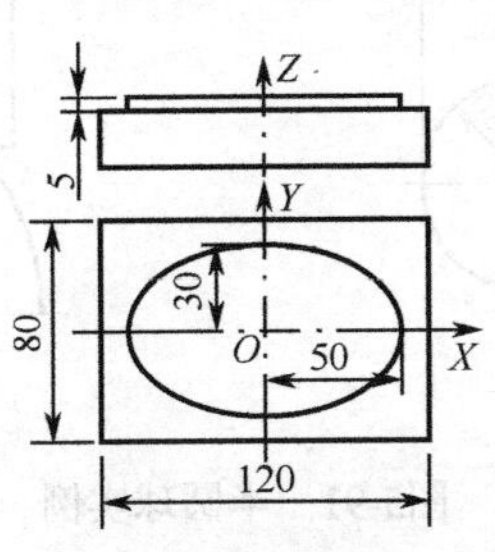

图5-90　椭圆实例2

分析：铣如图 5-90 所示的工件的外轮廓，选用ϕ50mm 的面铣刀进行粗加工，留精加工余量为 1mm、精加工刀具为ϕ10mm 的立铣刀。

加工程序：

```
O48;                    主程序
G54 G90;
```

```
M06 T01;                    φ50mm 的面铣刀
M03 S400;
G00 G43 Z50. H01;
X90. Y10.;
G01 Z2. F1000;
Z-4. F100.;
#104=26;
M98 P1002;
G00 G49 Z100.;
M06 T02;                    φ10mm 的立铣刀
 M03 S1000;
G00 X60. Y10.;
G01 G43 Z5. H02 F1000;
Z-5. F100.;
#104=5;
M98 P1002;
G00 Z100.;
M30;
O1002;                      子程序
#3=0;
N1 IF [#3 LT -360] GOTO 2;
#1=[50+#104]*COS[#3];
#2=[30+#104]*SIN[#3];
G01 X#1 Y#2 F100;
#3=#3-0.1;
GOTO 1;
N2 G01 X90. Y0;
M99;
```

【例 5-44】 如图 5-91 所示，运用宏指令编写半圆球的精加工程序。

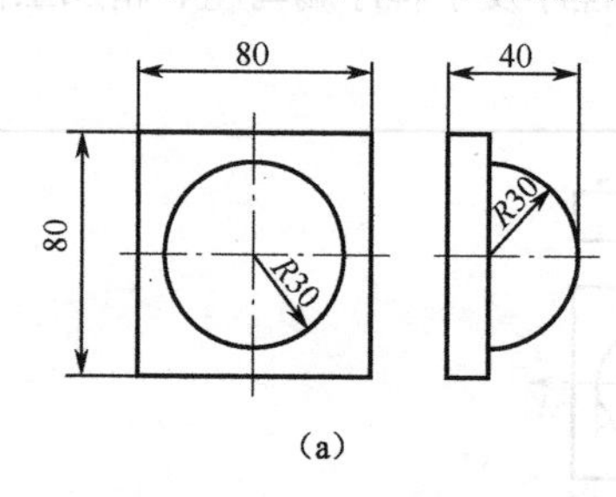

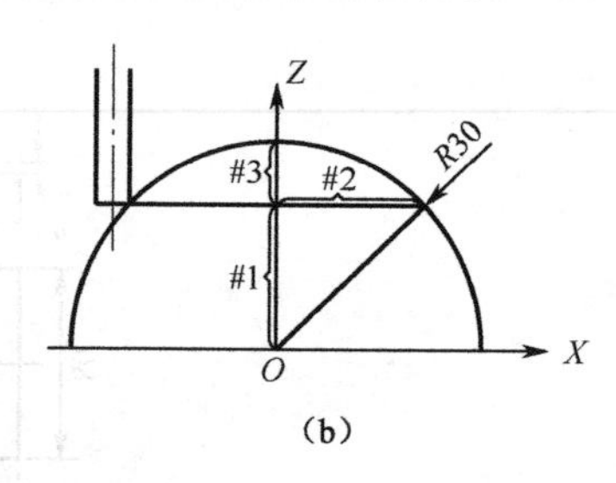

图5-91 半圆球实例

分析：作辅助图如 5-91（b）所示，可以用同心圆的方式加工，刀具在 *Z* 向每下一次刀，*X*、*Y* 轴进行一次两轴联动加工一个圆。选择的刀具为 ϕ10mm 的立铣刀，#3 为每次下刀深度，#4 为刀具半径。

加工程序：

```
O49;
G54 G90;
```

```
M06 T02;
M03 S1000;
G00 Z100.;
X-35. Y0.;
G01 Z2. F1000;
#4=5;
#3=0;
N1 IF [#3 GT 30] GOTO 2;
#1=30-#3;
#2=SQRT［30*30-#1*#1］;
G01 X- [ #2+#4] Y0 F100;
Z-#3 ;
G02 I［#2+#4］;
#3=#3+0.1;
GOTO 1;
N2 G02 I［30+#4］;
G00 Z100.;
M30;
```

思考题:

37. 如图 5-92 所示，编写精铣凸台、加工孔的程序。

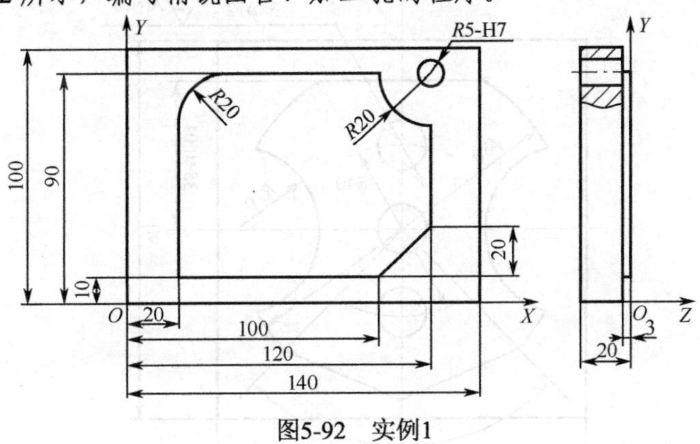

图5-92　实例1

38. 如图 5-93 所示，用ϕ20mm 的铣刀精加工外轮廓，用ϕ4mm 的中心钻钻中心孔，用ϕ9.8mm 的麻花钻钻 3×ϕ10mm 的孔，最后用ϕ10H7 的铰刀铰孔，试编写加工程序。

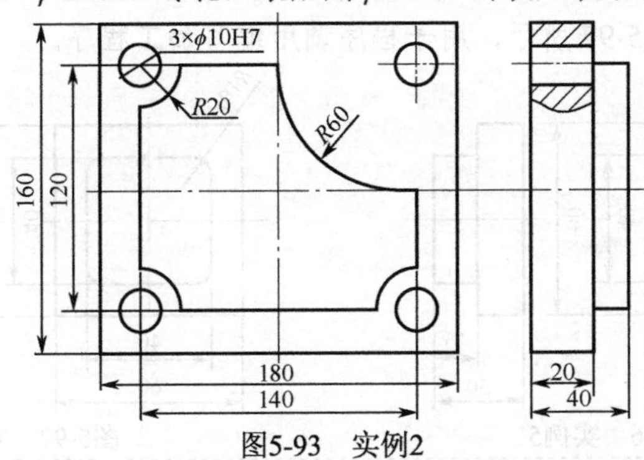

图5-93　实例2

39．如图5-94所示，编写铣外形、加工孔的程序。

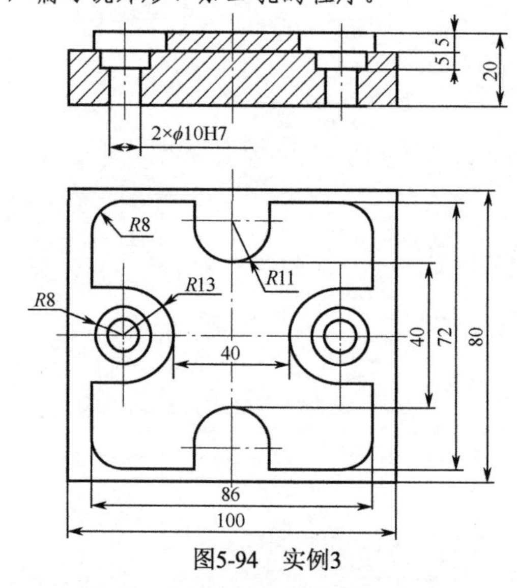

图5-94　实例3

40．如图5-95所示，编写铣外形、加工孔的程序。

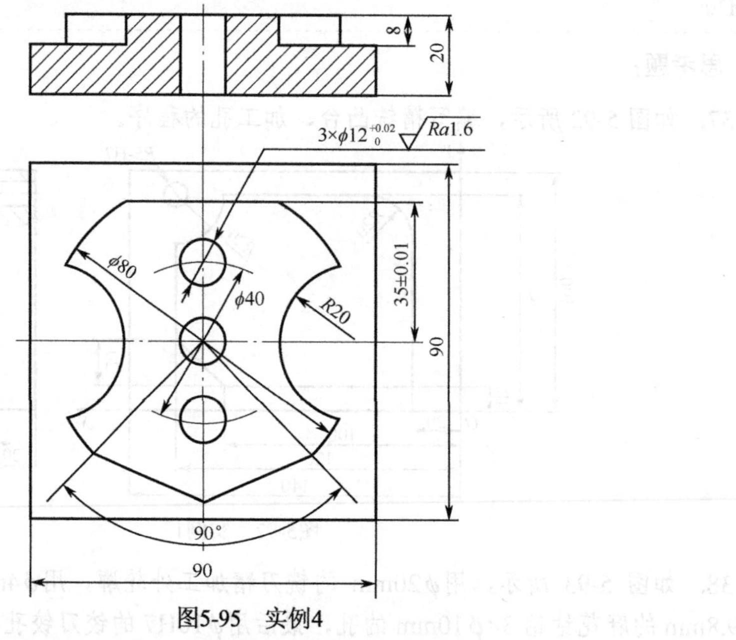

图5-95　实例4

41．如图5-96和图5-97所示，用子程序调用编写加工程序。

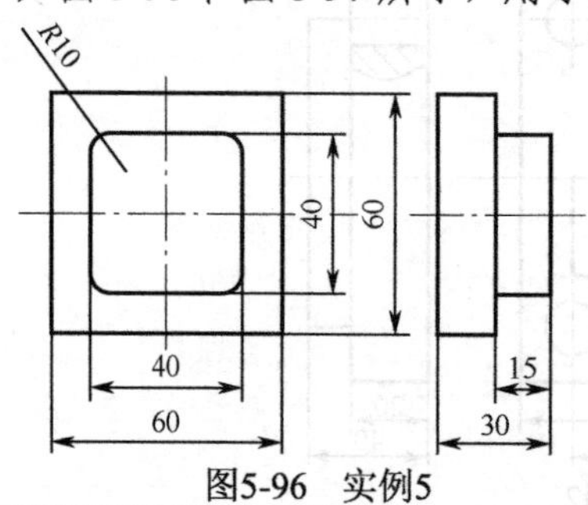

图5-96　实例5

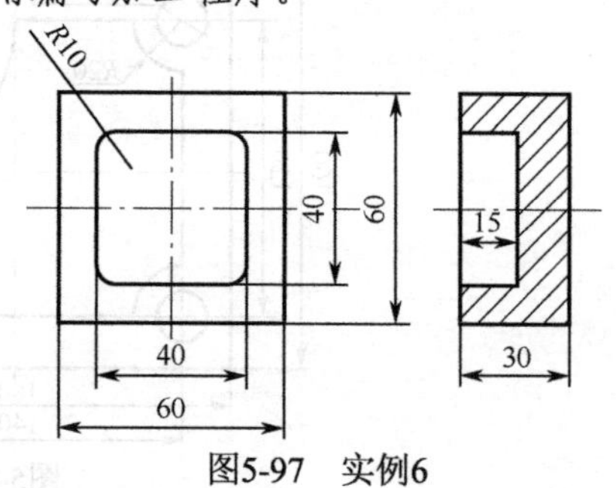

图5-97　实例6

42. 如图 5-98 所示，用调用子程序、孔固定循环等编程指令编写零件加工程序。

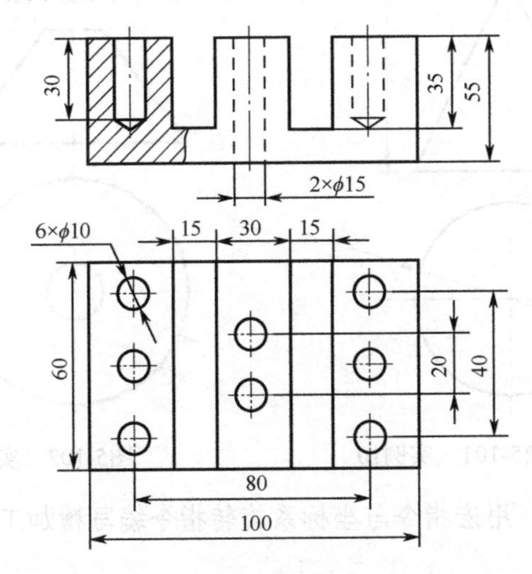

图5-98　实例7

43. 如图 5-99 所示，用宏指令编写凹半球的精加工程序。

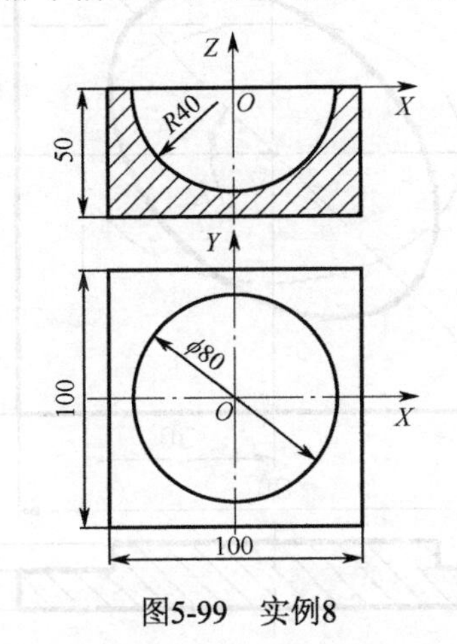

图5-99　实例8

44. 如图 5-100 所示，用宏指令编写凹半球的精加工程序。

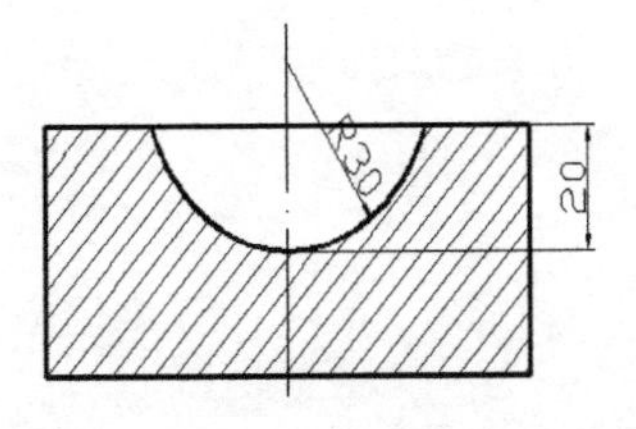

图5-100　实例9

45. 如图 5-101 和图 5-102 所示，用宏指令编写圆锥、圆台的精加工程序。

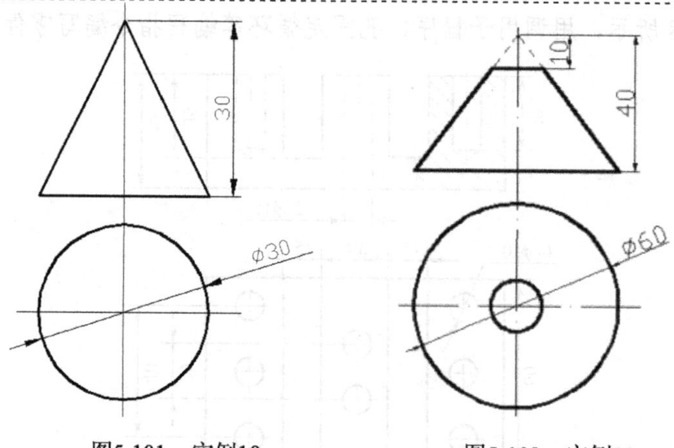

图5-101　实例10　　　图5-102　实例11

46. 如图 5-103 所示，用宏指令与坐标系旋转指令编写精加工程序。

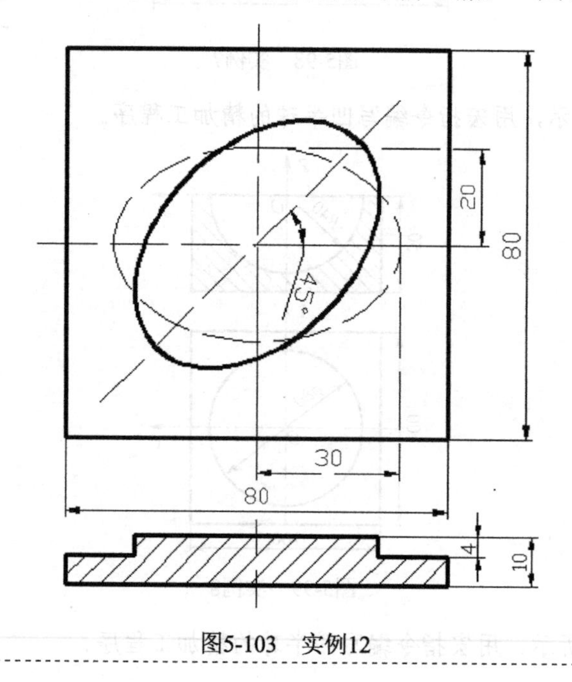

图5-103　实例12

第 6 章

思考题答案

第 1 章　思考题

1．数控机床由哪几部分组成？各有什么作用？

（1）控制介质（程序载体）（纸带、磁带或磁盘等）。

（2）输入/输出装置。

（3）数控装置（是数控机床的核心，接受脉冲信号经过译码、运算和逻辑处理将指令信息输出给伺服系统，使设备按规定的动作执行）。

（4）伺服装置（是数控机床执行机构的驱动部件，作用是把来自数控装置的脉冲信号转换成机床执行部件的运动）。

（5）检测反馈装置（对机床的实际运动速度、方向、位移量及加工状态加以检测，并将结果反馈给数控装置，计算出与指令位移之间的偏差，并发出纠正误差指令）。检测反馈装置的作用是检测位移和速度，将反馈信号发送到数控装置。数控机床的加工精度主要由检测反馈装置的精度决定。可分为数字式与模拟式。

（6）机床主体（是加工运动的实际机械部件，主要包括主运动部件、进给运动执行部件，如工作台、拖板、刀架和支承部件）。

（7）辅助装置（冷却、润滑、夹紧装置等）。

2．什么是点位控制、点位/直线控制和轮廓控制？

（1）点位控制数控机床（Positioning Control）只控制刀具从一点到另一点的位置，而不控制移动轨迹，在移动过程中刀具不进行切削加工。如数控坐标镗床、数控钻床、数控冲床、数控点焊机等。

（2）直线控制数控机床（Straight-line Control）能够控制刀具或机床工作台以给定的速度，沿平行于某一坐标轴方向，由一个位置到另一个位置精确移动，并且在移动过程中进行直线切削加工。如简易数控车床、数控镗铣床。

（3）轮廓控制数控机床（Contour Control）能够对两个或两个以上的坐标轴同时进行连续控制，并能对机床移动部件的位移和速度进行严格的控制，即要控制加工的轨迹，加工出要求的轮廓。其运动轨迹是任意斜率的直线、圆弧、螺旋线等。如数控镗铣床、加工中心。

3．什么是开环、半闭环、闭环控制系统？

（1）开环控制（Open Loop Control），即不带位置测量元件，数控装置根据控制介质上的指令信号，经控制运算发出指令脉冲，使伺服驱动元件转过一定的角度，并通过传动齿轮、滚珠丝杠螺母副，使执行机构（如工作台）移动或转动。

（2）闭环控制（Closed Loop Control）即将位置检测装置安装于机床运动部件上，加工中将测量到的实际位置值反馈。

（3）半闭环控制（Semi-Closed Loop Control）即将位置检测装置安装于驱动电动机轴端或安装于传动丝杠端部，间接地测量移动部件（工作台）的实际位置或位移。

4．数控机床的应用范围是什么？

（1）多品种或中、小批量生产的零件。

（2）工序集中、形状结构比较复杂的零件。

（3）试制研发、需要频繁改型的零件。

（4）生产周期短的急需工件。

（5）价格昂贵、不允许报废的关键零件。

5．数控机床对导轨的要求是什么？

高导向精度、高精度保持性、摩擦特性好、运动平稳性好和高灵敏度。

第 2 章　思考题

6．数控车削加工工艺主要包括哪些内容？

（1）选择适合数控车床上加工的零件。

（2）对零件图纸进行数控加工的工艺性分析，明确加工内容及技术要求。

（3）确定零件的加工方案，制定数控加工工艺路线，如划分工序、安排加工顺序等。

（4）加工工序的设计。

（5）零件图形的数学处理及编程尺寸设定值的确定。

（6）加工程序的编写、校验和修改。

（7）首件试加工与现场问题处理。

（8）数控加工工艺技术文件的定型与归档。

7．数控机床车刀有哪些常用类型？

数控车削常用的车刀一般分为三类，即尖形车刀、圆弧形车刀和成形车刀。

8．切削用量包括哪三个要素？

切削用量包括主轴转速、背吃刀量及进给速度。

第 3 章　思考题

9．如图 3-22 所示，选用毛坯孔为ϕ20mm 的棒料，用 G90 指令编写零件加工程序。

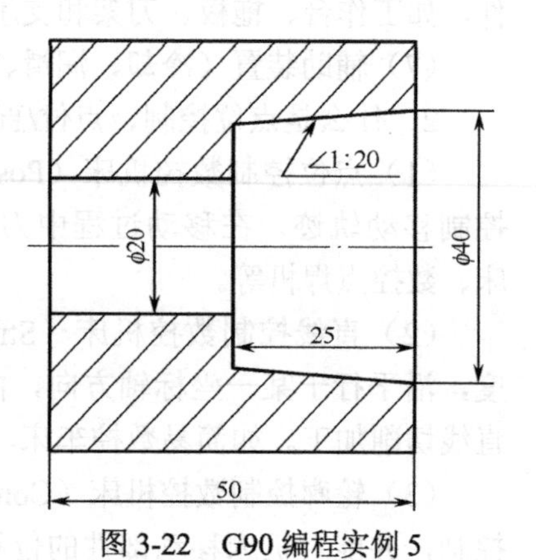

图 3-22　G90 编程实例 5

计算锥的小径：由 $1:40=R:25$ 得 $R=0.625$

$d=40-2\times0.625=38.75$

编写程序：

```
O0090;  (图 3-22)
G99 M03 S1000;
T0202;
G00 X18. Z5.;
```

```
G90 X25. Z-25. F0.2;
X30.
X35.
X38.
X38.75. R0.625;
G00 Z100.;
M30;
```

10．如图3-26所示，编程起点定为（*X*55.,*Z*5.），试求*R*的数值。

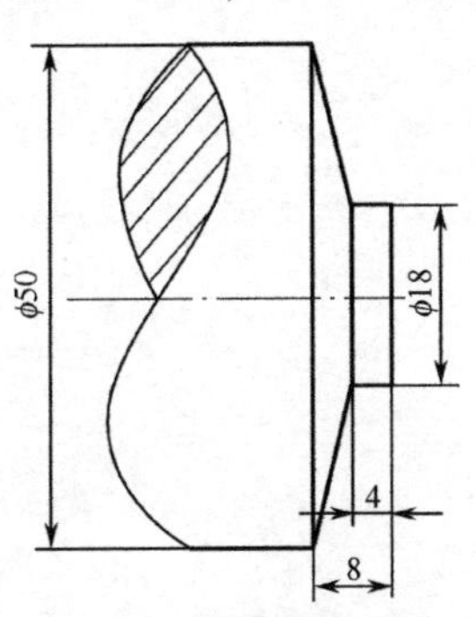

图3-26　G94编程实例2

计算*R*值：

$-4/R=(50-18)/2/(55-18)/2$　　$R=-4.625$

编写程序：

```
O0091; (图3-26)
G99 M03 S1000;
T0101;
G00 X55. Z5.;
G94 X18.Z2.R-4.625 F0.2;
Z-1.
Z-4.
G00 Z100.;
M30;
```

11．如图3-42所示，采用毛坯孔为ϕ26mm的棒料，运用子程序调用编写内螺纹的加工程序。

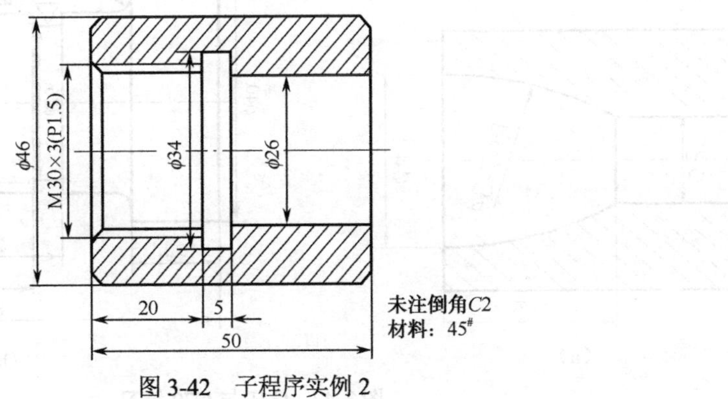

图3-42　子程序实例2

```
O342; (图 3-42)
G99 M03 S1000;
T0101;  (内孔车刀)
G00 X24. Z5.;
G90 X28. Z-25. F0.2;
X28.1;
G01X31,Z0;
X28.Z-1.5F0.1;
G00Z100.;
T0202;  (内切槽车刀)
G00 X24. Z5.;
Z-25.;
G01X34.F0.1;
X24.;
Z-24.;
X34.;
X24.;
Z5.F0.3;
G00Z100.;
T0303;  (内螺纹车刀)
G00 X24. Z5.;
M98 P20310
G00 Z100.;
M30;
O310;
G92 X29.Z-21.F3.0;
X29.4;
X30.;
G00W1.5;
M99;
```

12．如图 3-47 所示的轴类零件，试用 G71、G70 指令编写零件加工程序。

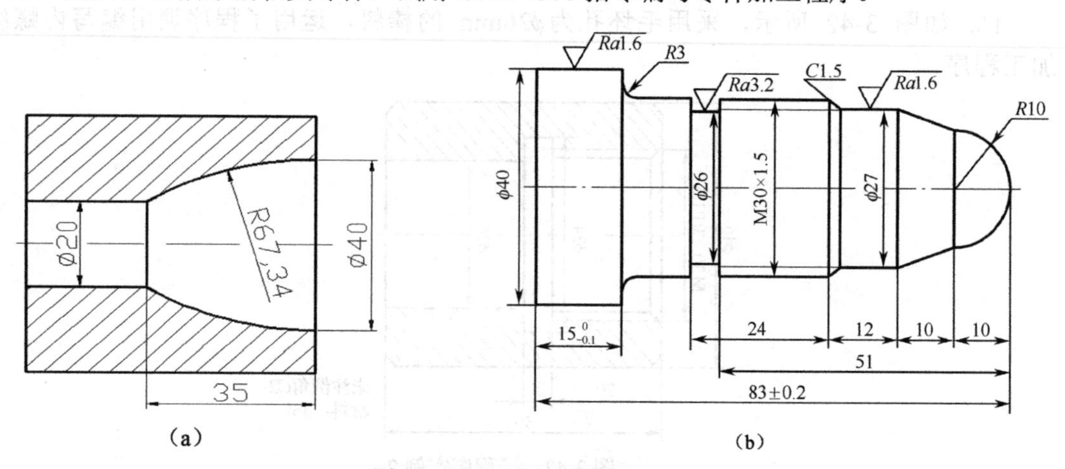

图 3-47　G71 与 G70 练习

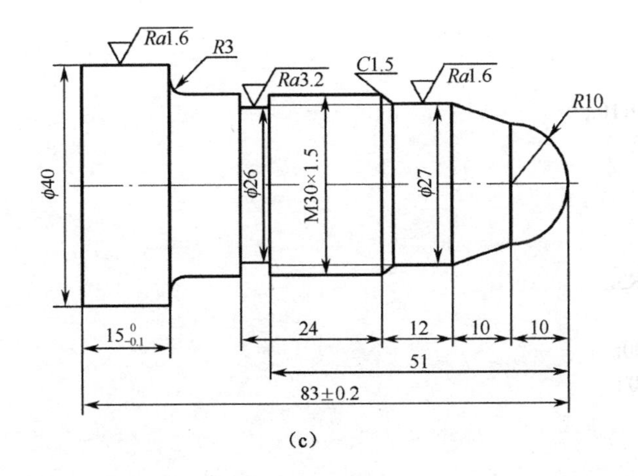

（c）

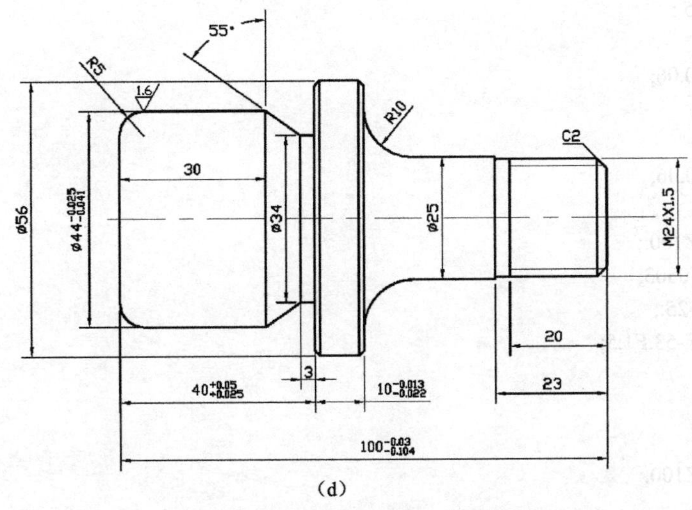

（d）

图 3-47 G71 与 G70 练习（续）

```
O471;  (图 3-47a)
G99M03S600T0101;
G00X18.Z5.;
G71U1.R1.;
G71P1 Q2 U-0.5 W0.2 F0.15;
N1G00X40.;
G01Z0.F0.3;
G03X20.Z-35.R67.34F0.1;
N2 G01X18.;
G70P1Q2S1600;
G00Z100.;
M30;
```

```
O472;  (图 3-47b)
G99M03S600T0101;
G00X45.Z5.;
G71U1.R1.;
G71P1 Q2 U0.5 W0.2 F0.15;
```

```
N1G00X0.;
G01Z0.F0.3;
G03X20.Z-10.R10.;
G01X27.Z-20.;
W-10.5;
X30.W-1.5;
Z-65.;
G02X36.W-3.R3.;
N2 G01Z-85.;
G70P1Q2S1600;
G00X100.Z100.;
M03S400;
T0202;
G00X45.Z5.;
Z-56.;
G01X26.F0.06;
X32.F0.3;
Z-55.;
G01X26.F0.06;
X40.F0.3;
G00X100.Z100.;
M03S500T0303;
G00X45.Z-25.;
G92X29.2Z-53.F1.5;
X28.6;
X28.2;
X28.05;
G00X100.Z100.;
M30;

O473; （图 3-47c)
G99M03S600T0101;
G00X45.Z5.;
G71U1.R1.;
G71P1 Q2 U0.5 W0.2 F0.15;
N1G00X3.;
G01Z0.F0.3;
G03X11.Z-4.R4.;
G01W-3.;
G02X21.Z-12.R5.;
G01X24.;
Z-20.;
X26.;
X30.W-2.;
W-23.;
X32.;
W-13.;
G02X36.W-2.R2.;
G01X38.;
N2Z-70.;
```

```
G70P1Q2S1600;
G00X100.Z100.;
M03S400;
T0202;
G00X45.Z5.;
Z-45.;
G01X26.F0.06;
X40.F0.3;
G00X100.Z100.;
M03S500T0303;
G00X45.Z-15.;
G92X29.2Z-43.F1.5;
X28.6;
X28.2;
X28.05;
G00X100.Z100.;
M30;

O474; (图 3-47d)  左端
G99M03S600T0101;
G00X60.Z5.;
G71U1.R1.;
G71P1 Q2 U0.5 W0.2 F0.15;
N1G00X34.;
G01Z0.F0.3;
G03X44.Z-5.R5.;
G01Z-40.;
X54.;
X56.W-1.;
N2 G01Z-60.;
G70P1Q2S1600;
G00X100.Z100.;
M03S400;
T0202;
G00X50.Z5.;
Z-40.;
G01X34.F0.06;
X45.F0.3;
Z-37.;
X44.F0.1;
X34.Z-40.F0.06;
X45.F0.3;
Z-34.5;
X44.F0.1;
X34.Z-40.F0.06;
X45.F0.3;
Z-32.86;
X44.F0.1;
X34.Z-40.F0.06;
X50.F0.3;
G00X100.Z100.;
M30;
```

```
O474; 右端
G99M03S600T0101;
G00X60.Z5.;
G71U1.R1.;
G71P3 Q4 U0.5 W0.2 F0.15;
N3G00X20.;
G01Z0F0.3;
X24.Z-2.F0.1;
Z-23.;
X25.;
Z-45.;
G02X35.W-5.R5.;
G01X54.;
N4X56.W-1.;
G70P3Q4S1800;
M03S500T0303;
G00X30.Z5.;
G92X23.2Z-20.F1.5;
X22.6;
X22.2;
X22.05;
G00X100.Z100.;
M30;
```

13．如图3-51所示，考虑用G72和G70指令编写零件加工程序。

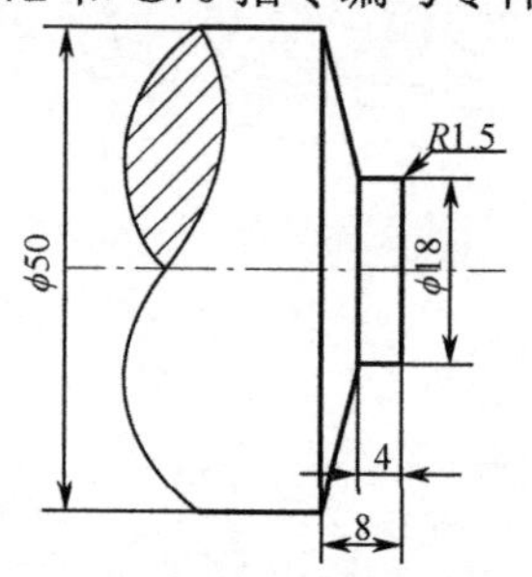

图3-51　G72与G70加工实例3

```
O351; (图3-51)
G99M03S600T0101;
G00X55.Z5.;
G72W2.R1.;
G72P1 Q2 U0.5 W0.2 F0.1;
N1G00 Z-8..;
G01X50..F0.3;
X18.Z-4.F0.1;
Z-1.5.;
G02X15.Z0 R1.5;
N2G01X0
G70P1Q2S1600;
G00X100.Z100.;
M30;
```

14．如图3-55所示，考虑用G73和G70指令编写零件加工程序。

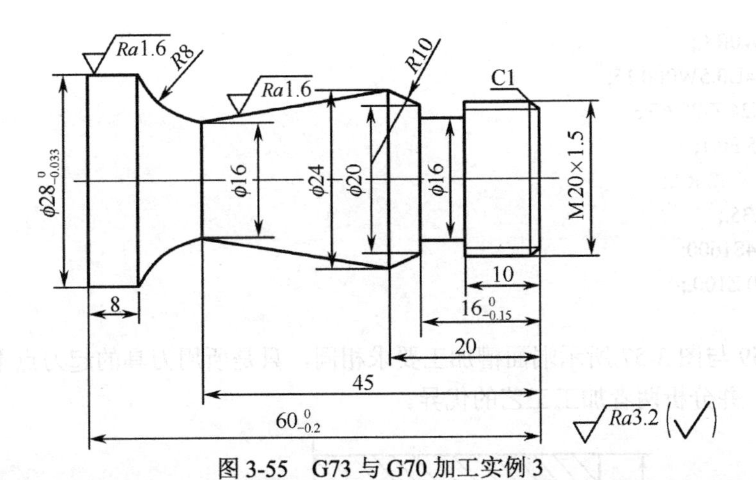

图 3-55　G73 与 G70 加工实例 3

```
O355; (图 3-55)
G99M03S600T0101;
G00X35.Z5.;
G71U1.R1.;
G71P1 Q2 U0.5 W0.2 F0.15;
N1G00X18.;
G01Z0.F0.3;
X20. Z-1.5F0.1;
Z-16.;
X24.Z-20.;
X28.Z-52.;
N2 G01Z-62.;
G70P1Q2S1600;
G00X100.Z100.;
M03S400;
T0202;
G00X35.Z5.;
Z-16.;
G01X16.F0.06;
X30.F0.3;
Z-12.;
G01X16.F0.06;
X30.F0.3;
G00X100.Z100.;
M03S500T0303;
G00X45.Z5.;
G92X19.2Z-20.F1.5;
X18.6;
X18.2;
X18.05;
G00X100.Z100.;
T0404;
G00X30.Z5.;
Z-18.;
```

```
G73U6.W0R3.;
G73P3Q4U0.5W0F0.15;
N3G01X24.Z-20.F0.3;
X16.Z-45.F0.1;
G02X28.Z-52.R8.;
N4G01X35.;
G70P3Q4S1600;
G00X100.Z100.;
M30;
```

15．图 3-59 与图 3-57 所示端面槽加工要求相同，只是所用刀具的起刀点不同，试编写端面槽加工程序，并分析两者加工工艺的优异。

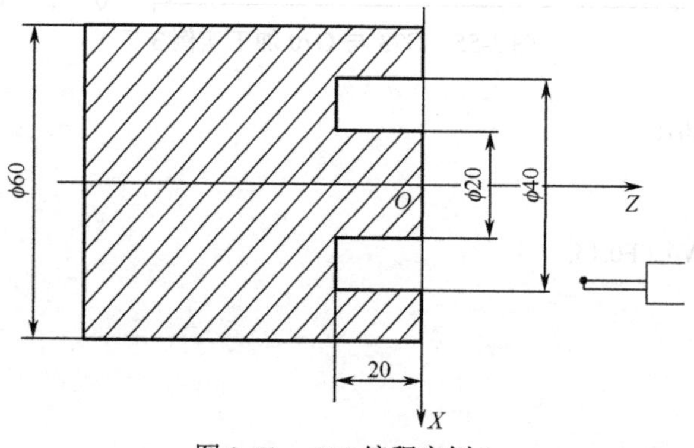

图 3-59　G74 编程实例 3

```
O359; (图 3-59)
G99 M03 S500;
T0202;
G00 X32. Z5.;
G74 R1.;
G74 X20. Z-20. P3000 Q5000 F0.05;
G00 Z50.;
M30;
```

16．编写图 3-70～图 3-77 所示的各零件的数控加工程序。

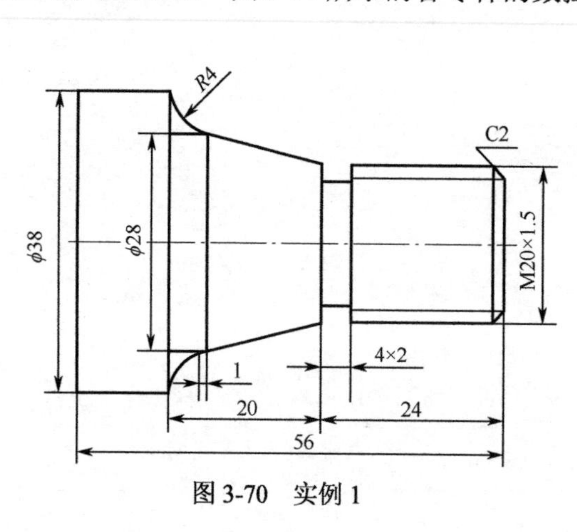

图 3-70　实例 1

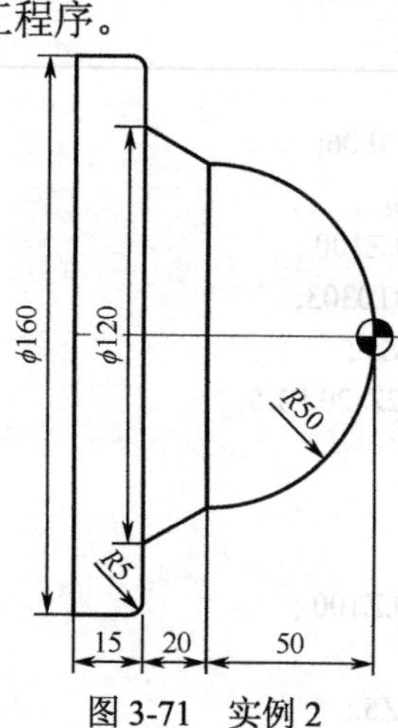

图 3-71　实例 2

```
O370; (图 3-70)
G99M03S600T0101;
G00X55.Z5.;
G71U1.R1.;
G71P1 Q2 U0.5 W0.2 F0.15;
N1G00X17.;
G01Z0.F0.3;
X20. Z-1.5F0.1;
Z-24.;
X28.Z-39.;
W-1.;
G02X36.W-4.R4.;
G01X38.;
N2 G01Z-59.;
G70P1Q2S1600;
G00X100.Z100.;
M03S400;
T0202;
G00X45.Z5.;
Z-24.;
G01X16.F0.06;
X30.F0.3;
G00X100.Z100.;
M03S500T0303;
G00X45.Z5.;
G92X19.2Z-23.F1.5;
X18.6;
X18.2;
X18.05;
G00X100.Z100.;
M30;
```

```
O371; (图 3-71)
G99M03S600T0101;
G00X55.Z5.;
G72 W3.R1.;
G72 P1 Q2 U0.5 W0.2 F0.15;
N1G00Z-75.;
G01X160.F0.3;
G02X150.W5.R5.F0.1;
G01X120.;
X100.W-20.;
G02X0.W50.R50.;
N2 G01W1.;
G70P1Q2S1600;
G00X100.Z100.;
M30;
```

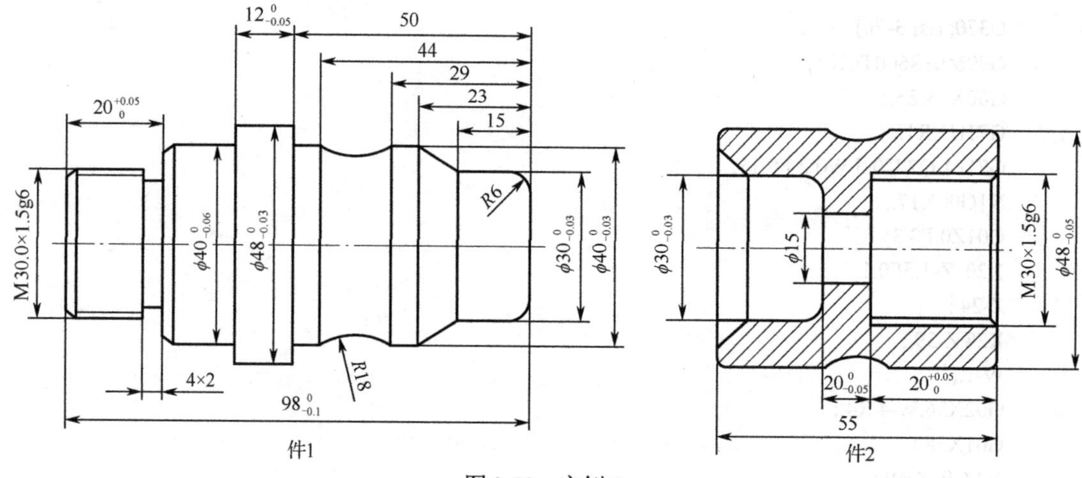

图 3-72　实例 3

```
O3720; (图 3-72)件 1 左端
G99M03S400T0404;
G00X0 Z5.;
G74R1.;
G74Z-60.Q10000F0.1;
G00Z100.;
T0101;
G00X55.Z5.;
G71U1.R1.;
G71P1 Q2 U0.5 W0.2 F0.15;
N1G00X27.;
G01Z0.F0.3;
X30. Z-1.5F0.1;
Z-20.;
X36.;
X40.Z-22.;
Z-36.;
X48.;
N2 G01Z-50.;
G70P1Q2S1600;
G00X100.Z100.;
M03S400;
T0202;
G00X40.Z5.;
Z-20.;
G01X26.F0.06;
X40.F0.3;
G00X100.Z100.;
M03S500T0303;
G00X45.Z5.;
G92X29.2Z-18.F1.5;
X28.6;
X28.2;
X28.05;
G00X100.Z100.;
M30;
```

```
O3721; (图 3-72)件 1 右端
G99M03S600T0101;
G00X35.Z5.;
G71U1.R1.;
G71P1 Q2 U0.5 W0.2 F0.15;
N1G00X18.;
G01Z0.F0.3;
G03X30.Z-6.R6.;
G01Z-15.;
X40.Z-23.;
Z-29.;
G02X40.Z-44.R18.;
G01Z-50.;
N2 X48.;
G70P1Q2S1600;
G00X100.Z100.;
M30;
```

```
O372; (图 3-72)件 2 左端
G99M03S600T0101;
G00X12.Z5.;
G71U1.R1.;
G71P1 Q2 U-0.5 W0.2 F0.15;
N1G00X40.;
G01Z0.F0.3;
X30. Z-8.F0.1;
Z-17.;
G03X18.W-6.R6.;
N2 G01X12.;
G70P1Q2S1600;
G00X100.Z100.;
M30;
```

```
O372; (图 3-72)件 2 右端
G99M03S600T0101;
G00X12.Z5.;
G90X20.Z-20.F0.2;
X25.;
X28.1;
G01X31.1F0.3;
Z0.;
X28.1Z-1.5F0.1;
G00 Z100.;
M03S800T0303;
G00X12.Z5.;
G92X28.9Z-23.F1.5;
X29.5;
X29.9;
```

```
X30.;
G00Z100.;
M30;
```

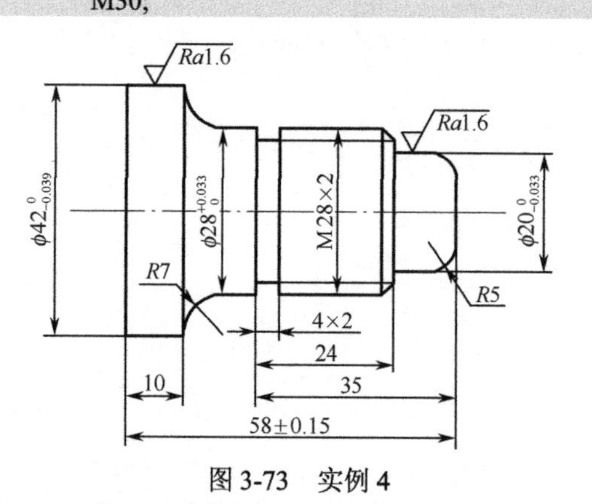

图 3-73　实例 4

图 3-74　实例 5

```
O373; (图 3-73)
G99M03S600T0101;
G00X55.Z5.;
G71U1.R1.;
G71P1 Q2 U0.5 W0.2 F0.15;
N1G00X10.;
G01Z0.F0.3;
G03X20.Z-5.R5.;
G01Z-11.;
X24.;
X28.W-2.;
Z-41.;
G02X42.Z-48.R7.;
N2 G01Z-59.;
G70P1Q2S1600;
G00X100.Z100.;
M03S400;
T0202;
G00X45.Z5.;
Z-35.;
G01X24.F0.06;
X40.F0.3;
G00X100.Z100.;
M03S500T0303;
G00X45.Z5.;
G92X27.2 Z-33.F2.;
X26.6;
X26.0;
X25.6;
X25.4;
G00X100.Z100.;
M30;
```

```
O374; (图 3-74)
G99M03S600T0101;
G00X45.Z5.;
G71U1.R1.;
G71P1 Q2 U0.5 W0.2 F0.15;
N1G00X0.;
G01Z0.F0.3;
G03X24.Z-12.R12..;
G01X26.;
X30.W-2.;
G01Z-35.;
G02X38.Z-53.974 R47.;
G01X42.Z-57.
N2 G01Z-69.;
G70P1Q2S1600;
G00X100.Z100.;
M03S400
T0202;
G00X45.Z5.;
Z-35.;
G01X26.F0.06;
X40.F0.3;
G00X100.Z100.;
M03S500T0303;
G00X45.Z-8.;
G92X29.2Z-33.F1.5;
X28.6;
X28.2;
X28.05;
G00X100.Z100.;
M30;
```

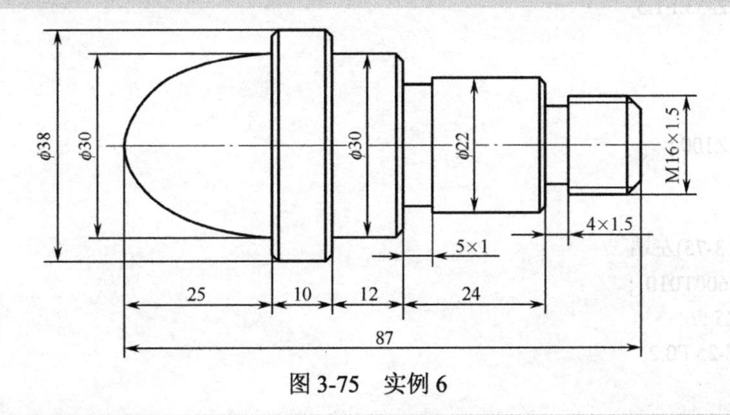

图 3-75 实例 6

```
O375; (图 3-75)右端
G99M03S600T0101;
G00X40.Z5.;
```

```
G71U1.R1.;
G71P1 Q2 U0.5 W0.2 F0.15;
N1G00X13.;
G01Z0.F0.3;
X16.W-1.5;
Z-16.;
X20.;
X22.W-1.;
Z-40.;
X28.;
X30.W-1.;
Z-52.;
X36.;
X38.W-1.;
N2 G01Z-67.;
G70P1Q2S1600;
G00X100.Z100.;
M03S400
T0202;
G00X20.Z5.;
Z-16.;
G01X13.F0.06;
X35.F0.3;
Z-40.;
X20.F0.06;
X35.F0.3;
Z-39.;
X20.F0.06;
X45.F0.3;
G00X100.Z100.;
M03S500T0303;
G00X20.Z5.;
G92X15.2Z-33.F1.5;
X14.6;
X14.2;
X14.05;
G00X100.Z100.;
M30;

O375; (图 3-75)左端
G99M03S600T0101;
G00X45.Z5.;
G90X34.Z-25.F0.2
X30.
G01X36.Z-25.F0.3;
X38.Z-26.F0.1
G00 X35.Z5.;
G73U15.W0 R8.;
```

```
G73P1 Q4 U0.5 W0. F0.15;
N1 G01 X0 Z0 F0.3;
#1=25;
N2 IF [#1 LT 0] GOTO 3;
#2=15/25*SQRT[25*25-#1*#1];
G01 X[2*#2] Z[#1-25] F0.1;
#1=#1-0.1;
GOTO 2;
N3 G01 X36.;
X38. Z-26.;
N4Z-32.;
G70 P1 Q4 S1000;
G00X100.Z100.;
M30;
```

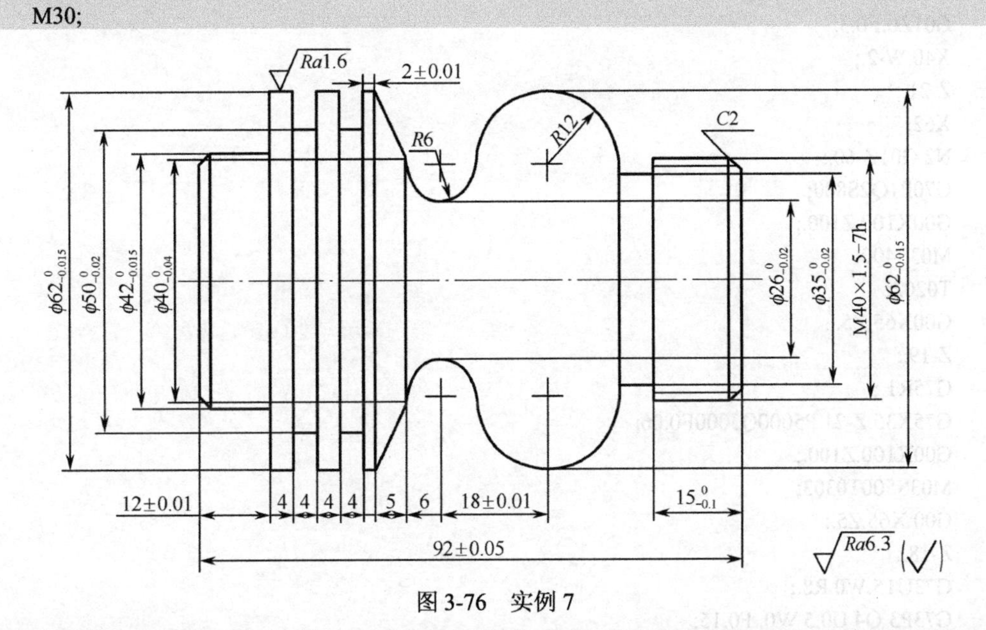

图 3-76 实例 7

```
O376; (图 3-76)左端
G99M03S600T0101;
G00X65.Z5.;
G71U2.R1.;
G71P1 Q2 U0.5 W0.2 F0.15;
N1G00X38.;
G01Z0.F0.3;
X42.W-2.;
Z-12.;
X62.
N2 G01Z-60.;
G70P1Q2S1600;
G00X100.Z100.;
M03S400;
T0202;
G00X65.Z5.;
Z-20.;
```

```
G01X50.F0.06;
X65.F0.3;
Z-28.;
X50.F0.06;
X65.F0.3;
G00X100.Z100.;
M30;

O376; (图 3-76)右端
G99M03S500T0101;
G00X65.Z5.;
G71U2.R1.;
G71P1 Q2 U0.5 W0.2 F0.15;
N1G00X36.;
G01Z0.F0.3;
X40.W-2.;
Z-21.;
X62.
N2 G01Z-60.;
G70P1Q2S800;
G00X100.Z100.;
M03S400;
T0202;
G00X65.Z5.;
Z-19.;
G75R1.;
G75X35.Z-21.P5000Q3000F0.06;
G00X100.Z100.;
M03S500T0303;
G00 X65.Z5.;
Z-18.;
G73U15.W0 R8.;
G73P3 Q4 U0.5 W0. F0.15;
N3G01G42X38.Z-21.F0.3;
G03X38.W-24.R12.F0.1;
G02X26.W-12.R6.;
G01X62.W-5.;
N4G40X70.;
G70P3Q4S800;
G00X100.Z100.;
M03S500T0404;
G00X45.Z5.;
G92X39.2Z-17.F1.5;
X38.6;
X38.2;
X38.05;
G00X100.Z100.;
M30;
```

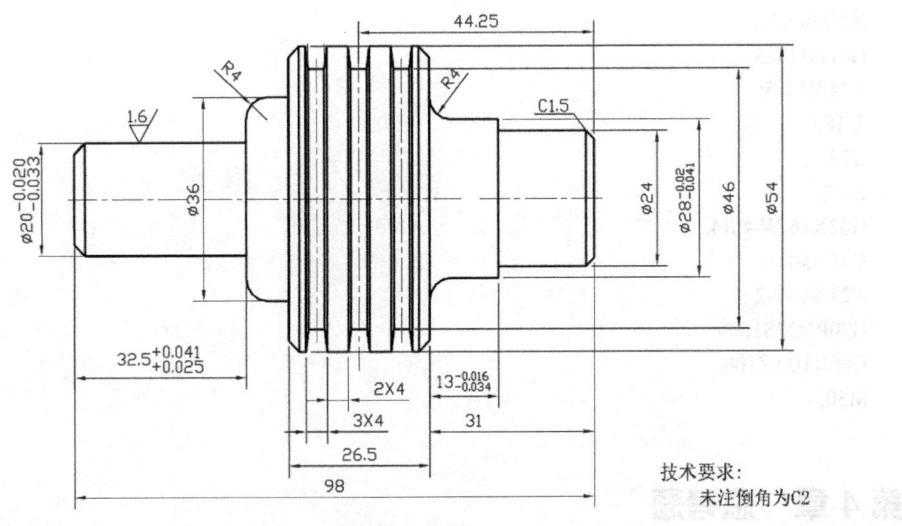

图 3-77　实例 8

```
O377; (图 3-77)左端
G99M03S600T0101;
G00X60.Z5.;
G71U2.R1.;
G71P1 Q2 U0.5 W0.2 F0.15;
N1G00X16.;
G01Z0.F0.3;
X20.W-2.;
Z-32.5;
X28.;
G03X36.W-4.R4.;
G01W-4.;
X50.;
X54.W-2.;
N2 G01Z-80.;
G70P1Q2S1600;
G00X100.Z100.;
M03S400;
T0202;
G00X60.Z5.;
Z-50.25;
G75R1.;
G75X46. Z-60.25 P5000 Q3000 F0.06;
G00X100.Z100.;
M30;

O377; (图 3-77)右端
G99M03S600T0101;
G00X60.Z5.;
G71U2.R1.;
G71P1 Q2 U0.5 W0.2 F0.15;
```

```
N1G00X21.;
G01Z0.F0.3;
X24.W-1.5;
Z-18.;
X28.;
Z-27.;
G02X36.W-4.R4.;
G01X50.;
N2X54.W-2.;
G70P1Q2S1600;
G00X100.Z100.;
M30;
```

第4章　思考题

17．数控铣削加工工艺主要包括哪些内容？

（1）工序的划分，通常按工序集中原则划分加工工序。

（2）加工顺序的安排，遵循“基准先行、先粗后精、先主后次、先面后孔”工艺原则。

（3）加工路线的确定，铣削平面零件外轮廓，一般采用立铣刀侧刃进行切削；铣削封闭的内轮廓表面时，刀具要沿一过渡圆弧切入和切出；铣削曲面时，多用两种方式加工，即直纹面或曲面加工方式。

（4）铣削方式选择：精加工顺铣，粗加工逆铣。

尽量缩短加工路线，减少刀具空行程的时间，以节省加工时间，提高生产效率。

18．数控机床铣刀有哪些常用类型？

常用铣削刀具的类型有面铣刀、立铣刀、键槽铣刀、模具铣刀、鼓形刀、成形铣刀等。

19．顺铣与逆铣的定义是什么？顺铣与逆铣的特点是什么？

顺铣即工件运动的方向与刀具旋转方向相同。

逆铣即工件运动的方向与刀具旋转方向相反。

逆铣时，切削厚度从零逐渐增大，刀齿在已加工表面上滑行、挤压，使这段表面产生严重的冷硬层，下一个刀齿切入时，又在冷硬层表面滑行、挤压，不仅使刀齿容易磨损，而且使工件的表面粗糙度增大。同时，刀齿垂直方向的切削分力向上，不仅会使工作台与导轨间形成间隙，引起振动，而且有把工件从工作台上挑起的倾向，因此需较大的夹紧力。但逆铣时刀齿从已加工表面切入，不会因从毛坯面切入而打刀；加之其水平切削分力与工件进给方向相反，使沿铣床工作台纵向进给的丝杠与螺母传动副始终是右侧面抵紧的，不会受丝杠与螺母传动副间隙的影响，铣削较平稳。

顺铣时，刀具从待加工表面切入，切削厚度从最大逐渐减小为零，切入时冲击力较大；刀齿无滑行、挤压现象，对刀具耐用度有利；其垂直方向的切削分力向下压向工作台，减小了工件的上下振动，对提高铣刀加工表面质量和工件的夹紧有利。但顺铣的水平切削分力与工件进给方向一致，当水平切削分力大于工作台摩擦力（如遇到加工表面有硬皮或硬质点）时，工作台带动丝杠向左窜动，丝杠与螺母传动副右侧面出现间隙，硬点过后丝杠与螺母传动副的间隙恢复正常（左侧间隙），这种现象对加工极为不利，会引起“啃刀”或“打刀”，甚至损坏夹具或机床。

第 5 章 思考题

20．如图 5-8 所示，运用 G52 局部坐标系编写两个正方形块的加工轨迹，加工深度为 2mm。

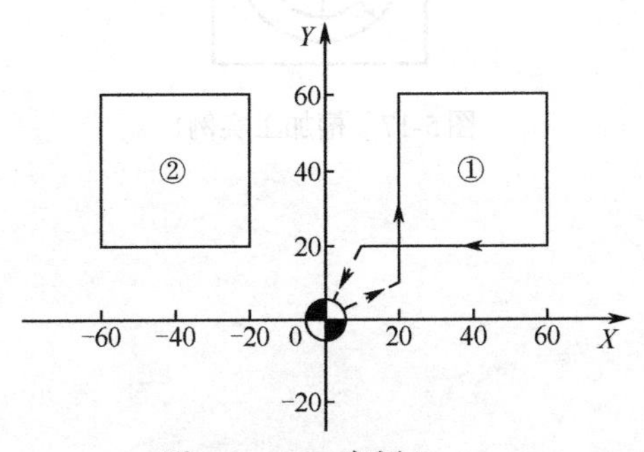

图 5-8 G52 实例 3

```
O191; (图 5-8)
G54G90M03S500;
G00Z100.;
X0Y0;
G01Z5.F2000;
Z-2.F100;
G41X20.Y10.D01;
Y60.;
X60.;
Y20.;
X10.;
G40X0Y0;
G00Z5.;
G52X-80.Y0;
X0Y0;
G01Z5.F2000;
Z-2.F100;
G41X20.Y10.D01;
Y60.;
X60.;
Y20.;
X10.;
G40X0Y0;
G00Z5.;
Z100.;
M30;
```

21．如图 5-17 所示，环形槽的外直径是 60mm，槽宽为 10mm，加工深度为 15mm，用直径为 8mm 的键槽铣刀，运用螺旋插补指令、G41 指令，编写环形槽的精加工程序。

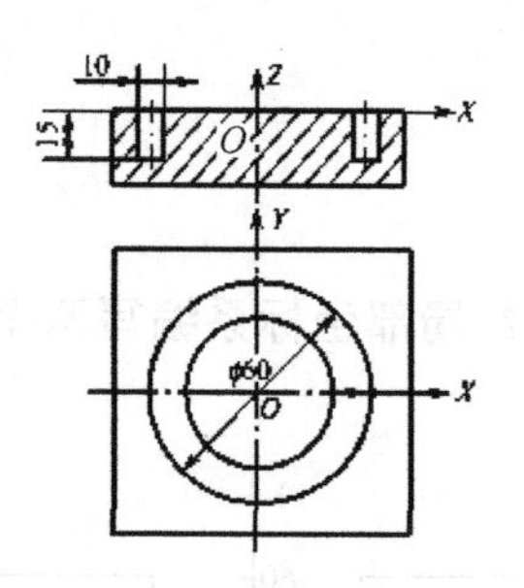

图5-17　槽加工实例1

```
O517；(图5-17)
G54 G90 G17；
M06 T01；
M03 S600；
G00 Z100.；
X24. Y0；
G01 Z5. F2000；
Z0F200
G02 I-24. Z-5. F100；
I-24.Z-10.；
I-24.Z-15.；
I-24.；
G01Z5.F500；
X26.Y0Z0；
G03 I-26.Z-5.F100；
I-26.Z-10.；
I-26.Z-15.；
I-26.；
G01Z5.F500；
G00 Z100.；
M30；
```

22．如图5-18所示，用直径为8mm的键槽铣刀，沿点画线加工距离工件上表面4mm深的凹槽，试选用不同的坐标原点来编写槽的加工程序。

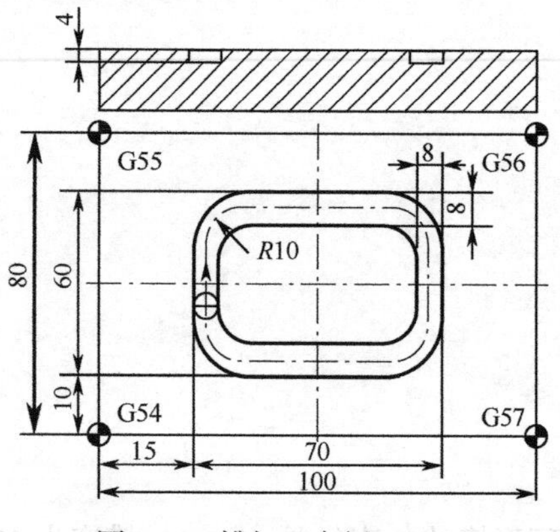

图5-18　槽加工实例2

```
O518；(图5-18)G54坐标系
G54 G90 G17；
M06 T01；
```

```
M03 S600;
G00 Z100.;
X19. Y40;
G01 Z5. F2000;
Z-4.F200;
Y56.;
G02X29.Y66.R10.;
G01X71.;
G02X81.Y56.R10.;
G01Y24.;
G02X71.Y14.R10.;
G01X29.;
G02X19.Y24.R10.;
G01Y40.;
G00Z100.;
M30;

O518; (图 5-18)G57 坐标系
G57 G90 G17;
M06 T01;
M03 S600;
G00 Z100.;
X-19. Y40;
G01 Z5. F2000;
Z-4.F200;
Y56.;
G03X-29.Y66.R10.;
G01X-71.;
G03X-81.Y56.R10.;
G01Y24.;
G03X-71.Y14.R10.;
G01X29.;
G03X-19.Y24.R10.;
G01Y40.;
G00Z100.;
M30;
```

23．如图 5-29 所示，运用 G41 指令进行编程，与程序 O10、O11 及 O12 进行对比。

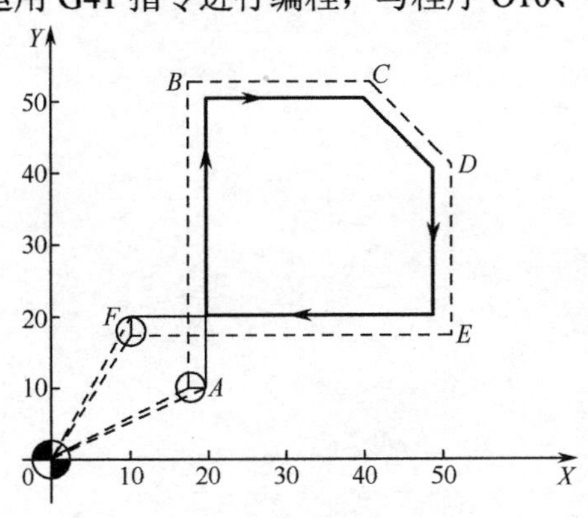

图 5-29　G41编程实例1

```
O529; (图 5-29)
G54G90M03S500;
G00Z100.;
X0Y0;
G01Z5.F2000;
Z-2.F100;
G41X20.Y10.D01;
Y50.;
X40.;
Y40.X50.;
Y20.;
X10.;
G40X0Y0;
G00Z100.;
M30;
```

24．如图 5-30 所示，用 G41 指令编写精加工程序，与程序 O15 进行对比。

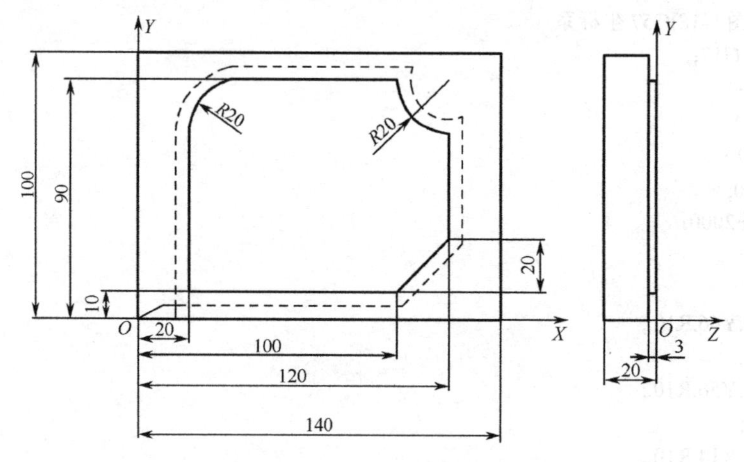

图 5-30　G41编程实例2

```
O530; (图 5-30)
G54G90M03S500;
G00Z100.;
X0Y0;
G01Z5.F2000;
Z-3.F100;
G41X20.Y5.D01;
Y70.;
G02X40.Y90.R20.;
G01X100.;
G03X120.Y70.R20.;
G01Y30.;
X100.Y10.;
X10.;
G40X0Y0;
G00Z100.;
M30;
```

25．如图 5-31 所示，运用 G41 指令编写精加工程序。

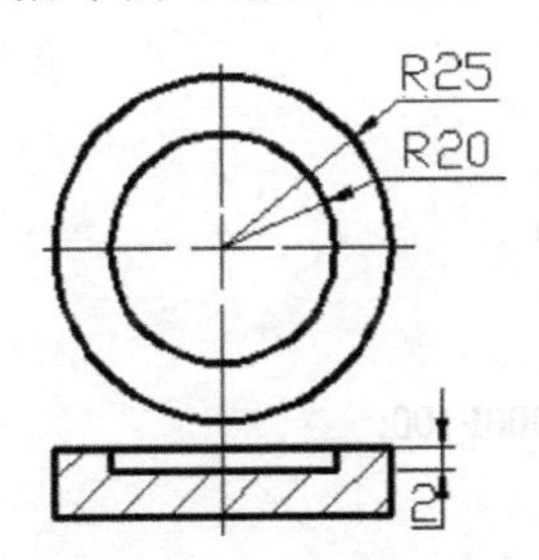

图 5-31 G41编程实例3

```
O531; (图 5-31)
G54G90M03S500;
G00Z100.;
X0Y0;
G01Z5.F2000;
Z-2.F100;
G41X-10.Y-10.D01;
G03X0.Y-20.R10.;
G03J-20.;
G03X10.Y-10.R10.;
G40G01X0Y0;
G00Z100.;
M30;
```

26．如图 5-34 所示，加工直径为 20mm 的盲孔与直径为 10mm 的通孔，用刀具长度补偿指令编程。

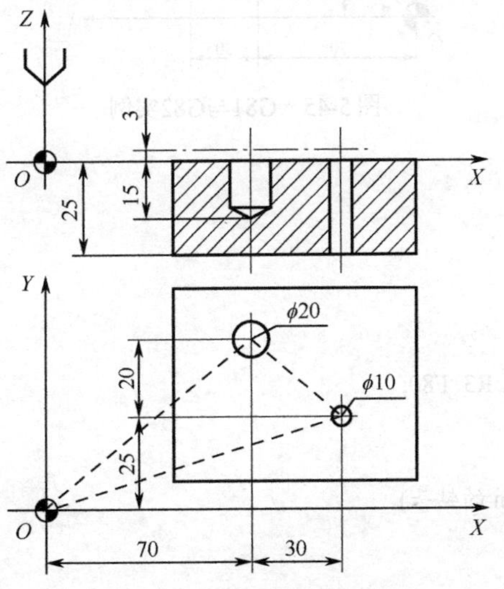

图 5-34 刀具长度补偿实例2

```
O534; (图 5-34)
G54 G90 G00 X0 Y0;
Z100.;
M06 T01;(中心钻)
M03 S1800;
```

```
G00 G43 Z20. H01;
G98 G81 X70. Y45. Z-5. R3. F80;
X100.Y25.;
G00 G49 Z100.;
M06 T02; (直径为 20mm 的钻头)
M03 S500;
G00 G43 Z20. H02;
G98 G82 X70. Y45. Z-15. R3. P1000F100;
G00 G49 Z100.;
M06T03
M03S1000
G00 G43 Z20. H03; (直径为 10mm 的钻头)
G98 G81 X100.Y25. Z-28. R3. F80;
G00 G49 Z100.;
M30;
```

27．如图 5-45 所示，用 G81、G82 指令编写各孔加工程序。

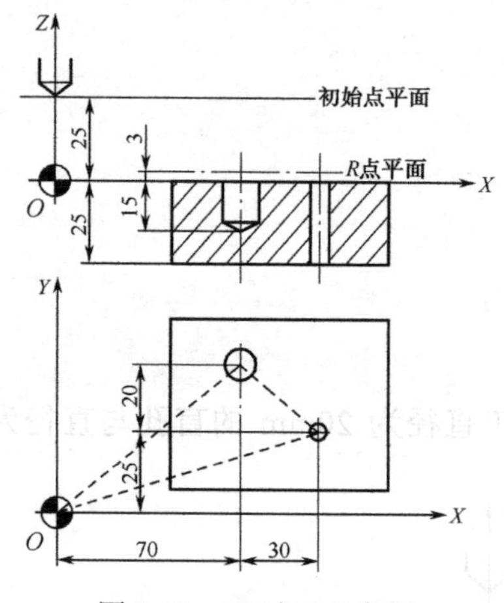

图 5-45　G81与G82实例

```
O545; (图 5-45)
G54 G90 G00 X0 Y0;
Z100.;
M06 T01;(中心钻)
M03 S1800;
G00 G43 Z25. H01;
G98 G81 X70. Y45. Z-5. R3. F80;
X100.Y25.;
G00 G49 Z100.;
M06 T02; (直径为 20mm 的钻头)
M03 S500;
G00 G43 Z25. H02;
G98 G82 X70. Y45. Z-15. R3. P1000F100;
G00 G49 Z100.;
M06T03
M03S1000
G00 G43 Z25. H03; (直径为 10mm 的钻头)
G98 G81 X100.Y25. Z-28. R3. F80;
```

```
G00 G49 Z100.;
M30;
```

28．如图5-53所示，编写精镗各孔的加工程序。

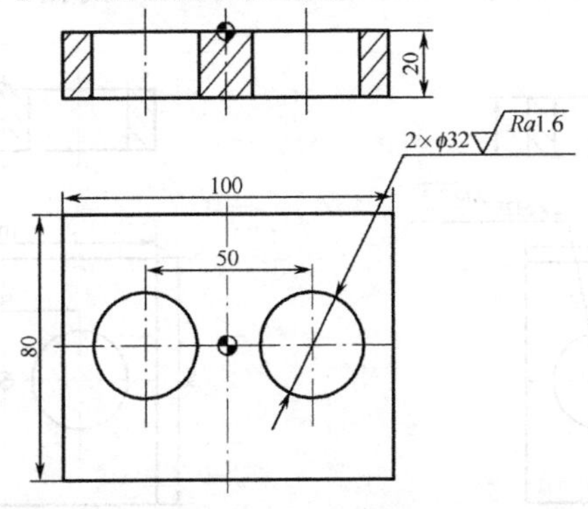

图5-53 G76实例2

```
O553; (图5-53)
G54 G90 G00 Z100.;
M06 T01;
M03 S300;
G43 Z50. H01;
G99 G76 X-25.Y0 Z-21. R5. P1000 Q0.2 F50;
X25.
G00 G49 Z100.;
M30;
```

29．如图5-56所示，加工ϕ20mm、深度为62mm的通孔，用G83指令编写孔加工程序。

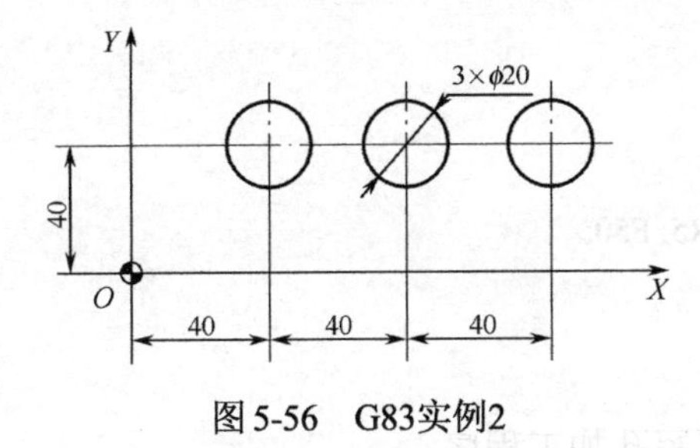

图5-56 G83实例2

```
O556; (图5-56)
G54 G90 G00 X0.Y40.;
M06 T01;
M03 S1000;
G00 G43 Z50. H01;
G91G99 G81 X40. Y0. Z-10. R-45. F50;
G00G90 G49 Z100.;
M06 T02;
M03 S300;
G00 G43 Z50. H02;
X0.Y40.
G91G99 G83 X40. Y0. Z-73. R-45. Q5. F50;
```

```
G00 G90G49 Z100.;
M30;
```

30．如图5-64和图5-65所示，加工直径为32mm的孔，其毛坯孔直径为30mm，编写加工程序。

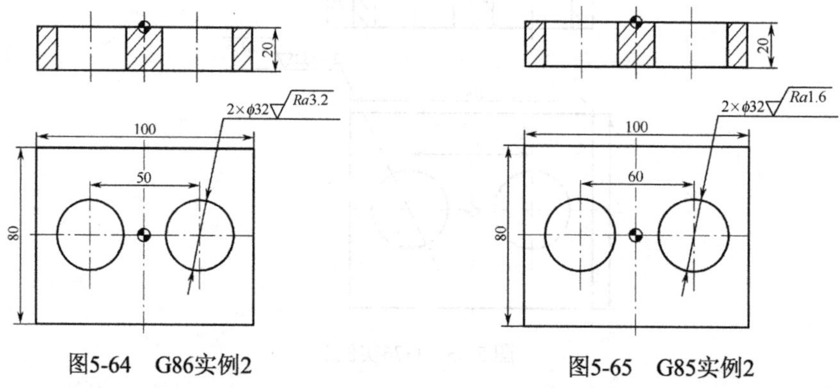

图5-64　G86实例2　　图5-65　G85实例2

图5-64与图5-65的区别在于粗糙度的不同，由粗糙度确定粗、精加工指令的运用。

```
O564; (图 5-64)
G54 G90 G00 Z100.;
M06 T01;
M03 S300;
G43 Z50. H01;
G99 G86 X-25.Y0 Z-22.R5. F100;
X25.;
G00 G49 Z100.;
M30;
O565; (图 5-65)
G54 G90 G00 Z100.;
M06 T02;
M03 S300;
G43 Z50. H02;
G99 G85X-30.Y0 Z-22. R5. F50;
X30.;
G00 G49 Z100.;
M30;
```

31．如图5-71所示，编写孔加工程序。

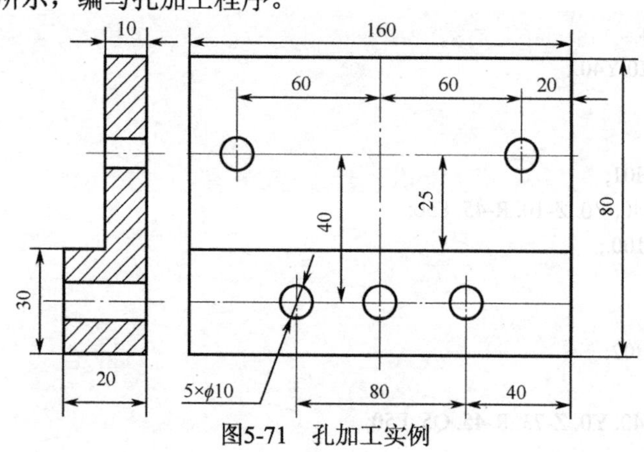

图5-71　孔加工实例

```
O571; (图 5-71)
G54 G90 G00 X-80.Y0.;
M06 T01;
M03 S1800;
G43 Z50. H01;
G99G91 G81 X40.Y0 Z-10.R-45. K5.F80;
G90G99 G81 X-60.Y40.Z-15.R-5.;
X60.;
G00 G49 Z100.;
M06 T02;
M03 S800;
G43 Z50. H02;
G99G91 G81 X40.Y0 Z-23.R-45. K5.F50;
G90G99 G81 X-60.Y40.Z-23.R-5.;
X60.;
G00 G49 Z100.;
M30;
```

32．如图 5-76 所示，两图形加工深度为 2mm，选用直径为 10mm 的端铣刀，运用子程序、刀具半径补偿、局部坐标系，编写加工程序。

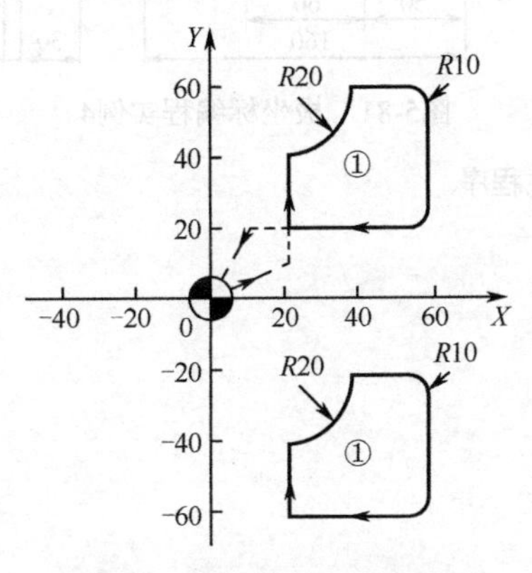

图5-76　子程序与G52的运用

```
O576; (图 5-76)              主程序
G54 G90 G00 X0 Y0;
M03 S800;
G00 Z100.;
G01 Z5. F1000;
M98 P7600;
G52 X20. Y0;
M98 P7600;
G00Z100.;
M30;
O7600;                       子程序
G00X0Y0;
G01Z5.F1000;
Z-2.F200;
G41X20.Y10.D01;
```

```
Y40.;
G03X40.Y60.R20.;
G01X50.;
G02X60.Y50.R10.;
G01Y30.;
G03X50.Y20.R10.;
G01X10.;
G40X0Y0;
G00Z5.;
M99;
```

33．如图 5-81 所示，运用极坐标、局部坐标系编写加工程序。

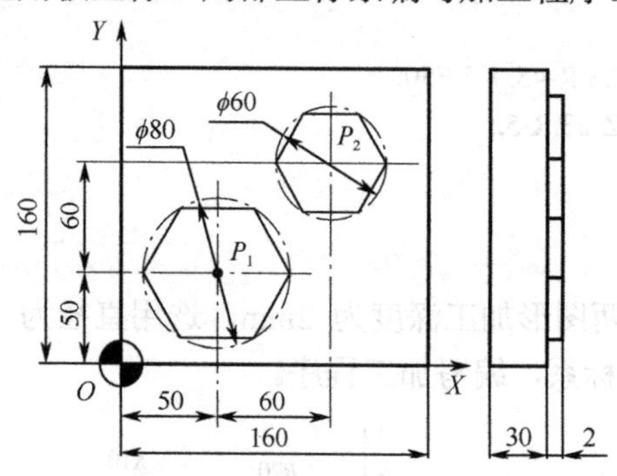

图5-81　极坐标编程实例4

```
O581; (图 5-81)              主程序
G54 G90 G00 X0 Y0;
M03 S800;
G00 Z100.;
G01 Z5. F1000;
G52 X50. Y50;
M98 P600;
G52X0Y0;
G52 X110. Y110;
M98P700;
G52X0Y0;
G00Z100.;
M30;
O600; 子程序（运用极坐标指令加工外接圆直径为 80mm 的六方台）
G00X60.Y-50;
G01Z5.F1000;
Z-2.F200;
G41X40.Y0.D01;
G16;
G01X40.Y60.;
Y120.;
Y180.;
Y240.;
Y270.;
Y360.;
```

```
G15;
G40X60.Y-50.;
G00Z5.;
M99;
O700; 子程序（运用比例缩放指令加工外接圆直径为 60mm 的六方台）
G51X0Y0P0.75;
M98P600;
G50;
M99;
```

34．如图 5-84 所示，毛坯是 120mm×120mm×40mm 的方料，铣 100mm×100mm×20mm 与 50mm×50mm×3mm 的外轮廓，试编写加工程序。

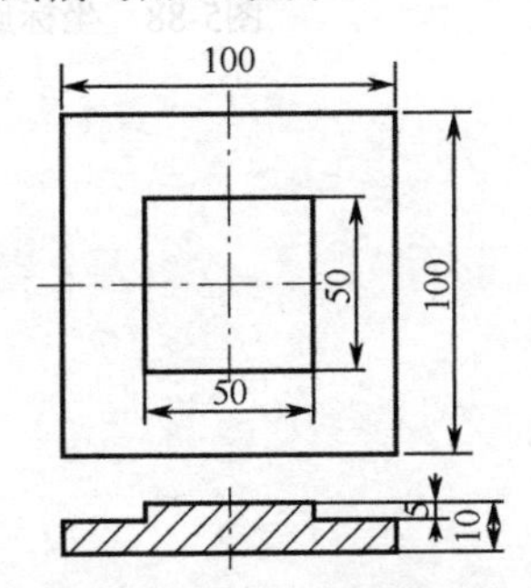

图5-84 比例缩放编程实例2

```
O584; （图 5-84）              主程序
G90 G54 G00 Z100.;
M06 T02;
M03 S600;
M98 P200;
G51 X0. Y0. Z0.P0.5;          比例缩放中心（0, 0）；比例因子为 0.5
M98 P200;                     加工 50mm×50mm×5mm 的方台
G50;
G00 Z100.;
M30;
O200;                         子程序（加工 100mm×100mm×10mm 的方台）
G00X-80.Y-80.;
Z5.;
G01Z-10.F200;
G41G90 X-50. Y-60. D01;
Y50.;
X50.;
Y-50;
X-60.;
G40 X-80. Y-80.;
G00 Z5.;
M99;
```

35．如图 5-87 所示，加工两个环形槽，其加工深度为 4mm，运用键槽铣刀加工，试编写程序。

36．如图 5-88 所示，加工两个环形槽，运用极坐标、坐标系旋转试编写程序。

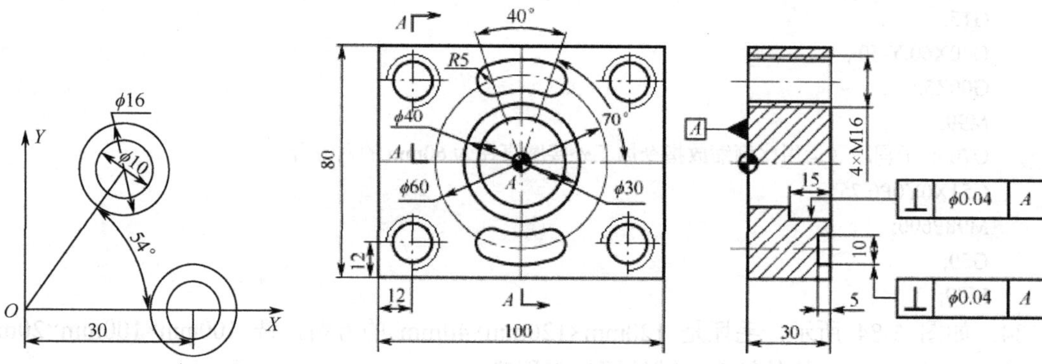

图5-87　坐标旋转实例2

图5-88　坐标旋转实例3

```
O587; (图 5-87)              主程序
G90 G54 G17 G00 Z100.;
M06 T01;
M03 S500;
M98 P700;
G68 X0 Y0 R54.;
M98 P700;
G69;
G00 Z100.;
M30;
O700;                        子程序
G00X0Y0;
Z5.;
G01 X23.5 Y0 F100;
G01 Z-4. F100;
G02 I6.5;
G00 Z5.
X0 Y0;
M99;

O588; (图 5-88)              主程序
G90 G54 G17 G00 Z100.;
M06 T01;
M03 S500;
M98 P800;
G68 X0 Y0 R180.;
M98 P800;
G69;
G00 Z100.;
M30;
O800;                        子程序
G00X0Y0;
Z5.;
G16;
G01 X30.Y70. F100;
G01 Z-5. F100;
G03 X30.Y110.R30. ;
G15;
G00 Z5.;
X0 Y0;
M99;
```

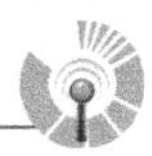

37．如图 5-92 所示，编写精铣凸台、加工孔的程序。

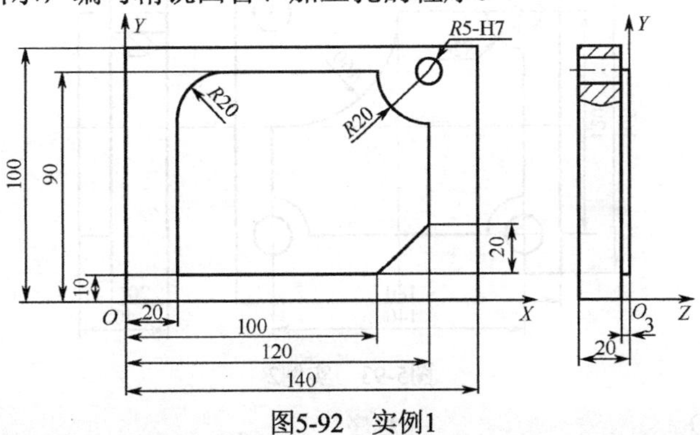

图5-92 实例1

```
O593; (图 5-92)
G54G90M03S500;
M06 T01;
G00Z100.;
X0Y0;
G01Z5.F2000;
Z-3.F100;
G41X20.Y5.D01;
Y70.;
G02X40.Y90.R20.;
G01X100.;
G03X120.Y70.R20.;
G01Y30.;
X100.Y10.;
X10.;
G40X0Y0;
G00Z100.;
M06 T02;
M03 S1800;
G43 Z50. H02;
G99G81 X120.Y90. Z-10.R5. F80;
G00 G49 Z100.;
M06 T03;
M03 S1000;
G43 Z50. H03;
G99 G81 X120.Y90. Z-23.R5. F80;
G00 G49 Z100.;
M06 T04;
M03 S500;
G43 Z50. H04;
G99 G85 X120.Y90. Z-23.R5. F80;
G00 G49 Z100.;
M30;
```

38．如图 5-93 所示，用ϕ20mm 的铣刀精加工外轮廓，用ϕ4mm 的中心钻钻中心孔，用ϕ9.8mm 的麻花钻钻 3×ϕ10mm 的孔，最后用ϕ10H7 的铰刀铰孔，试编写加工程序。

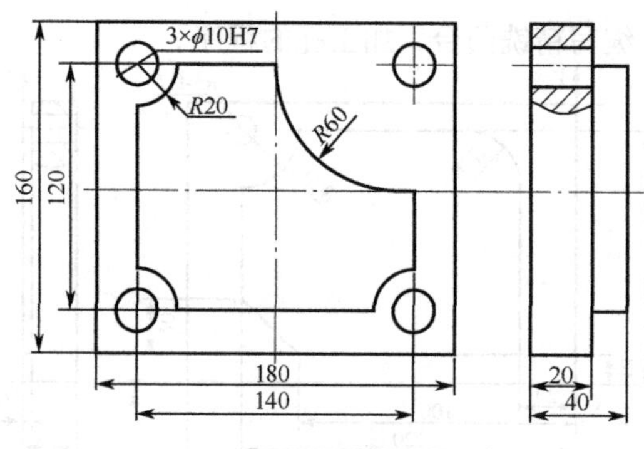

图5-93　实例2

```
O594;（图 5-93）                         主程序
G54G90M03S500;
M06 T01;
G00Z100.;
X0Y-100.;
G01Z5.F2000;
M98P200094;
G00G90Z100.;
M06 T02;
M03 S1800;
G43 Z20. H02;
G98G81 X70.Y-60. Z-25.R-15. F80;
X-70.;
Y60.;
X70.;
G00 G49 Z100.;
M06 T03;
M03 S1000;
G43 Z20. H03;
G98G81 X70.Y-60. Z-43.R-15. F80;
X-70.;
Y60.;
X70.;
G00 G49 Z100.;
M06 T04;
M03 S500;
G43 Z20. H04;
G98G85 X70.Y-60. Z-43.R-15. F80;
X-70.;
Y60.;
X70.;
G00 G49 Z100.;
M30;
O94;                                     子程序
G01Z-6.F100;
G41X20.Y-80.D01;
G03X0Y-60.R20.;
```

```
G01X-50.;
G03X-70.Y-60.R20.;
G0Y40.;
G03X-70.Y60.R20.;
G01X0.;
G03X70.Y0R60.;
G01Y-40.;
G03X50.Y-60.R20.;
G01X0;
G03X-20.Y-80.R20.;
G01G40X0.Y-100.;
G00G91Z5.;
M99;
```

39．如图5-94所示，编写精铣外形、孔加工程序。

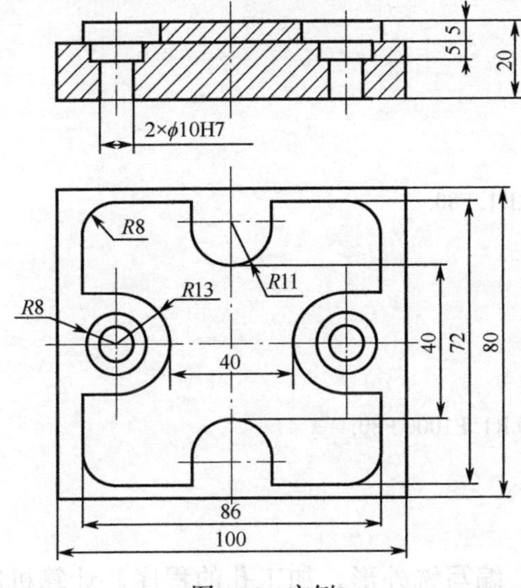

图5-94 实例3

```
O593; (图 5-94)
G54G90M03S500;
M06 T01;
G00Z100.;
X-50.Y-60.;
G01Z5.F2000;
Z-5.F100;
G41X-43.Y-36.D01;
Y-13.;
G03Y13.R13.;
G01Y28.;
G02X-35.Y36.R8.;
G01X-11.;
G03X11.R11.;
G01X35.;
G02X43.Y28.R8.;
G01Y13.;
```

```
G03Y-13.R13.;
G01Y-28.;
G02X35.Y-36.R8.;
G01X11.;
G03X-11.R11.;
G01X-35.;
G02X-43.Y-28.R8.;
G01Y-13.;
G40X-50.;
G00Z100.;
M06 T02;
M03 S1800;
G43 Z50. H02;
G99G81 X-33.Y0. Z-10.R1. F80;
X33.;
G00 G49 Z100.;
M06 T03;
M03 S1000;
G43 Z50. H03;
G99G81 X-33.Y0. Z-23.R1. F80;
X33.;
G00 G49 Z100.;
M06 T04;
M03 S500;
G43 Z50. H04;
G99 G82 X-33.Y0. Z-10.R1. P1000 F80;
X33.;
G00 G49 Z100.;
M30;
```

40．如图 5-95 所示，编写铣外形、加工孔的程序。计算机制图取点如图 5-95（b）所示。

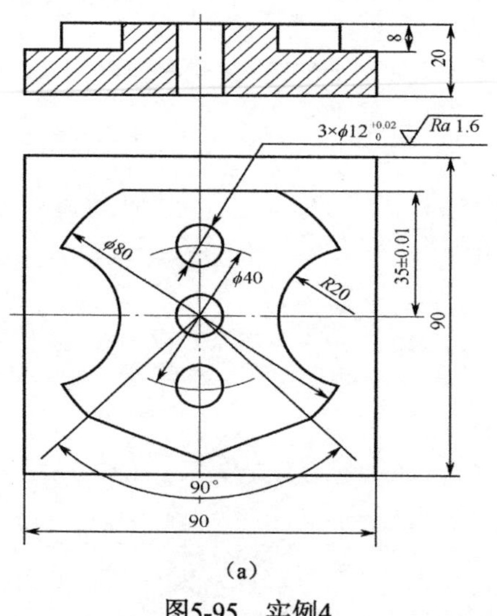

（a）

图5-95　实例4

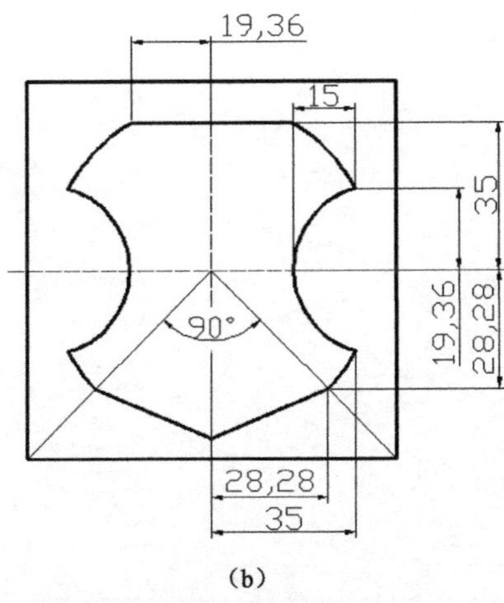

（b）

图5-95　实例4（续）

```
O596; (图 5-95)                主程序
G54G90M03S500;
M06 T01;
G00Z100.;
X0.Y-60.;
G01Z5.F2000;
M98P80960;
G00G90Z100.;
M06 T02;
M03 S1800;
G43 Z50. H02;
G99G81 X0.Y20. Z-5.R5. F80;
Y0.;
Y-20;
G00 G49 Z100.;
M06 T03;
M03 S1000;
G43 Z50. H03;
G99G81 X0.Y20. Z-23.R5. F80;
Y0.;
Y-20;
G00 G49 Z100.;
M06 T04;
M03 S500;
G43 Z50. H04;
G99 G85 X0.Y20. Z-22.R5. F80;
Y0.;
Y-20;
G00 G49 Z100.;
M30;
O960;                          子程序
G01G91Z-6.F100;
G41X-10.Y-45.D01;
```

```
G03Y-35.X0 R10.;
G01X19.35;
G02X35.Y19.36R40.;
G03Y-19.36R20.;
G02X28.28Y-28.28R40.;
G01X0Y40.;
X-28.28Y-28.28;
G02 X-35.Y-19.36R40.;
G03 Y19.36R20.;
G02 X-35.Y19.36R40.;
G01X0;
G03 X10.Y45.R10.;
G01G40X0Y60.;
G91Z5.;
M99;
```

41．如图5-96和图5-97所示，用子程序调用编写加工程序。

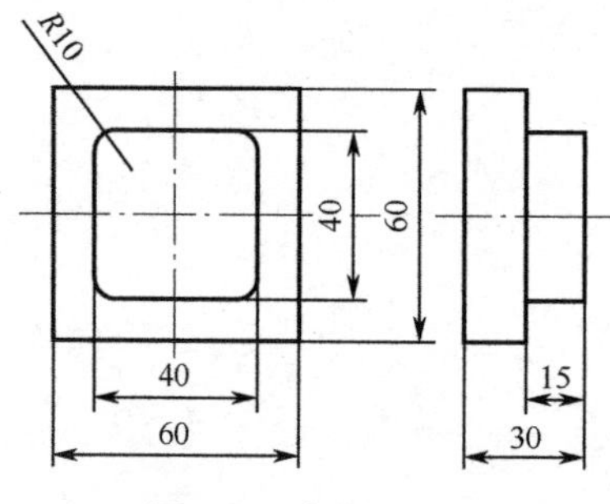

图5-96　实例5

```
O597; (图 5-96)          主程序
G54G90M03S500;
M06 T01;
G00Z100.;
X0.Y-50.;
G01Z5.F2000;
M98P150961;
G00G90Z100.;
M30;
O961；                   子程序
G01G91Z-6.F100;
G41X15.Y-35.D01;
G03Y-20.X0 R15.;
G01X-10.;
G02X-20.Y-10.R10.;
G01Y10.;
G02 X-10.Y20.R10.;
G01X10.;
G02X20.Y10.R10.;
G01Y-10.;
```

```
G02X10.Y-20.R10.;
G01X0;
G03X-15.Y-35.R15.;
G01G40X0Y-50.;
G91Z5.;
M99;
```

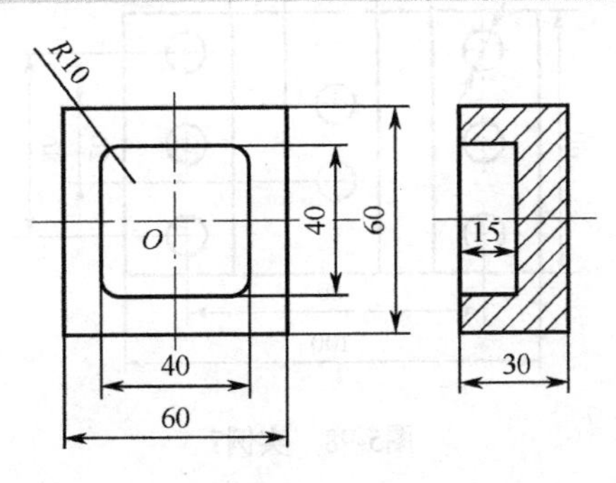

图5-97　实例6

```
O598; (图 5-97)          主程序
G54G90M03S500;
M06 T01;
G00Z100.;
X0.Y0.;
G01Z5.F2000;
M98P150962;
G00G90Z100.;
M30;
O962;                    子程序
G01G91Z-6.F100;
G41X-10.Y-10.D01;
G03Y-20.X0 R10.;
G01X10.;
G03X20.Y-10.R10.;
G01Y10.;
G03 X10.Y20.R10.;
G01X-10.;
G03X-20.Y10.R10.;
G01Y-10.;
G03X-10.Y-20.R10.;
G01X0;
G03X-10.Y-10.R10.;
G01G40X0Y0.;
G91Z5.;
M99;
```

42．如图 5-98 所示，用调用子程序、孔固定循环等编程指令编写零件加工程序。

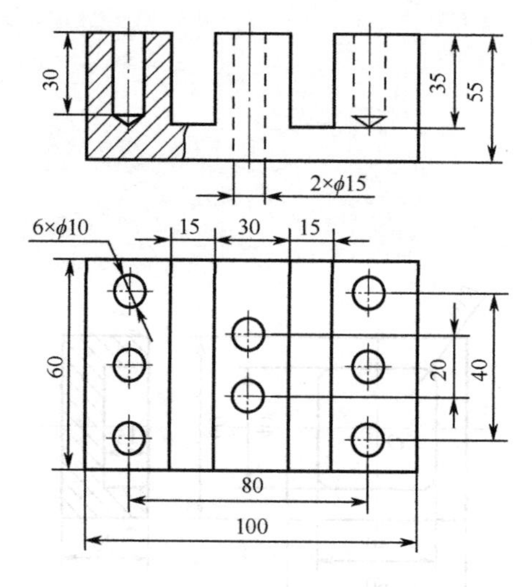

图5-98　实例7

```
O599; 凹槽加工程序
G54G90M03S500;
M06 T01;
G00Z100.;
X-20.Y-40.;
G01Z5.F2000;
M98P350962;
G00G90Z100.;
M06 T02;
M03 S1800;
G43 Z50. H02;
G99G81 X-40.Y20. Z-5.R5. F80;
Y0.;
Y-20;
X0Y10.;
Y-10.;
X-40.Y20.;
Y0.;
Y-20;
G00 G49 Z100.;
M06 T03;
M03 S1000;
G43 Z50. H03;
G99G81 X-40.Y20. Z-35.R5. F80;
Y0.;
Y-20;
X0Y10.;
Y-10.;
X-40.Y20.;
```

```
Y0.;
Y-20;
G00 G49 Z100.;
M06 T04;
M03 S500;
G43 Z50. H04;
G99 G82 X-40.Y20. Z-35.R5. P1000F80;
Y0.;
Y-20;
X0Y10.;
Y-10.;
X-40.Y20.;
Y0.;
Y-20;
G00 G49 Z100.;
M30;

O963;                    子程序
G01G91Z-6.F100;
G90Y40.;
X-25.;
Y-40.;
X25.;
Y40.;
X20.;
Y-40.;
G91Z5.;
M99;
```

43．如图 5-99 所示，用宏指令编写凹半球的精加工程序。

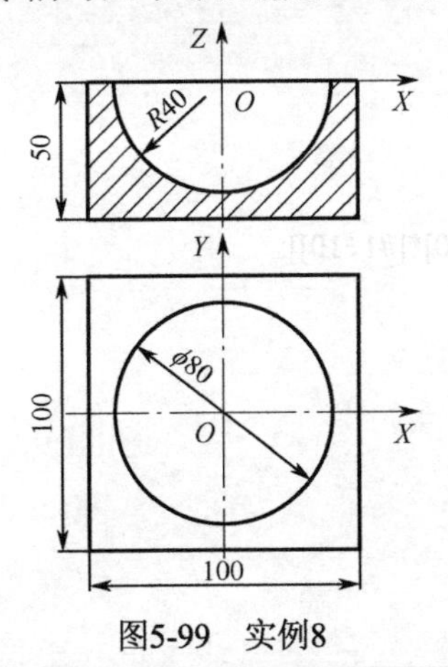

图5-99　实例8

```
O5100; (图 5-99)
G54G90;
M03S1000;
```

```
G00Z100.;
X0.Y0.;
Z5.;
#4=8;
#1=0;
N1IF[#1LT-20]GOTO2;
#2=SQRT[[30-#4]*[30-#4]  -#1*#1];
G01X[#2]Y0F100;
Z[#1];
G02I[- [#2]];
#1=#1-1;
GOTO1;
N2G01X0Y0;
G00Z100.;
M30;
```

44. 如图5-100所示，用宏指令编写凹半球的精加工程序。

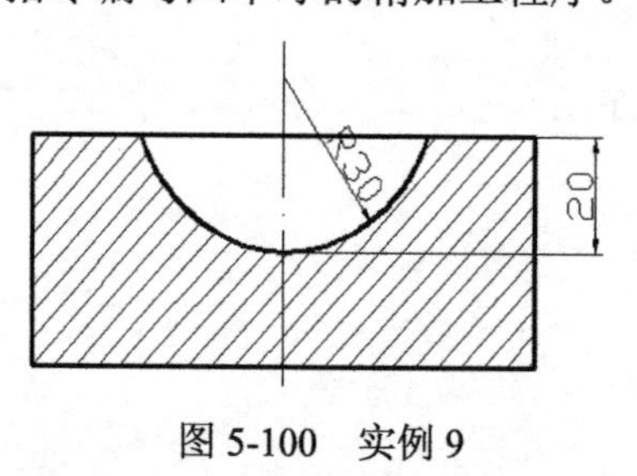

图5-100　实例9

```
O5101;(图5-100)
G54G90;
M03S1000;
G00Z100.;
X0.Y0.;
Z5.;
#4=8;
#1=0;
N1IF[#1GT[20-#4]]GOTO2;
#2=SQRT[[30-#4]*[30-#4]  - [#1+10]*[#1+10]];
G01X[#2]Y0F100;
Z[-#1];
G02I[-[#2]];
#1=#1+0.2;
GOTO1;
N2G01X0Y0;
G00Z100.;
M30;
```

45. 如图5-101和图5-102所示，用宏指令编写圆锥、圆台的精加工程序。

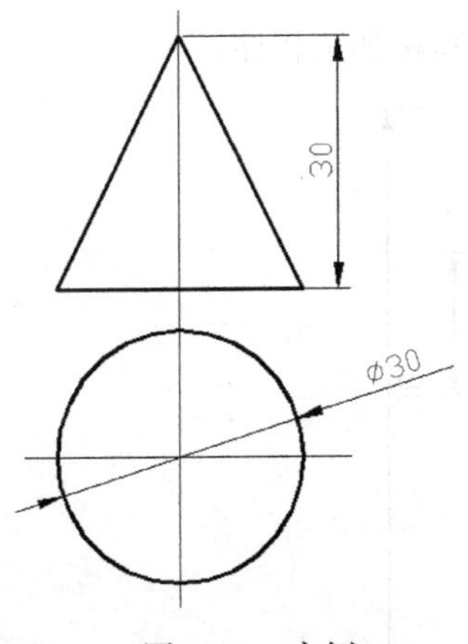

图5-101　实例10

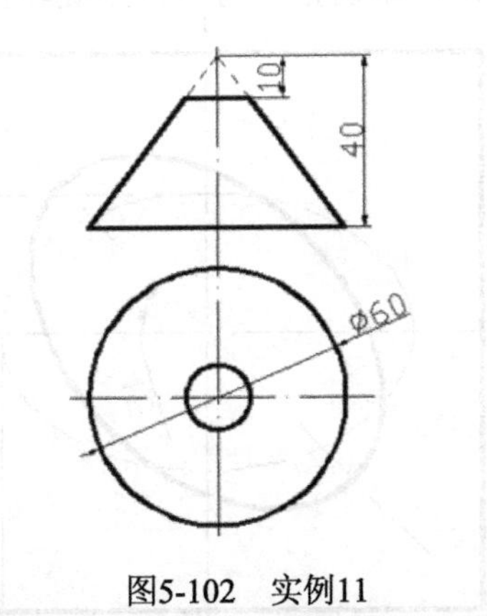

图5-102　实例11

```
O5102；.(图 5-101)
G54G90G00;
M03S500;
G00Z100.;
X80.Y0.;
Z5.;
#1=0;
N1IF[#1GT30]GOTO2;
#2=#1*[15/30];
G01X[#2+5]Y0F100;
Z[-#1];
G02I[-[#2+5]];
#1=#1+2;
GOTO1;
N2G00Z100.;
M30;
```

```
O5103；(图 5-102)
G54G90G00Z100.;
M03S500;
X80.Y0;
Z5.;
#1=10;
N1IF[#1GT40]GOTO2;
#2=#1*[30/40];
G01X[#2+5]Y0F100;
Z[-[#1-10]];
G02I[-[#2+5]];
#1=#1+2;
GOTO1;
N2G00Z100.;
M30;
```

46．如图 5-103 所示，用宏指令与坐标系旋转指令编写精加工程序。

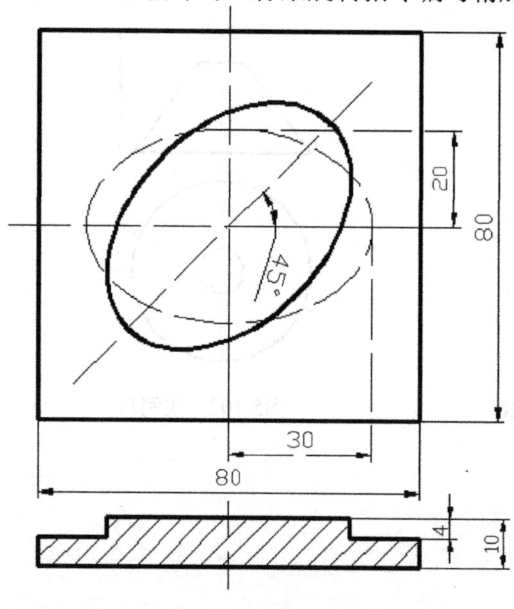

图5-103　实例12

```
O5104; (图 5-103)
G54G90G00;
M03S500;
G00Z100.;
X80.Y0;
Z5.;
G68X0Y0R45;
M98P5105;
G90G00Z100.;
M30;
O5105;
G01Z-4.F100;
#1=0;
N1IF[#1LT-360]GOTO2;
#2=45*COS[#1];
#3= 35*SIN[#1];
G01X[#2]Y[#3]F100;
#1=#1-0.2;
GOTO1;
N2G00Z5.;
M99;
```

参 考 文 献

[1] 吴明友. 数控加工技术[M]. 北京：机械工业出版社，2008.9.
[2] 数控技能教材编写组. 数控车床编程与操作[M]. 上海：复旦大学出版社，2006.6.
[3] 上海宇龙软件工程有限公司数控教材编写组. 数控技术应用教程——数控车床[M]. 北京：电子工业出版社，2008.1.
[4] 上海宇龙软件工程有限公司数控教材编写组. 数控技术应用教程——数控铣床和加工中心[M]. 北京：电子工业出版社，2008.4.
[5] 邓文英，宋力宏. 金属工艺学[M]. 北京：高等教育出版社，2011.11.
[6] 吴明友. 数控铣床培训教程[M]. 北京：机械工业出版社，2008.6.
[7] 袁锋. 数控车床培训教程[M]. 北京：机械工业出版社，2008.3.
[8] 王荣兴. 加工中心培训教程[M]. 北京：机械工业出版社，2008.4.
[9] 沈建峰，虞俊. 数控铣工加工中心操作工[M]. 北京：机械工业出版社，2007.4.
[10] 中国机械工业教育协会. 数控技术[M]. 北京：机械工业出版社，2006.7.
[11] 方新. 数控机床与编程[M]. 北京：高等教育出版社，2007.5.
[12] 韩鸿鸾，张秀玲. 数控加工技师手册[M]. 北京：机械工业出版社，2005.4.
[13] 耿国卿. 数控铣床及加工中心编程与应用[M]. 北京：化学工业出版社，2009.
[14] 符炜. 实用切削加工手册[M]. 长沙：湖南科学技术出版社，2003.3.
[15] 孙德茂. 数控机床车削加工直接编程技术[M]. 北京：机械工业出版社，2005.5.
[16] 关雄飞. 数控机床与编程技术[M]. 北京：清华大学出版社，2006.1.